职业教育“十二五”规划教材

金属熔焊原理

邢　勇　薛春霞　主　编
潘全喜　白　玲　副主编

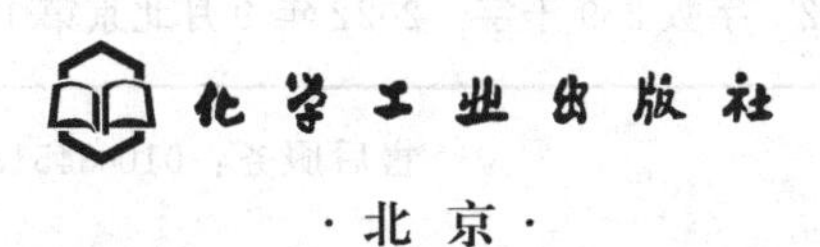

·北京·

全书共分六章，包括焊接热源及其对焊件的作用，焊缝金属的组织和性能，焊接化学冶金过程，熔合区和焊接热影响区，焊接材料，焊接缺陷及控制，系统地讲述了金属进行熔焊时的温度、化学成分、组织及性能变化的规律和特点，常用焊接材料的组成、性能及选用，常见焊接缺陷产生的原因、影响因素和防止措施等内容。

本书在编写过程中，力求体现“以就业为导向，突出职业能力培养”的精神，以突出应用性、实践性为原则重组课程结构，教材内容与国家职业标准、职业技能鉴定及职业岗位有机衔接，实现了理论与实践相结合，以满足“教、学、做”合一的教学需要。本书叙述简明扼要，条理清晰，层次分明，图文并茂，通俗易懂。

本书可作为高等职业院校、高等专科学校、成人高校、民办高校及本科院校举办的二级职业技术学院焊接技术及自动化专业教材，还可供从事焊接工作的工程技术人员参考。

图书在版编目（CIP）数据

金属熔焊原理/邢勇，薛春霞主编. —北京：化学工业出版社，2015.1（2022.9 重印）
职业教育“十二五”规划教材
ISBN 978-7-122-22044-8

Ⅰ.①金… Ⅱ.①邢…②薛… Ⅲ.①熔焊-高等职业教育-教材 Ⅳ.①TG442

中国版本图书馆 CIP 数据核字（2014）第 238329 号

责任编辑：韩庆利　　文字编辑：云　雷
责任校对：陶燕华　　装帧设计：孙远博

出版发行：化学工业出版社（北京市东城区青年湖南街 13 号　邮政编码 100011）
印　　装：北京七彩京通数码快印有限公司
787mm×1092mm　1/16　印张 12　字数 289 千字　2022 年 9 月北京第 1 版第 3 次印刷

购书咨询：010-64518888　　售后服务：010-64518899
网　　址：http://www.cip.com.cn
凡购买本书，如有缺损质量问题，本社销售中心负责调换。

定　　价：28.00 元

前　言

本书主要讲述了金属熔焊时的温度、化学成分、组织和性能变化的规律，常用焊接材料的组成、性能及选用和常见焊接缺陷产生的原因、影响因素及防止措施等内容，具体包括焊接热源及其对焊件的作用、焊缝金属的组织和性能、焊接化学冶金过程、熔合区和焊接热影响区、焊接材料和焊接缺陷及控制。

本书的编写有以下特点。

1. 由长期奋斗在教学、科研及生产一线的具有丰富经验的双师型教师在总结多年高职教学改革的实践经验基础上编写的。

2. 力求体现“以就业为导向，突出职业能力培养”的精神，教材内容与国家职业标准、职业技能鉴定及职业岗位有机衔接，实现了理论与实践相结合，以满足“教、学、做”合一的教学需要。

3. 以突出应用性、实践性为原则重组课程结构，以够用为度，对一些理论知识进行了精简，将必要的理论知识融于职业能力培养过程中，力求符合高等职业教育课程体系的要求。

4. 注意体现焊接专业的新技术、新工艺、新标准，并且叙述简明扼要，条理清晰，层次分明，图文并茂，通俗易懂。

本书由郑州职业技术学院邢勇和薛春霞任主编，郑州职业技术学院潘全喜、白玲任副主编。其中绪论、第一章由邢勇编写，第四章由邢勇、吉林铁道职业技术学院王贺龙编写，第二章、第三章由薛春霞编写，第五章由白玲编写，第六章由潘全喜编写。

本书在编写过程中，参阅了大量国内外出版的有关教材和资料，充分吸取了国内多所高职院校的教学改革经验，同时得到了许多专家的帮助，在此表示衷心感谢。

本书配套电子课件和习题参考答案，可赠送给用本书作为授课教材的院校和老师，如有需要，可登陆 www. cipedu. com. cn 下载。

由于编者水平有限，书中难免有疏漏之处，恳请有关专家和广大读者批评指正。

编　者

目　录

绪　论

知识目标

1. 了解金属材料的结构组成特点；
2. 掌握焊接概念、本质特点及与其他连接方式的区别；
3. 理解焊接过程；
4. 掌握焊接方法种类。

能力目标

1. 掌握焊接过程规律及形成条件；
2. 常用焊接方法的种类及特点。

在金属结构和机器制造中，经常需要将两个或两个以上的零件按一定形式和位置要求连接起来。在金属加工工艺领域中，焊接是常用连接方法之一。根据这些连接方法的特点，可将其分为两大类：一类是可拆卸的连接方法，即不必毁坏零件就可以拆卸，如螺栓连接、键连接等，如图 0-1 所示；另一类是不可拆卸的，即永久性连接方法，其拆卸只有在毁坏零件后才能实现，主要有焊接、铆接等，如图 0-2 所示，其中图(a)、(b)、(c)、(d) 是常用的焊接形式。

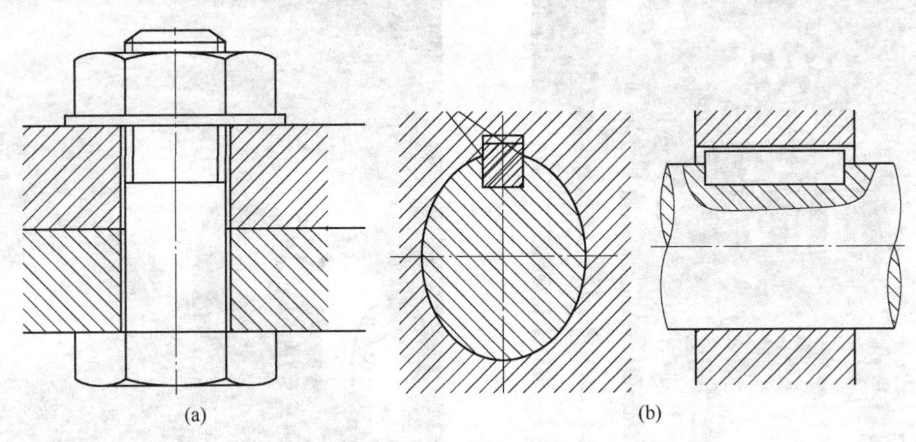

图 0-1　可拆卸连接

焊接工艺虽然发展历史不长，但近年来发展十分迅速。焊接由于具有连接质量好，成本低，劳动生产率高，且易实现机械化和自动化等特点，几乎全部取代了铆接，现已广泛应用于船舶、车辆、航空、锅炉、电机、冶炼设备、石油化工机械、矿山机械、起重机械、建筑及国防等各个工业部门，并成功地完成了不少重型复杂结构的连接，如 2008 年奥运主体育场“鸟巢”（图 0-3），中国二重生产的 16000t 水压机（图 0-4），神舟系列太空飞船（图 0-5）及西气东输工程（图 0-6）等。据统计，目前世界各国年平均生产的焊接结构用钢已达到钢产量的 45％左右。今天的焊接已经从一种传统的热加工技术发展成为集材料、冶金、结构、

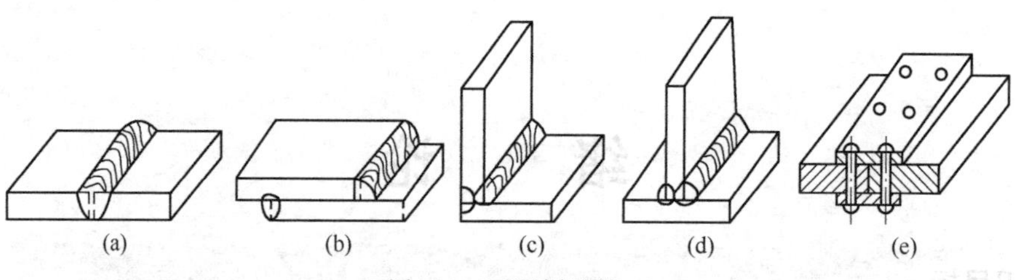

图 0-2 不可拆连接

图 0-3 鸟巢

图 0-4 16000t 水压机

图 0-5 神舟飞船

力学、电子等多门类科学为一体的工程学科。

一、焊接过程的物理本质

什么是焊接？GB/T 3375—94《焊接术语》中指出："焊接是通过加热或加压，或两者

图 0-6　西气东输工程

并用，并且用或不用填充材料，使工件达到原子结合的一种方法”。从上述文字可知，为使工件达到结合，焊接时需要外部能量；而且从焊接接头的外观上可明显看出，焊接的结合是不能拆卸的。因此，可以认为，需要外加能量与结合的不可拆卸（即永久性）是焊接在宏观上的特点。

在微观上，焊接的特点则是在焊件之间达成原子间的结合。也就是说，原来分开的工件，经过焊接后在微观上形成了一个整体。对金属来说，就是在两焊件之间建立了金属键。

根据金属学的知识，金属内部的原子是严格按一定几何规则排列的。当金属原子聚合在一起时，各原子的最外层电子成为公有的自由电子，而原子则成为正离子。固态金属就是由公有的自由电子与正离子之间的静电引力结合起来的，这种结合方式称为金属键。

下面以双原子模型进行分析。两个原子的结合情况取决于二者之间的引力和斥力的综合作用，只有当引力和斥力达到平衡（合力为零）时，两原子的相对位置才能固定。原子间的引力是由一个原子的外部电子与另一个原子核相互作用引起的；而斥力则是由两个原子的核外电子之间和两原子核之间的相互作用引起的。引力和斥力的大小取决于原子间的距离。只有当这个距离与金属的晶格常数相接近时，引力和斥力才有可能达到平衡而形成金属键。图 0-7 为两个原子之间相互作用力与距离之间的关系。

可以看出，当原子间的距离远大于晶格常数时，它们之间的引力和斥力都接近于零，可以认为此时原子间没有力的作用。当两原子逐渐接近，将同时有引力与斥力的作用，直至原子间的距离达到 r_A，其合力作用（表现为引力）达到最大值，这时原子即可自动靠近而达到平衡位置。对于大多数金属，r_A 为 3～5Å（1Å＝10^{-10}m）。

从理论上讲，焊接时被焊金属表面间的距离达到 r_A，两侧原子就会产生最大引力，从而发生扩散、再结晶等物理化学过程，并进一步靠近，最后原子间的距离达到合力为零的平衡位置，而建立了金属键，完成焊接过程。但实际上，在没有外加能量的条件下，要使两个分开的固体表面距离达到 r_A 是不可能的。因为，即使是经过精密加工的金属表面，其表面粗糙度也远大于 r_A 值。因此，在宏观上密合的两个表面，原子之间仍然没有力的作用。此外，金属表面的氧化膜和其他吸附物，也阻碍了表面的紧密结合。因此，焊接时必须输入一定的能量，才能克服上述的障碍。在实际生产中，能量主要以加热或加压两种形式提供的。

加压可以破坏表面膜，使连接处发生局部塑性变形，增加有效接触面积，当压力达到一定时，两物体表面原子间的距离可接近 r_A 而产生最大引力，最终达到平衡位置，建立起金

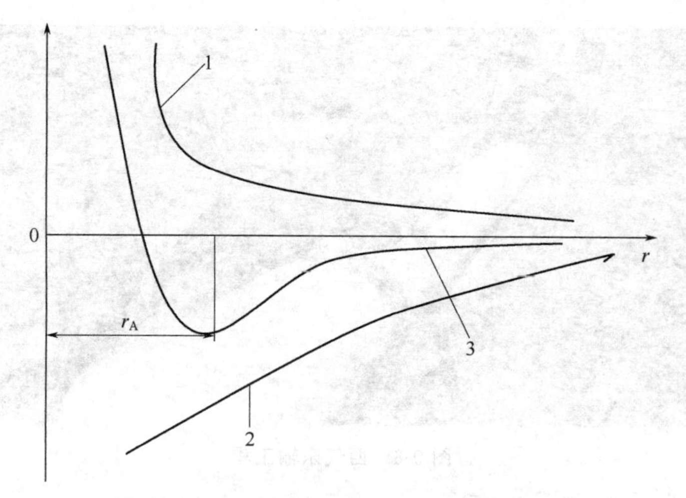

图 0-7 双原子相互作用力与距离的关系

1—斥力；2—引力；3—合力

属键，形成焊接接头。

对被焊材料进行局部或整体加热，使连接处达到塑性或熔化状态，从而破坏了金属表面的氧化膜，减小变形阻力，同时增加了原子的振动能，有利于再结晶、扩散、化学反应和结晶过程的进行，从而实现焊接。

必须指出的是，每一种金属实现焊接所需的最低能量是一定的，所需的加热温度和压力之间存在着一定的对应关系。纯铁焊接时所需温度和压力的关系如图 0-8 所示。

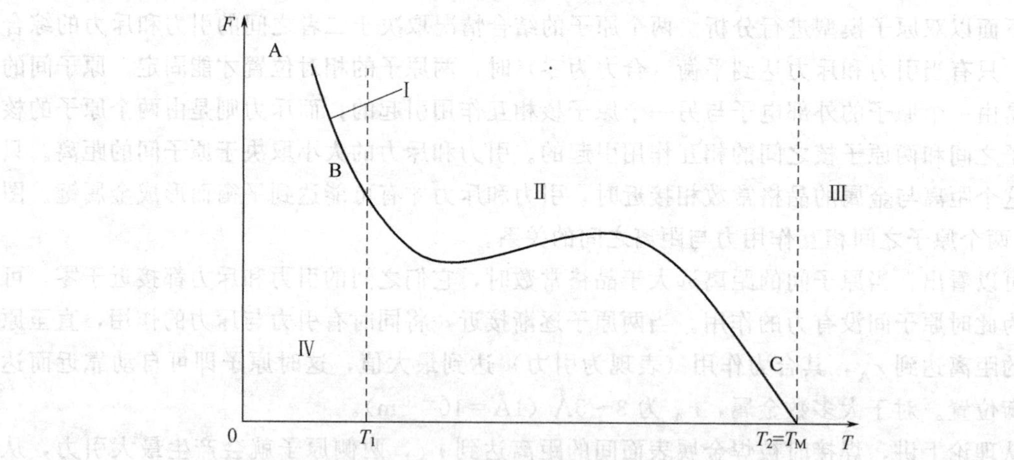

图 0-8 纯铁焊接时所需加热温度 T 与压力 F 的关系

Ⅰ—高压焊接区；Ⅱ—压焊区；Ⅲ—熔焊区；Ⅳ—不能实现焊接区

图中曲线 ABC 为实现焊接所需的温度 T 与压力 F 匹配关系，即曲线上部是可以实现焊接的区域。其他金属材料焊接时温度与压力的关系与纯铁类似。

可以看出，焊接时加热的温度越高，所需的压力越小。据此可将温度与压力的匹配划分为几种类型：当加热温度低于时（Ⅰ区），称为高压焊接区，实际生产中只有少数高塑性低强度金属才能在此条件下进行焊接；加热温度在 $T_1 \sim T_2$ 之间（Ⅱ区）称为实际应用的压焊区或电阻焊区；当加热温度超过被焊金属的熔点 T_M 时，不需加压即可实现焊接，称为熔焊区（Ⅲ区）；而曲线 ABC 以下的区域（Ⅳ区），由于外加能量不足，是不能实现焊接的区域。

二、焊接的分类

按照焊接过程中金属所处状态的不同，可以把焊接分为熔焊、压焊和钎焊三类。常用焊接方法种类如图 0-9 所示。

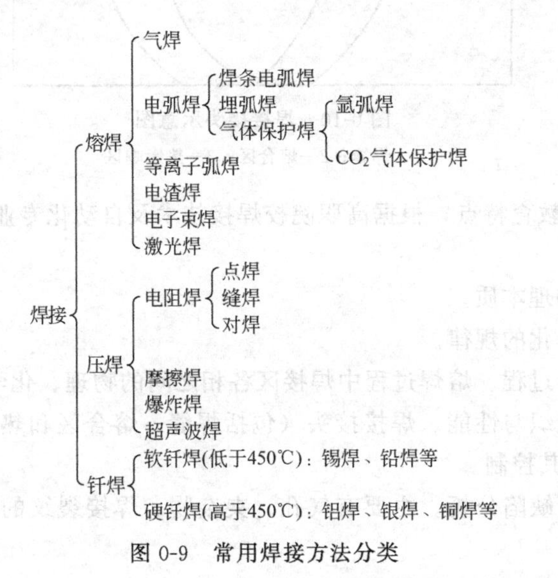

图 0-9　常用焊接方法分类

1. 熔焊

熔焊是在焊接过程中，在不加压力的条件下将焊件接头加热至熔化状态从而完成焊接的方法。在加热的条件下，当被焊金属加热到熔化状态形成液态熔池时，原子之间可以充分扩散和紧密接触，因此冷却凝固后，可形成牢固的焊接接头。常见的气焊、焊条电弧焊、电渣焊、气体保护电弧焊等都属于熔焊。

2. 压焊

压焊是在焊接过程中，必须对焊件施加压力（加热或不加热），以完成焊接的方法。这类焊接有两种方式：一是将被焊金属接触部分加热至塑性状态或局部熔化状态，然后加一定的压力，以使金属原子间相互结合从而形成牢固的焊接接头，如锻焊、电阻焊、摩擦焊和气压焊等；二是不进行加热，仅在被焊金属的接触面上施加足够大的压力，借助于压力所引起的塑性变形使原子间相互接近直至获得牢固的压挤接头，冷压焊、爆炸焊等均属此类。

3. 钎焊

钎焊是采用比母材熔点低的金属材料（该金属材料通常称为钎料），通过将焊件和钎料加热到高于钎料熔点，低于母材熔点的温度，利用液态钎料润湿母材，填充接头间隙并与母材相互扩散实现连接焊件的方法。常见的钎焊方法有烙铁钎焊、火焰钎焊等。

三、本教材论述的对象及内容

本教材主要论述与熔焊有关的基本理论及应用。

熔焊时，焊件经过焊接形成的结合部分叫做焊缝；母材因受热的影响（但未熔化）而发生组织与力学性能变化的区域叫做热影响区；焊缝与热影响之间的过渡区，叫做熔合区。上述三个部分共同构成焊接接头，如图 0-10 所示。本教材则以焊接接头为论述对象。

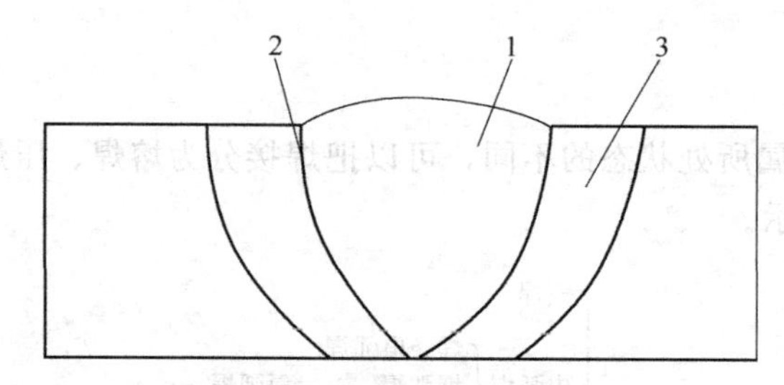

图 0-10　焊接接头示意图

1—焊缝；2—熔合区；3—热影响区

本教材根据高职教育特点，根据高职院校焊接技术及自动化专业人才培养目标，主要有以下内容。

① 焊接过程的物理本质。

② 焊接区温度变化的规律。

③ 焊接化学冶金过程。熔焊过程中焊接区各相之间的物理、化学反应过程及其控制。

④ 焊接接头的组织与性能。焊接接头（包括焊缝、熔合区和热影响区）在冷却过程中组织、性能的变化及其控制。

⑤ 常见焊接冶金缺陷分析。主要有气孔、夹杂物、焊接裂纹的特征及危害，缺陷产生原因及防止措施。

⑥ 焊接材料。焊丝、焊条与焊剂的组成、性能、型号与牌号，以及焊条配方和制造的基本知识。

上述内容包括了熔焊过程的普遍规律，是掌握各种熔焊方法的原理、分析各种金属材料的焊接性和制订焊接工艺的理论基础，是焊接工艺人员必备的专业基础理论知识。

四、学习本教材的目的、要求及方法

1. 通过学习本教材应达到以下目的及要求

① 了解焊接过程的本质，能从理论上说明焊接与其他连接方法的根本区别。

② 了解熔焊时焊件上温度变化的规律；熟悉焊接条件下金属所经历的化学、物理变化过程；掌握焊接接头在其形成过程中其成分、组织与性能变化的基本规律。

③ 掌握焊接冶金过程中常见缺陷的特征、产生条件及影响因素，并能根据生产实际条件分析缺陷产生的原因，提出防止措施。

④ 掌握常用焊接材料的性能特点及应用范围，了解焊条配方的原则及制造过程。

2. 对本教材学习方法的建议

① 坚持理论与实践结合，即在分析问题时一定不能脱离焊接的特点和具体的生产条件。由于焊接过程中的可变因素很多，同一种材料，用于不同产品或采用不同的工艺方法，出现的问题都可能不一样。理论与实践结合是学习中必须掌握的一个重要原则。

② 善于综合运用多方面的知识，只有将各方面的知识融会贯通，并能在不同条件下加以应用，才能提高分析与解决问题的能力。如第二章“焊接化学冶金过程”，不仅需要物理、化学及金属冶炼的知识，还涉及焊接方法、保护介质等有关内容。又如论述各种钢在焊接过程中组织与性能变化时，也要涉及热处理原理、钢的强化机制以及物理学中的传热知识。可

见，不具备上述的基础知识，很难把焊接中有关问题搞清楚。

③ 善于在错综复杂的影响因素中找到起主要作用的因素。

根据职业技术院校焊接专业的培养目标，本教材涉及的范围主要是与生产实际联系密切的基础部分，还有大量更深入、广泛的知识，有待同学们在今后的学习与工作中进一步探索。

综合训练

一、填空题

1. 焊接是通过________、________或________，并且用或不用________，使焊件达到________的一种加工工艺方法。

2. 按照焊接过程中金属所处的状态不同，可以把焊接分为________、________和________三类。

3. 常用的熔焊方法有________、________、________等。

4. 焊接与其他连接方法相比有本质的区别。在微观上，焊件之间形成________。

二、判断题

1. 焊接是一种可拆卸的连接方式。(　　)

2. 熔焊是一种既加热又加压的焊接方法。(　　)

3. 电阻焊一种常用的压焊方法。(　　)

4. 键连接不是永久性连接。(　　)

5. 螺栓连接是一种永久性连接。(　　)

三、简答题

1. 焊接连接与其他连接方法相比有哪些特点，其中最能说明其物理实质的是什么？

2. 实现焊接为什么必须加热或加压（或二者并用)？

3. 什么叫做熔焊？熔焊过程中焊缝金属经历了哪些变化？热影响区的金属又经历了哪些变化？

第一章 焊接热过程

知识目标

1. 熟悉常用焊接热源及其特性；
2. 理解熔焊时焊件上温度变化的规律；
3. 掌握焊接温度场及焊接热循环的概念；
4. 理解焊接温度场、焊接热循环的影响因素及调整方法。

能力目标

1. 能从理论上说明焊接与其他连接方法的根本区别；
2. 能正确运用工艺措施来调整焊接热循环，从而改善焊接接头的组织与性能。

熔化焊时，被焊金属在热源（如电弧、气体火焰等）的作用下，经过加热、熔化、冷却凝固后形成接头。这一过程与热量的传播和分布密切联系，因此，把这一过程称为焊接热过程。与热处理条件下工件整体均匀受热的情况不同，焊接热过程的特点主要表现为：一是焊接热过程的局部性，即焊接是局部加热，热源直接作用于焊缝附近，加热极不均匀；二是焊接热过程的瞬时性，在能量高度集中热源的作用下，加热速度极快（焊条电弧焊时可达到1500℃/s以上），焊件在很短的时间内就能达到熔化状态；三是焊接热过程中热源与焊件之间是相对运动的，焊件受热区域不断变化。当热源到达焊件某一位置时，此处迅速升温，而当热源逐渐远离时，此处就迅速冷却降温，造成了焊接热过程的不稳定性。四是焊接热过程涉及多种传热方式。焊接熔池中的液态金属处于激烈的运动状态，热量传递在熔池内部以对流为主，而在熔池外部的固态金属中，则以热传导的方式传递热量，而且周围气体中还存在着辐射散热、对流散热等传热方式。

焊接过程中的传热问题很复杂，在焊接热传递过程中，焊接区金属的成分、组织与性能发生变化，其结果将直接决定焊接质量。焊接热过程贯穿整个焊接的始终，可以说，一切焊接物理化学过程都是在热过程中发生和发展的。因此，掌握焊接热源的有关知识及热源对焊件热作用的规律，即温度与空间位置和温度与时间的关系，是掌握熔化焊原理及保证焊接质量的前提和基础。

第一节 焊接热源

焊接过程必须由外界提供相应的能量（热能、机械能），对于熔化焊主要是热能，因此，热源是实现熔化焊的关键。现代焊接技术逐步向高质量、高效率、低成本、低劳动强度、低能耗的方向发展。热源的发展促进了焊接工艺的发展，焊接热源的研究与开发一直在进行中。近年来出现了电子束焊接、激光焊接等高质量、高效率的焊接方法，可以实现精密焊接。还有采用两种热源叠加，以获得更强的能量密度，如在等离子束中加激光、在电弧中加激光等。随着科技的进步，现有的热源将不断完善，同时还将开发出更新的热源，如微波热、太阳能等。

熔化焊时焊件局部被加热，为了防止热量向金属内部流失，保证焊接区的金属迅速达到熔化状态，并防止加热区过宽，要求焊接热源温度高且热量集中，即热源的温度应明显高于被焊金属的熔点且加热范围小。

一、焊接热源的种类及特征

1. 焊接热源的种类

生产中常用的焊接热源有以下几种。

(1) 电弧热　利用气体介质在两电极间或电极与母材间强烈而持久的放电过程所产生的电弧热作为焊接热源。电弧是目前应用最广的焊接热源，如焊条电弧焊、埋弧焊、气体保护焊等。

(2) 化学热　利用可燃气体（如乙炔、液化石油气）的火焰放出的热量，或热剂（如铝粉与氧化铁粉）之间在一定温度下进行反应所产生的热量作为焊接热源，如气焊、热剂焊。

(3) 电阻热　利用电流通过接头的接触面及邻近区域所产生的电阻热，或电流通过熔渣所产生的电阻热作为焊接热源。如电阻焊、电渣焊。

(4) 摩擦热　利用机械摩擦所产生的热量作为焊接热源，如摩擦焊。

(5) 等离子弧　将自由电弧压缩成高温、高电离度及高能量密度的等离子弧作为焊接热源，如等离子弧焊。

(6) 电子束　利用高压高速运动的电子束轰击焊件局部表面，使动能转变为热能作为焊接热源，如电子束焊。

(7) 激光束　利用高能量的激光束轰击焊件产生的热能作为焊接热源，如激光焊。

(8) 高频感应热　对于有磁性的金属，利用高频感应产生的二次电流作为焊接热源，如高频感应焊。

上述热源中，用于熔焊的有电弧热、化学热、电阻热、等离子弧、电子束、激光束等，其中以电弧热、等离子弧应用最广。

2. 焊接热源的主要特征

热源的性能不仅影响焊接质量，而且对焊接生产率有着决定性的作用。先进的焊接技术要求热源能够进行高速焊接，并能获得致密的焊缝和最小的加热范围。通常从以下三个方面对焊接热源进行对比。

(1) 最小加热面积　即在保证热源稳定的条件下加热的最小面积。

(2) 最大功率密度　热源在单位面积上的最大功率。在功率相同时，热源加热面积越小，则功率密度越大，表明热源的集中性越好。

(3) 在正常焊接参数下能达到的温度　温度越高，则加热速度越高，因而可用来焊接高熔点金属，具有更广泛的应用范围。

常用焊接热源的特征数据见表 1-1。

由表 1-1 可以看出，不同焊接方法热源的特性数据差别是相当大的。理想的热源应该是具有加热面积小、功率密度大、加热温度高等特点。等离子弧焊、电子束焊、激光焊等即属于此类焊接热源。

表 1-1 常用焊接热源的特征数据

焊接方法	最小加热面积/cm^2	最大功率密度/$W \cdot cm^{-2}$	达到温度
气焊	10^{-2}	2×10^3	3400℃
金属极电弧焊	10^{-3}	10^4	6000K
钨极氩弧焊(TIG)	10^{-3}	1.5×10^4	8000K
埋弧焊	10^{-3}	2×10^4	6400K
电渣焊	10^{-2}	10^4	2000℃
熔化极氩弧焊(MIG) CO_2 气体保护焊	10^{-4}	$10^4\sim10^5$	—
等离子弧焊	10^{-5}	1.5×10^5	18000～24000℃
电子束焊	10^{-7}	$10^7\sim10^9$	
激光焊	10^{-8}	$10^7\sim10^9$	

二、焊接热效率和线能量

1. 焊接热效率

焊接时，热源所产生的热量并不能全部得到利用，其中有一部分热量会因向周围介质的散失和飞溅而损失。也就是说，焊件吸收到的热量要少于热源所提供的热量。

焊接热效率就是焊接热源热量的利用率。通常把母材和填充金属所吸收的热量（包括熔化及向内部传导的热量）叫做热源的有效热功率。

现以电弧为例，电弧输出的功率 P_0 可以表示为

$$P_0=UI \tag{1-1}$$

式中 P_0——电弧功率，即电弧在单位时间内所析出的能量，W；

U——电弧电压，V；

I——焊接电流，A。

电弧的有效热功率 P 是 P_0 的一部分，二者的比值为 η'，即

$$P=\eta' P_0 \tag{1-2}$$

式中 P——有效热功率，W；

η'——焊接加热过程的热效率，或称功率有效系数。

η'值的大小与焊接方法、焊接工艺参数、焊接材料和母材等因素有关，一般根据试验测定，不同焊接方法的 η' 值见表 1-2。可以看出，埋弧焊的热效率高于焊条电弧焊，这是由于埋弧焊过程中飞溅与散失到周围介质中的热量均小于焊条电弧焊所致（表 1-3），因而热量利用更充分。

表 1-2 不同焊接方法的 η' 值

焊接方法	焊条电弧焊	埋弧焊	CO_2 气体保护焊	钨极氩弧焊		熔化极氩弧焊	
				交流	直流	钢	铝
η'	0.74～0.87	0.77～0.90	0.75～0.90	0.68～0.85	0.78～0.85	0.66～0.69	0.70～0.85

表 1-3 焊条电弧焊和埋弧焊热量分配情况和 η' 值

焊接方法	有效热功率			飞溅损失	损失于周围介质的热量①
	基本金属吸收热量	随熔滴过渡热量	η'		
焊条电弧焊	50%	25%	75%	5%	20%
埋弧焊	54%	27%	81%	1%	18%

① 包括焊条药皮或焊剂熔化所消耗的热量。

2. 焊接线能量（也称焊接热输入）

熔焊时，由焊接热源输入给单位长度焊缝的能量称为焊接线能量，以符号 E 表示，其计算公式为

$$E=\frac{P}{v}=\eta'\frac{UI}{v} \tag{1-3}$$

式中 E——线能量，J/cm；

P——有效热功率，W；

η'——焊接热效率；

U——电弧电压，V；

I——焊接电流，A；

v——焊接速度，cm/s。

线能量是焊接过程中的一个重要工艺参数。

第二节 焊接温度场

由于熔焊时热源对焊件进行局部加热，同时热源与焊件之间还有相对运动，因此焊件上的温度分布不均匀，而且各点的温度还要随时间而变化。在实际生产中，这些变化还将受焊接方法、焊接参数及产品结构等诸多因素的影响，从而使得焊接区温度的分布与变化要比整体加热的工艺方法（如锻造、热处理）复杂得多。

在焊接过程中，热量的传递是以对流、传导和辐射三种形式进行的。热量由热源传给焊件主要是以对流和辐射两种形式，而当母材和焊条获得热能后，其内部的热量传递则以传导为主。焊接温度场研究的对象是焊件上一定范围内温度分布的情况，因此，热量的传递以传导为主。

一、焊接温度场的概念

焊接时，焊件上各点的温度不同，并随时间而变化。焊接温度场是指焊接过程中某一瞬时焊件上各点的温度分布状态。在掌握温度场的定义时，应注意以下两点。

① 与磁场、电场一样，温度场考察的对象是空间一定范围内的温度分布状态。

② 因为焊件上各点的温度是随时间变化的，因此，温度场是某个瞬时的温度场。

传热过程的基本规律是热量总是从高温传到低温，传递的热量与温度差成正比。因此根据温度场就可以确定热量传递的方向与数量。

温度场可以用公式、表格或图像表示，其中最直观最常用的方法是图像法，即用等温线（面）绘制的图像表示。等温线或等温面就是在某一瞬时温度场中相同温度的各点所连成的

线或面。在给定的温度场中，任何一点不可能同时有两个温度，因此不同温度的等温线（面）绝对不会相交，这是等温线（面）的重要性质。

为了进一步说明等温线（面）的意义及应用，现以最简单的固定热源加热厚大工件时的情况进行分析，这就排除了热源运动和工件边界散热的影响。如图 1-1 所示，由于金属内部各个方向的散热条件相同，因此某一瞬时工件上某点的温度只与该点至热源的距离有关。显然，等温面就是以热源中心为圆心的若干个同心半球面，球面的半径随温度的降低而加大。而温度为金属熔点 T_M 的等温面所包围的容积部分就是熔池（图中阴影线部分）。从平面观察，在与 xOy 面平行的各个截面上的等温线是不同半径的同心圆；而平行于 xOz 和 yOz 的各个截面上的等温线，则是不同半径的同心半圆。

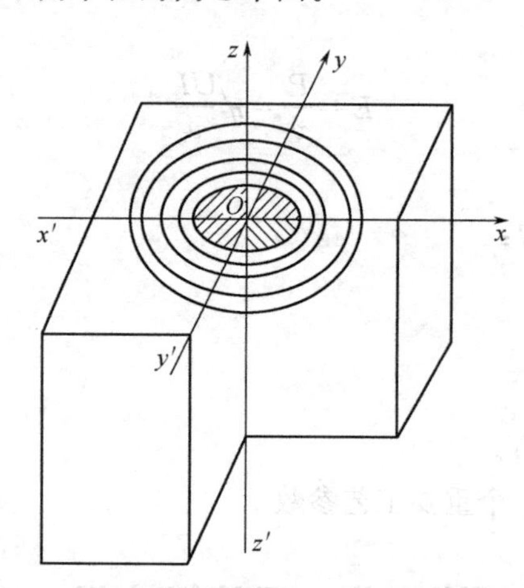

图 1-1　固定热源加热厚大工件时的等温面分布

焊接时，热源将沿一定的方向移动。热源的运动使焊件上沿运动方向的温度分布不再对称。这时，热源前面是未经加热的冷金属，温度低；热源后面则是刚焊完的焊缝，尚处于高温，温度下降很少。因此，在热源前面的等温线密集，后面的等温线稀疏。热源运动对焊缝两侧的影响相同，因而温度场对 x 轴的分布仍保持对称，但比之固定热源加热的范围要窄些。这样运动热源加热时的等温线在 xOy 面上是不规律的椭圆，而在 yOz 平面上仍是不同半径的同心半圆（见图 1-2）。利用等温线（面）描绘的温度场图形，可以了解焊件任一截面上温度分布的情况。图 1-2 中上部的曲线就是将等温线与 $x(y)$ 轴的交点的温度投到温度坐标上而绘出的。对照上下的图形可以看出，等温线越密集，温度曲线就越陡。

等温线的密集程度说明了温度变化率。变化率的大小与温度差成正比，而与等温线之间的距离成反比，二者的比值叫做温度梯度，用 G 来表示，则有

$$G=\frac{T_1-T_2}{\Delta s} \tag{1-4}$$

温度梯度是定量描述导热过程中热量传递的一个重要的物理量。需要说明的是，方向不同时，温度梯度的数值不同，沿等温线法线方向的 G 值最大。

当 Δs 很小时，温度场中任一点的温度梯度可以表示为

$$\lim\left|\frac{T_1-T_2}{\Delta s}\right|_{\Delta s\to 0}=\frac{\partial T}{\partial s} \tag{1-5}$$

当温度场沿给定方向的温度增加（$T_1>T_2$）时，温度梯度为正；反之，则为负。热量

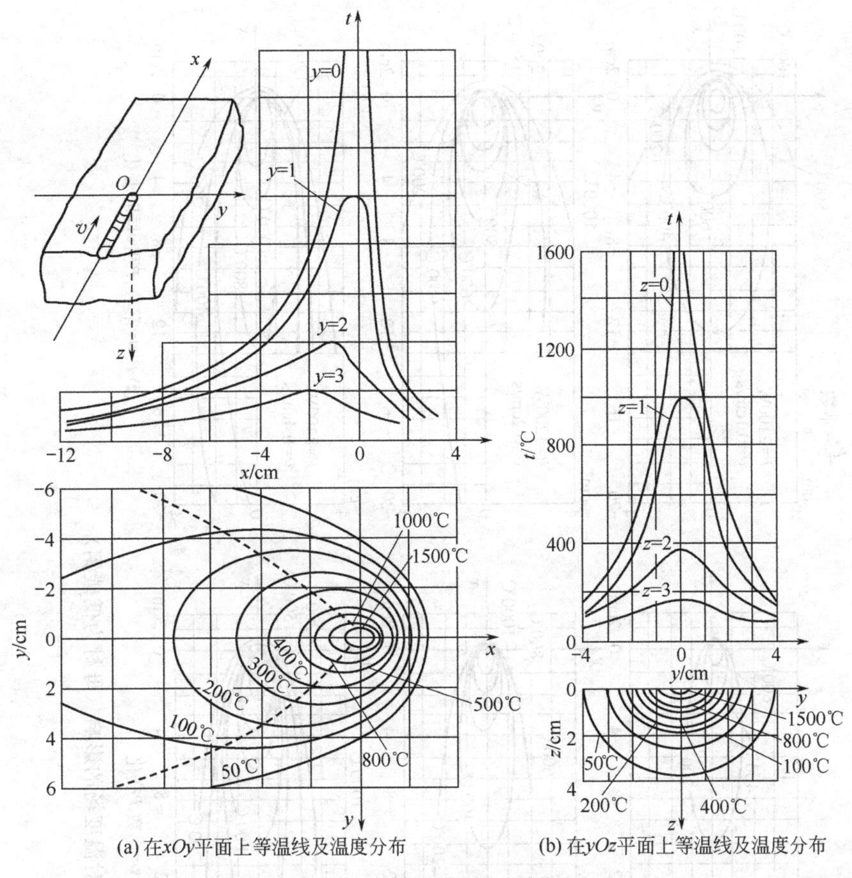

(a) 在xOy平面上等温线及温度分布　　(b) 在yOz平面上等温线及温度分布

图 1-2　运动热源的温度场

总是由高温传向低温，因此热量朝负温度梯度的方向传递。温度梯度的绝对值越大，传递的热量就越多，即等温线（面）的分布决定了热量传递方向与速度。

一般把各点温度不随时间变化的温度场称为稳定温度场，而随时间变化的温度场称为不稳定温度场。实际生产中，绝大多数焊接温度场都是随时间而变化的，属于不稳定温度场。

研究不稳定温度场的实际困难很多，但在正常焊接条件下，当功率恒定的热源在一定尺寸的工件上进行匀速直线运动时，经过一段时间后焊接过程稳定，就形成了一个与热源作同步运动的不变温度场，叫做准稳定温度场。如果采用移动的坐标系，令坐标原点与热源中心重合，各点的温度不再随时间变化。这样，采用了移动坐标系就可把不稳定的温度场转化为稳定的温度场，从而可用瞬时的温度场描述整个焊接区温度变化的规律。在分析焊接区温度分布时，都是采用这种与热源作同步运动的坐标系。

二、影响焊接温度场的因素

1. 热源的性质

焊接热源的性质不同，温度场的分布也不同。热源的能量越集中，则加热面积越小，温度场中等温线（面）的分布越密集。如电子束焊接时，由于热源的热量非常集中，加热范围仅为几个毫米的区域，温度场范围很小；而气焊时，加热宽度可达几个厘米，温度场范围也很大。

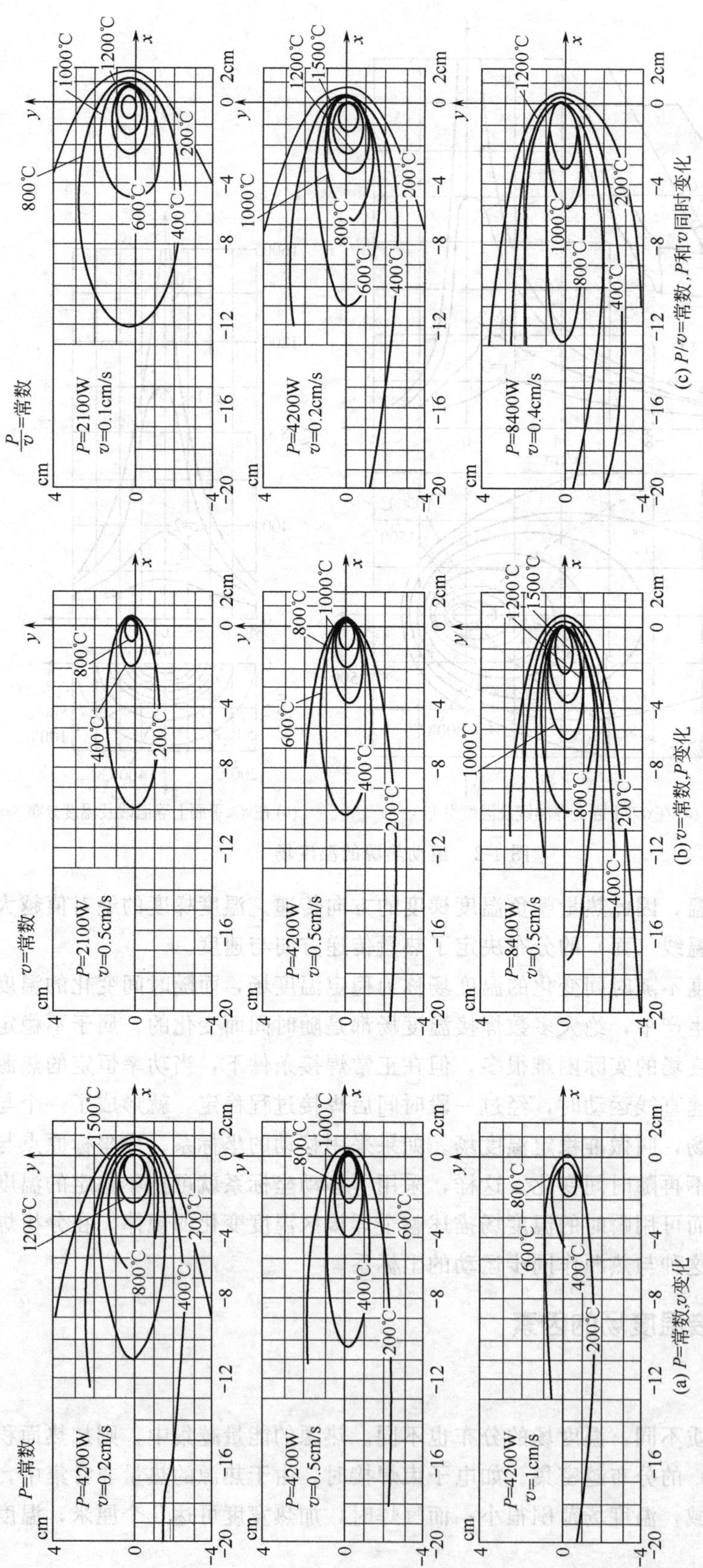

图1-3 焊接工艺参数对温度场的影响（母材为低碳钢）

2. 焊接工艺参数

焊接工艺参数是焊接时为保证焊接质量而选定的各项参数的总称，包括焊接电流、电弧电压、焊接速度、线能量等。同样的焊接热源，如果采用的焊接工艺参数不同，温度场分布也不同。在焊接工艺参数中，有效热功率 P 和焊接速度 v 的影响最大。当有效热功率 P 一定时，随着焊接速度 v 的增加，等温线的范围逐渐变小，温度场的宽度和长度都变小，但宽度的减小更大些，所以导致温度场的形状变得细长，如图 1-3(a) 所示；当焊接速度 v 一定时，随着有效热功率的增加，温度场的范围也随之增大，如图 1-3(b) 所示；当焊接线能量 P/v 一定时，随着 P 和 v 的增加，等温线沿热源运动方向伸长，但宽度变化不明显，如图 1-3(c) 所示。

3. 被焊金属的热物理性能

热物理性能说明物质的传热与散热能力，主要有热导率、比热容、热扩散率及表面传热系数等。由于金属材料的热物理性能不同，也会有不同的温度场。

(1) 热导率（λ） λ 表示金属内部的导热能力。它的物理意义是在单位时间内，沿等温面法线方向单位距离温度下降 1℃时经过单位面积所传递的能量，单位为 W/(cm・℃)。热导率是材料的固有性质，取决于金属的化学组成与晶体结构。热导率随温度的变化而变化，常用金属的热导率与温度的关系如图 1-4 所示。从图中可以看出，纯铁、碳钢和低合金钢的热导率随温度的升高而下降；而高合金钢的热导率则随温度的升高而上升。不同钢种的热导率值随温度的上升而趋于一致，在 800℃以上大致在 0.25～0.45W/(cm・℃) 之间。

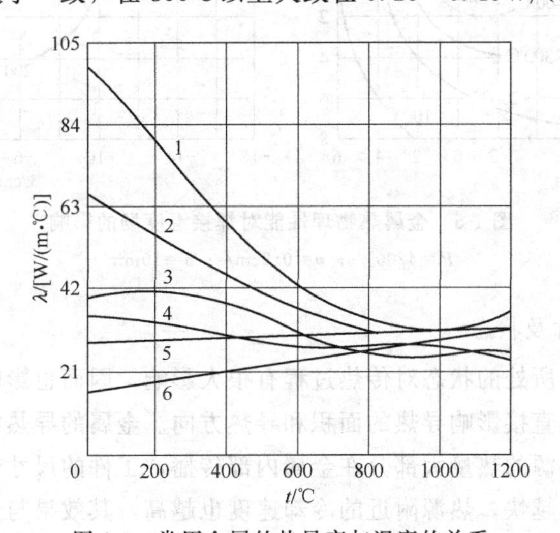

图 1-4 常用金属的热导率与温度的关系

1—纯铁；2—低碳钢［w(C)=0.1%］；3—中碳钢［w(C)=0.45%］；4—低合金钢［w(Cr)=4.98%］；5—高铬钢（1Cr13）；6—不锈钢（18-8 型）

(2) 比热容（c） 比热容为单位质量物质升高 1℃时所需的热量，单位为 J/(g・℃)。体积比热容是单位体积的物质升高 1℃时所需的热量，单位为 J/(cm^3・℃)。体积比热容等于材料的比热容 c 与密度 ρ 的乘积，即 $c\rho$。

(3) 热扩散率（a） 热扩散率表示温度传播的速度，它与 λ、$c\rho$ 的关系为 $a=\lambda/(c\rho)$，单位为 cm^2/s。

(4) 表面传热系数（α） 表示金属通过表面向外界介质传热的能力，其物理意义是金属表面与介质之间的温度差为1℃时，在单位时间内通过单位面积表面所散失的热量，单位为 W/(cm^2·℃)。

金属热物理性能对焊接温度场的影响如图1-5所示。在线能量与工件尺寸相同时，热导率小的铬镍不锈钢，在600℃以上的高温区范围（图中阴影线部分）比低碳钢大得多；而热导率大的铝及纯铜，其相应的高温区范围要小得多。这说明，热导率较大时，热量很快向金属内部散失，使热源附近的金属温度迅速下降，热作用的范围扩大，但高温的区域却缩小了。因此，焊接不同的材料时应选用不同的热源和焊接参数。

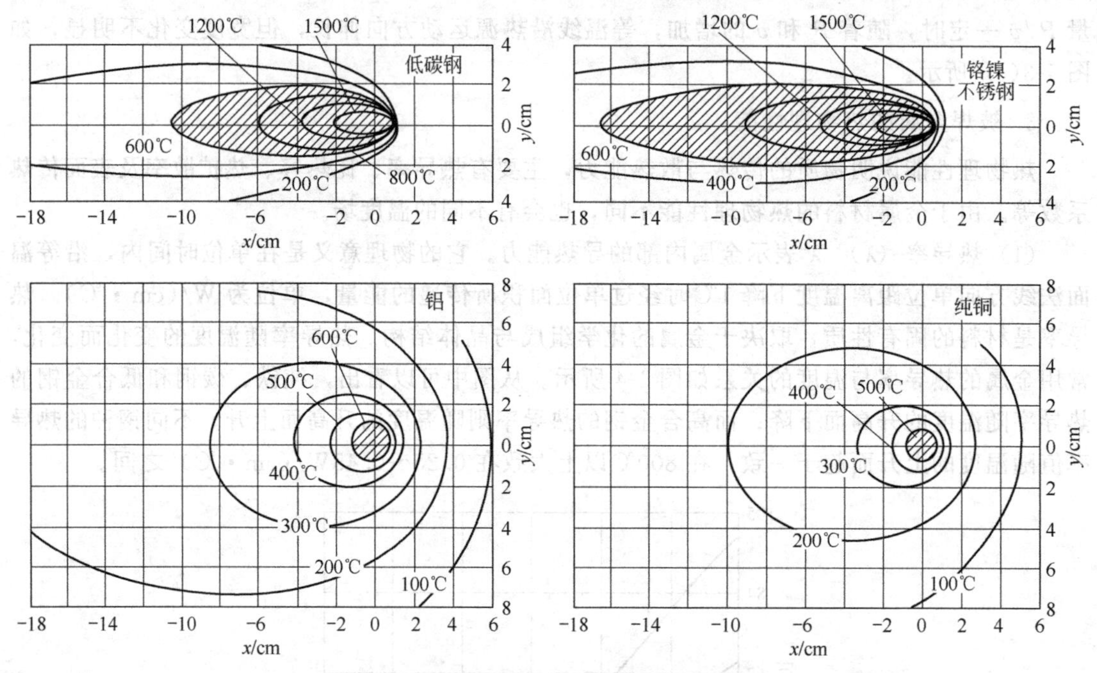

图1-5 金属热物理性能对焊接温度场的影响

$P=4200$J/s；$v=0.2$cm/s；$\delta=10$mm

4. 焊件的几何尺寸及状态

焊件的几何尺寸及所处的状态对传热过程有很大影响，因而也影响焊接温度场的分布。

焊件的几何尺寸会直接影响导热的面积和导热方向。金属的导热能力一般都明显高于周围的介质，因此来自热源的热量大部分在金属内部传播，工件的尺寸越大，传到金属内部的热量越多，传播的速度越快，热源附近的冷却速度也越高，其效果与热导率升高相似。

当工件尺寸厚大时，热量可以沿 x、y、z 三个方向传递，属于三向传热，此时热源相对于工件尺寸很小，可看做点状热源，如图1-6(a)所示，其温度场为三维温度场；当工件是尺寸较大的薄板时，可以认为工件在厚度方向不存在温度差，热量只在 x、y 两个方向传递，是两向传热，此时可将热源看做线状热源，如图1-6(b)所示，其温度场为二维温度场；如果工件是细长的杆件，只在轴向即 x 方向存在温度差，是单向传热，此时热源可看做面状热源，如图1-6(c)所示，其温度场为一维温度场。

焊件所处的状态（如预热温度及环境温度）不同时，对温度场也有影响。工件经过预热，使原始温度升高，减小了热源中心与周围金属的温度差，而使传向金属内部的热量减少，工件上温度分布更为均匀，等温线比不预热时稀疏。环境温度升高的影响与预热相同。

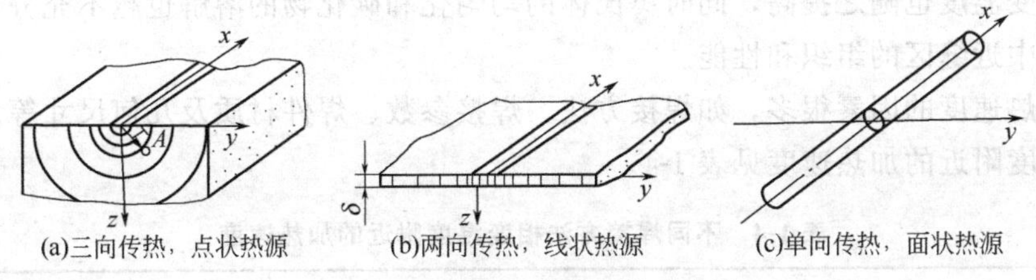

(a)三向传热，点状热源　(b)两向传热，线状热源　(c)单向传热，面状热源

图 1-6　三种典型传热方式示意图

此外，产品的结构、接头形式、坡口形式与尺寸、间隙大小、焊接顺序等因素对温度场都有不同程度的影响。

第三节　焊接热循环

焊接热循环讨论的对象是焊件上某一点的温度与时间的关系。这一关系决定了该点的加热速度、保温时间和冷却速度，对焊接接头的组织与性能都有明显的影响。

一、焊接热循环的概念

焊件上某一点，当热源靠近时，该点的温度随之升高直至达到最大值，随着热源的离开，温度逐渐下降，最后恢复到与周围介质相同的温度。在焊接热源作用下，焊件上某一点的温度随时间的变化，叫做焊接热循环。焊接热循环一般用温度-时间曲线表示，典型的焊接热循环曲线如图 1-7 所示。

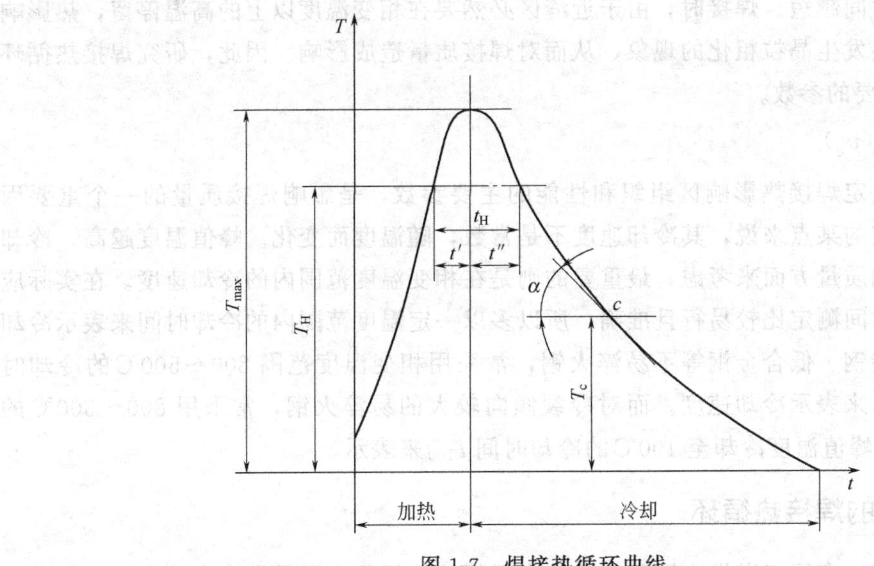

图 1-7　焊接热循环曲线

T_c—c 点瞬时温度；T_H—相变温度

二、焊接热循环的主要参数

1. 加热速度（v_H）

在集中的高温热源作用下，焊接时的加热速度比其他热加工时要高得多。随着加热速度

的提高，相变温度也随之提高，同时奥氏体的均匀化和碳化物的溶解也越不充分，必然影响到冷却过程中近缝区的组织和性能。

影响加热速度的因素很多，如焊接方法、焊接参数、焊件材质及几何尺寸等。不同焊接方法相变温度附近的加热速度见表 1-4。

表 1-4　不同焊接方法相变温度附近的加热速度

焊接方法	板厚/mm	加热速度/(℃/s)
焊条电弧焊和 TIG 焊	5～1	200～1000
单层埋弧焊	25～10	60～200
电渣焊	200～50	3～20

2. 最高加热温度（T_{max}）

最高加热温度是焊接热循环中最重要的参数之一，又称为峰值温度。焊接时，焊件上各点的峰值温度不同，取决于该点至焊缝中心的距离，因而组织的变化也不一样，这就会对金属冷却后的组织与性能产生明显的影响。例如，在熔合区附近的近缝区，由于温度高，造成晶粒严重长大，使塑性、韧性显著降低，对于低碳钢和低合金钢，此处的最高温度可达 1300～1350℃。

3. 相变温度以上的停留时间（t_H）

在相变温度以上停留一定时间，有利于奥氏体化过程的充分进行。但当温度过高时（如超过 Ac_3 300℃以上），即使停留时间不长，也会发生严重的晶粒长大现象。加热温度越高，晶粒长大所需的时间越短。焊接时，由于近缝区必然要在相变温度以上的高温停留，热影响区中不可避免地会发生晶粒粗化的现象，从而对焊接质量造成影响。因此，研究焊接热循环时 t_H 也是一个重要的参数。

4. 冷却速度（v_c）

冷却速度是决定焊接热影响区组织和性能的主要参数，是影响焊接质量的一个重要因素。对焊件上给定的某点来说，其冷却速度不是常数，随温度而变化。峰值温度越高，冷却速度越大。从影响质量方面来考虑，最重要的则是在相变温度范围内的冷却速度。在实际应用中，由于冷却时间测定比较易行且准确，所以多以一定温度范围内的冷却时间来表示冷却速度。对一般低碳钢、低合金钢等不易淬火钢，常采用相变温度范围 800～500℃的冷却时间 $t_{8/5}$（$t_{800\sim500}$）来表示冷却速度。而对冷裂倾向较大的易淬火钢，常采用 800～300℃的冷却时间 $t_{8/3}$ 或由峰值温度冷却至 100℃的冷却时间 t_{100} 来表示。

三、多层焊的焊接热循环

在实际生产中，多层多道焊应用很普遍。多层焊的热循环实际是由多个单层焊热循环叠加而成，相邻焊缝之间具有预热或后热作用。

按照实际生产中的不同要求，多层焊又可分为长段多层焊和短段多层焊。

1. 长段多层焊的焊接热循环

长段多层焊一般是指每道焊缝的长度在 1m 以上的多层焊。由于焊道较长，在焊完前一层后再焊下一层时，前层焊道已冷却到较低的温度（一般在 200℃以下），其热循环如图 1-8

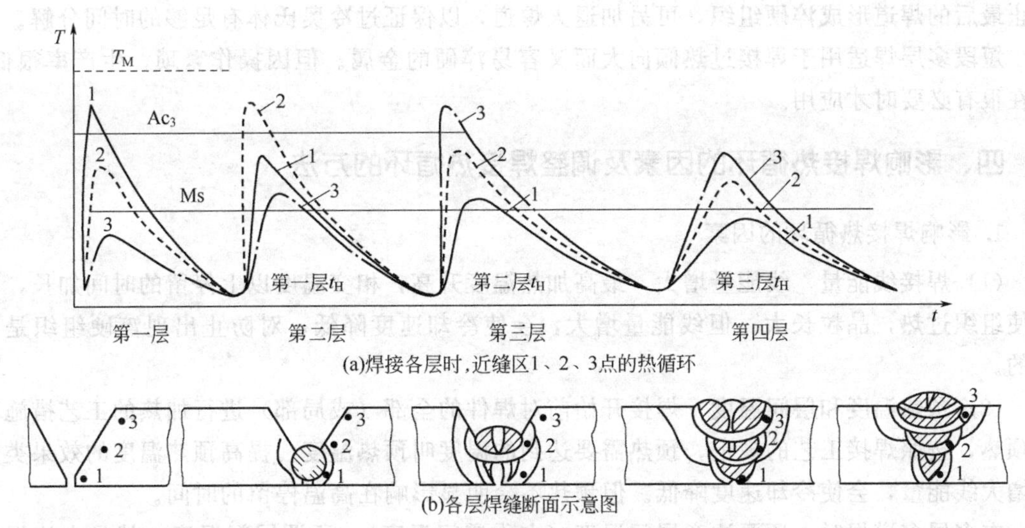

图 1-8 长段多层焊焊接热循环

所示。可以看出，前层焊道对后层可以起到预热作用，而后层焊道对前层则起到了后热（或回火）作用。为了防止最后一层焊道出现淬硬组织（马氏体），可以多加一层退火焊道来保证焊接质量。

需要指明的是，在焊接淬硬倾向较大的材料时，如果采用长段多层焊，则有可能在焊下一层焊道前，前层焊道已因形成硬脆组织而开裂。此时，应采取必要的辅助措施加以配合，如焊前预热、控制道间温度以及后热缓冷等。

2. 短段多层焊的焊接热循环

短段多层焊一般是指每道焊缝较短（50～400mm）的多层焊。这样，在焊下层焊道时，前层焊道的温度可保持在 Ms 点以上。短段多层焊的热循环如图 1-9 所示。

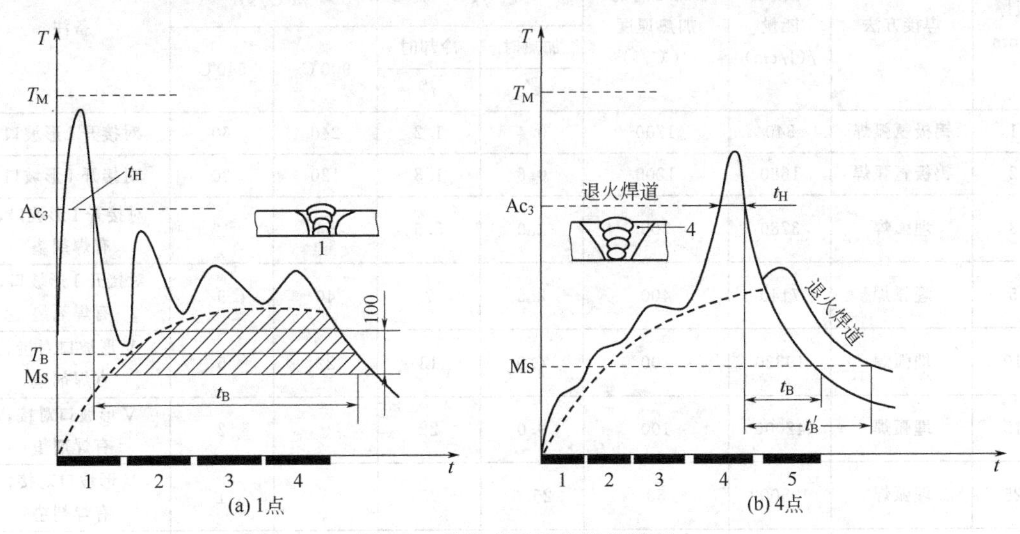

图 1-9 短段多层焊焊接热循环

可以看出，1 点在整个焊接过程中在 Ac_3 以上停留的时间较短，避免了奥氏体晶粒粗化；在 Ac_3 以下的冷却速度又比较低，防止了淬硬组织的形成。4 点则是在前几道施焊产生的预热作用基础上焊接，在焊缝长度适当时，仍可保证在 Ac_3 以上停留较短的时间。为了防止最后的焊道形成淬硬组织，可另加退火焊道，以保证过冷奥氏体有足够的时间分解。

短段多层焊适用于焊接过热倾向大而又容易淬硬的金属。但因操作繁琐，生产率很低，只在很有必要时才应用。

四、影响焊接热循环的因素及调整焊接热循环的方法

1. 影响焊接热循环的因素

（1）焊接线能量　线能量增大，最高加热温度升高，相变温度以上停留的时间加长，容易使组织过热，晶粒长大。但线能量增大，会使冷却速度降低，对防止出现淬硬组织是有利的。

（2）预热温度和层间温度　焊接开始前对焊件的全部（或局部）进行加热的工艺措施称为预热，按照焊接工艺的规定，预热需要达到的温度叫预热温度。提高预热温度的效果类似于增大线能量，会使冷却速度降低。但预热不会明显影响在高温停留的时间。

在多层多道焊时，还要注意层间温度（也称道间温度）。所谓层间温度，就是在施焊后续焊道前其相邻焊道应保持的最低温度。层间温度不应低于预热温度。控制层间温度可降低冷却速度，并促使扩散氢的逸出。

（3）焊接方法　不同焊接方法的热源特性不同，对焊接热循环的影响也不一样。实验测定，当焊接线能量相同时，埋弧焊的冷却速度最慢、氩弧焊稍快、焊条电弧焊最快。这是因为尽管焊接线能量相同，但所用电流与焊接速度匹配却不同，所以形成的焊缝形状及熔深明显不同，对焊件上各点所经历的热循环产生影响也不一样。单层电弧焊和电渣焊低合金钢近缝区部分热循环参数见表 1-5。

表 1-5　单层电弧焊和电渣焊低合金钢近缝区部分热循环参数

板厚/mm	焊接方法	焊接线能量/(J/cm)	900℃时的加热速度/(℃/s)	900℃以上的停留时间/s		冷却速度/(℃/s)		备注
				加热时 t'	冷却时 t''	900℃	540℃	
1	钨极氩弧焊	840	1700	0.4	1.2	240	60	对接开I形坡口
2	钨极氩弧焊	1680	1200	0.6	1.8	120	30	对接开I形坡口
3	埋弧焊	3780	700	2.0	5.5	54	12	对接开I形坡口，有焊剂垫
5	埋弧焊	7140	400	2.5	7	40	9	对接开I形坡口，有焊剂垫
10	埋弧焊	19320	200	4.0	13	22	5	V形坡口对接，有焊剂垫
15	埋弧焊	42000	100	9.0	22	9	2	V形坡口对接，有焊剂垫
25	埋弧焊	105000	60	25.0	75	5	1	V形坡口对接，有焊剂垫
50	电渣焊	504000	4	162.0	335	1.0	0.3	双丝
100	电渣焊	672000	7	36.0	168	2.3	0.7	三丝
100	电渣焊	1176000	3.5	125.0	312	0.83	0.28	板极
220	电渣焊	966000	3.0	144	395	0.8	0.25	双丝

(4) 焊件尺寸 主要反映在焊件宽度 b 和板厚 δ 对冷却速度的影响上，如图 1-10 所示。可以看出，当线能量不变时，在板厚 δ 较小时，改变板宽 b 可使冷却速度有较大变化；而板厚 δ 较大时（如 $\delta>30$mm），板宽 b 对冷却速度的影响不明显。此外，板宽 b 增大到 150mm 以后，$t_{8/5}$ 与板宽 b 无关，仅随板厚 δ 而变化（见图 1-10 中板宽 b 为 150mm 和 300mm 的两条曲线）。因此，板宽增大到一定限度后，冷却速度仅与板厚有关，板厚越大，冷却速度越大。

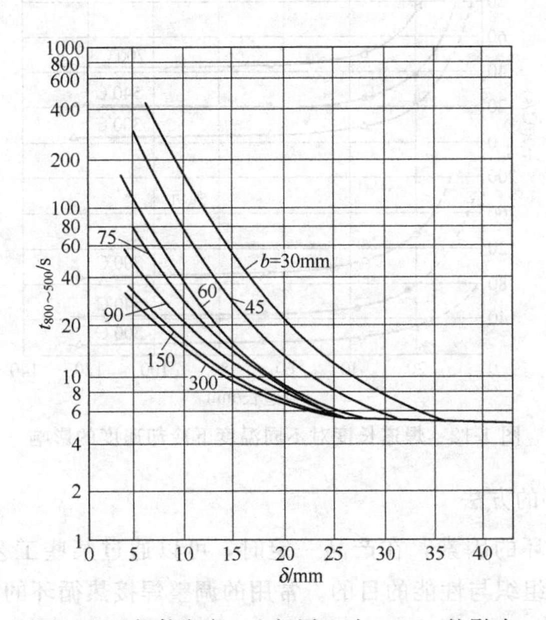

图 1-10 焊件宽度 b 和板厚 δ 对 $t_{800\sim500}$ 的影响

试验条件：焊条电弧焊，未预热，焊条直径 $\phi=4$mm，

$I=140$A，$U=30$V，$v=14.5$cm/min，焊件长度 110mm

(5) 接头形式 不同的接头形式由于热量传导条件存在差异，因而冷却速度不同。例如，同样板厚的 V 形坡口对接接头的冷却速度要明显小于角接接头的冷却速度。不同接头形式对 $t_{8/5}$ 的影响如图 1-11 所示。

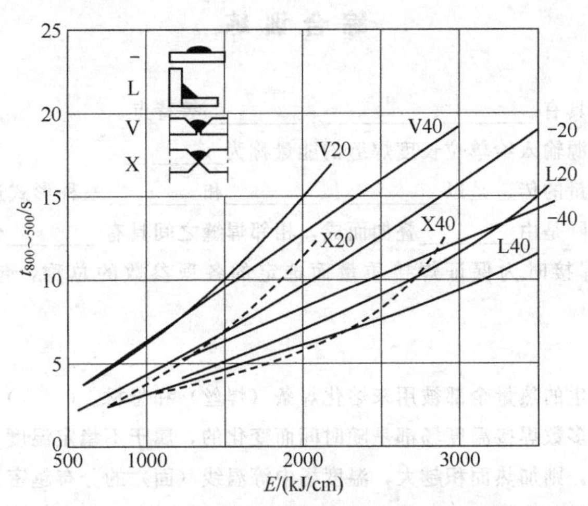

图 1-11 接头与坡口形式对 $t_{800\sim500}$ 的影响

（图中符号后的数字表示板厚 δ）

（6）焊道长度　在接头形式与焊接条件相同时，焊道越短，其冷却速度越高，如图1-12所示。焊道长度小于 40mm 时，冷却速度急剧提高，而且弧坑处的冷却速度最高，约为焊缝中部的 2 倍，比引弧端也要大 20%左右。

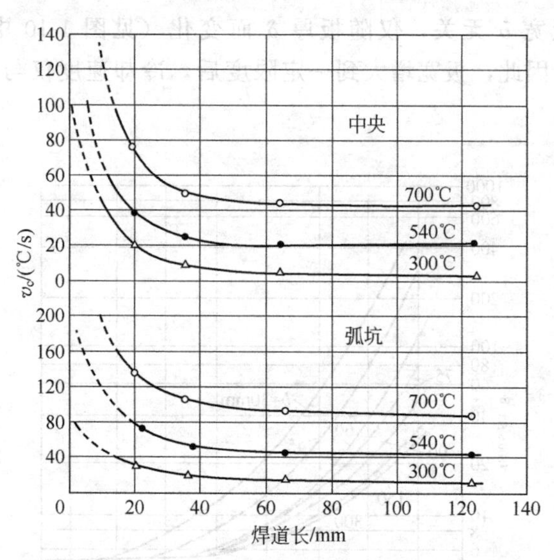

图 1-12　焊道长度对不同温度下冷却速度的影响

2. 调整焊接热循环的方法

根据影响焊接热循环的因素，在产品一定时，可以通过某些工艺措施来调整焊接热循环，从而达到改善接头组织与性能的目的。常用的调整焊接热循环的方法有：

① 根据被焊金属的成分和性能选择合适的焊接方法。

② 合理选择焊接参数。

③ 采用预热、焊后保温或缓冷等措施降低冷却速度。

④ 调整多层焊的层数或焊道长度，控制层间温度。在实际生产中可通过保温或加热等措施调整层间温度。

综合训练

一、填空题

1. 理想的热源应该是具有________、________、________等特点。

2. 熔焊时，由焊接热源输入给单位长度焊缝的能量称为________。

3. 在焊接过程中，热量的传递是以________、________和________三种形式进行的。

4. 多层焊的热循环实际是由________叠加而成，相邻焊缝之间具有________作用。

5. 焊接工艺参数是焊接时为保证焊接质量而选定的各项参数的总称，包括________、________、________、________等。

二、判断题

1. 熔化焊时，电弧产生的热量全部被用来熔化焊条（焊丝）和母材。（　　）

2. 实际生产中，绝大多数焊接温度场都是随时间而变化的，属于不稳定温度场。（　　）

3. 热源的能量越集中，则加热面积越大，温度场中等温线（面）的分布越密集。（　　）

4. 焊接热循环讨论的对象是焊件的平均温度与时间的关系。（　　）

5. 在实际应用中，由于冷却时间测定比较易行且准确，所以多以一定温度范围内的冷却时间来表示冷

却速度。(　　)

6. 线能量增大，会使冷却速度降低，对防止出现淬硬组织是有利的。(　　)

三、简答题

1. 什么是焊接温度场？影响焊接温度场的因素有哪些？

2. 什么是焊接热循环？焊接热循环的主要参数有哪些？

3. 影响焊接热循环的因素有哪些？如何正确调整焊接热循环？

4. 什么是预热温度和层间温度？焊前预热以及控制层间温度的目的是什么？

5. 已知某钢材埋弧焊时，选用焊接电流为200A，电弧电压为25V，焊接速度为0.225cm/s，求其线能量（热输入）是多少？(埋弧焊的热效率 $\eta'=0.9$)

第二章　焊接化学冶金过程

知识目标

1. 理解焊接时保护的重要性；
2. 了解焊接化学冶金过程的特点和基本规律；
3. 掌握熔敷系数、熔合比等概念；
4. 了解熔焊过程中焊接区各相之间的物理、化学反应过程；
5. 掌握氮、氢、氧、硫、磷等对焊缝金属的危害及控制措施。

能力目标

1. 正确区分焊接化学冶金和普通化学冶金的本质；
2. 采取正确的工艺措施控制焊缝金属中有害杂质的含量以及向焊缝过渡合适的合金元素。

焊接化学冶金过程是指熔焊时焊接区内各种物质（包括气体、液态金属、熔渣）之间在高温下相互作用的过程，不仅包括化学反应，也包括蒸发、熔化、扩散等物理过程。焊接化学冶金过程决定了焊缝金属的化学成分，直接影响了焊缝金属的组织与性能，对某些焊接缺陷（如气孔、裂纹等）以及焊接工艺性能都有很大的影响。

本章以焊条电弧焊焊接低碳钢和低合金钢时的冶金问题为重点，从热力学的角度来阐明冶金反应和焊缝金属成分、性能之间的关系及其变化规律，利用这些规律可以合理地选择焊接材料，正确地控制和调整焊缝金属的成分和性能，研发新的焊接材料，也可以作为分析其他焊接方法和材料冶金问题的基础。

第一节　焊条、焊丝及母材的熔化

焊条、焊丝及母材的熔化对焊接工艺过程、冶金过程和焊接接头的质量以及焊接生产率都有很大的影响。

一、焊条、焊丝的加热及熔化

1. 焊条的加热

焊条电弧焊时，加热与熔化焊条的热量来自于三个方面：焊接电弧传给焊条的热量；焊接电流通过焊芯时产生的电阻热；焊条药皮组分之间的化学反应热。

（1）焊接电弧传给焊条端部的热量　焊接电弧传给焊条的热能占焊接电弧总功率的20%～27%，且一部分用于熔化药皮和焊芯，使焊条端部的液态金属过热和蒸发，它是加热熔化焊条的主要能量。另一部分传导到未熔化的焊芯深处，使焊芯和药皮升温。研究结果表明，电弧对焊条加热的特点是热量集中于距焊条端部10mm以内，沿焊条长度和径向的温度很快下降，药皮表面的温度就比焊芯要低得多。

（2）焊接电流通过焊芯所产生的电阻热　焊接电流通过焊芯所产生的电阻热与焊接时的电流密度、焊芯的电阻及焊接时间有关。焊接电流通过焊芯所产生的电阻热 Q_R（单位为J）为

$$Q_R = I^2Rt \tag{2-1}$$

式中　I——焊接电流，A；

R——焊芯的电阻，Ω；

t——电弧燃烧时间，s。

电阻加热的特点是从焊钳夹持点至焊条端部热量均匀分布。当焊接电流密度不大，加热时间不长时，电阻热影响可不考虑。但当焊接电流密度过大、焊条伸出长度过长时需要电阻热的影响。当电阻热过大时，会使焊芯和药皮温升高，从而引起以下不良后果：

① 焊芯熔化过快产生飞溅；

② 药皮开裂并过早脱落，电弧燃烧不稳；

③ 焊缝形成变坏，甚至产生气孔等缺陷；

④ 药皮过早进行冶金反应，丧失冶金反应和保护能力；

⑤ 焊条发红变软，操作困难。

因此，为了焊接过程的正常进行，焊接时必须对焊接电流与焊条长度加以限制。焊芯材料的电阻较大时（如不锈钢焊芯），应降低焊接电流，加以控制。

（3）焊条药皮组成成分之间的化学反应热　一般情况下化学反应热很小，仅占总热量的1%～3%，对焊条的加热熔化作用有时候可以忽略不计。

2. 焊条金属的熔化速度

焊条端部的焊芯熔化后进入熔池，焊条金属的熔化速度决定了焊条的生产率，并影响焊接过程的稳定性。而焊条金属的熔化速度是不均匀的。电阻热对焊芯的强烈预热作用，使焊条后半段的熔化速度高于前半段，其提高值最高可达30%以上。焊条金属的熔化过程是周期性的，因而其熔化速度作周期性变化。

焊条金属的熔化速度可以用点位时间内焊芯熔化的质量来表示。试验证明，在正常的工艺条件下，焊条金属的熔化速度与焊接电流成正比，即

$$v_m = \frac{m}{t} = \alpha_P I \tag{2-2}$$

式中　v_m——焊条金属的平均熔化速度，g/h；

m——熔化的焊芯质量，g；

t——电弧燃烧时间，h；

α_P——焊条的熔化系数，g/(h·A)；

I——焊接电流，A。

熔化系数 α_P 反映了熔焊过程中，单位电流、单位时间内焊芯（或焊丝）的熔化量。

$$\alpha_P = \frac{m}{It} \tag{2-3}$$

但是，由于焊接时金属蒸发、氧化和飞溅，熔化的焊芯（或焊丝）金属并不是全部进入熔池形成焊缝，而是有一部分损失。单位电流、单位时间内焊芯（或焊丝）熔敷在焊件上的金属量，称为熔敷系数（α_H）。其表达式为

$$\alpha_H = \frac{m_H}{It} \tag{2-4}$$

式中 m_H——熔敷到焊缝中的熔敷金属质量，g；

α_H——熔敷系数，g/(h·A)。

熔化系数并不能真实的反映焊条金属的利用率和生产率，真正反映焊条利用率和生产率的指标是熔敷系数。

3. 熔滴过渡的作用力

熔滴是指电弧焊时，在焊条（或焊丝）端部形成的向熔池过渡的液态金属滴。焊条金属或焊丝熔化后，虽然加热温度超过金属的沸点，但其中只有一小部分（不超过10%）蒸发损失，而90%～95%是以熔滴的形式过渡到熔池中去。

熔滴通过电弧空间向熔池的转移过程称为熔滴过渡。在熔滴的形成、长大及过渡的过程中，根据熔滴上的作用力来源不同，常见的作用力有以下几种。

(1) 重力 重力对熔滴过渡的影响依焊接位置的不同而不同。平焊时，熔滴上的重力可促进熔滴过渡；而立、仰焊时熔滴上的重力则阻碍熔滴过渡。重力 F_g 表达式为：

$$F_g = mg = 4\pi r^3 \rho g \tag{2-5}$$

式中 r——熔滴半径；

ρ——熔滴密度；

g——重力加速度。

(2) 表面张力 表面张力是指焊丝端部保持熔滴的作用力。表面张力在平焊时阻碍熔滴过渡，在立、仰焊时，促进熔滴过渡。表面张力的大小用 F_σ 表示，其表达式为：

$$F_\sigma = 2\pi R\sigma \tag{2-6}$$

式中，R 为焊丝半径；σ 为表面张力系数。σ 的数值与材料成分、温度、气体介质等因素有关。

(3) 电磁收缩力或电磁压缩力 焊接时，把熔滴看成由许多平行载流导体组成，这样在熔滴上就受到由四周向中心的电磁力，称为电磁收缩力或电磁压缩力。电磁压缩力在任何焊接位置都能促使熔滴向熔池过渡。

由电弧自身磁场引起的电磁收缩力，在焊接过程中具有重要的工艺性能。它不仅使熔池下凹，同时也对熔池产生搅拌作用，有利于细化晶粒，排除气体及夹渣，使焊缝的质量得到改善。另外，电磁收缩力形成的轴向推力可在熔化极电弧焊中促使熔滴过渡，并可束缚弧柱的扩展，使弧柱能量更集中，电弧更具挺直性。

(4) 斑点力 电极上形成斑点时，由于斑点处受到带电粒子的撞击或金属蒸发的反作用而对斑点产生的压力，称为斑点压力或斑点力。不论是阴极斑点力还是阳极斑点力，其作用方向总是与熔滴过渡方向相反，因而斑点力总是阻碍熔滴的过渡，并且正接时的斑点压力较反接时大。

(5) 电弧的气体吹力 这种力出现在焊条电弧焊中。焊条电弧焊时，焊条药皮的熔化滞后于焊芯的熔化，这样在焊条的端头形成套筒，如图 2-1 所示。此时药皮中造气剂产生的气体及焊芯中C元素氧化的CO气体在高温作用下急剧膨胀，从套筒中喷出作用于熔滴。所以无论焊接位置如何，电弧的气体吹力总是有利于熔滴过渡。

4. 熔滴过渡的形式

熔滴过渡的形式、尺寸、质量和过渡的频率等均随焊接参数变化而变化，并影响到焊接

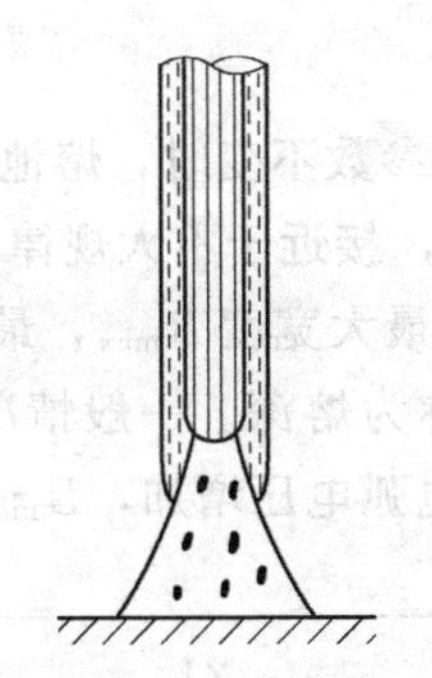

图 2-1 焊条药皮形成的套筒示意图

过程的稳定性、飞溅情况、冶金反应进行的程度以及生产率。熔滴过渡分为滴状过渡、短路过渡和喷射过渡三种形式，如图 2-2 所示。

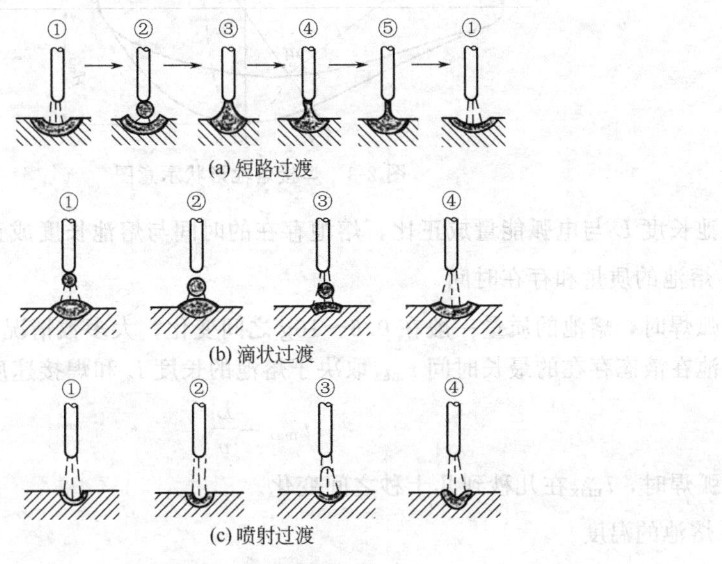

图 2-2 熔滴过渡形式

(1) 短路过渡 焊条（焊丝）端部的熔滴与熔池短路接触，由于强烈过热和电磁收缩力的作用使其爆断，直接向熔池过渡的形式［图 2-2(a)］。短路过渡时，电弧稳定，飞溅小，成形良好，广泛用于薄板和全位置焊接。

(2) 滴状过渡（颗粒过渡） 熔滴呈粗大颗粒状向熔池自由过渡的形式［图 2-2(b)］。滴状过渡会影响电弧的稳定性，焊缝成形不好，通常不采用。

(3) 喷射过渡 熔滴呈细小颗粒，并以喷射状态快速通过电弧空间向熔池过渡的形式［图 2-2(c)］。产生喷射过渡除要有一定的电流密度外，还须有一定的电弧长度。喷射过渡具有熔滴细、过渡频率高、电弧稳定、焊缝成形美观及生产效率高等优点。

二、母材的加热及熔化

熔焊时，在热源的作用下焊条熔化的同时母材也局部熔化。母材上由熔化的焊条或焊丝金属与母材金属所组成的具有一定几何形状的液体金属叫做焊接熔池。在不加填充材料焊接时，熔池仅由熔化的母材组成；在加填充材料焊接时，熔池则由熔化的母材和填充材料共同组成。

1. 熔池的形状和尺寸

当焊接过程进入稳定状态，焊接参数不变时，熔池的尺寸与形状不再变化，并与热源作同步运动。熔池的形状如图 2-3 所示，接近于不太规律的半个椭球，轮廓为熔点温度的等温面。熔池的主要尺寸有熔池长度 L，最大宽度 B_{max}，最大熔深 H_{max}，其中 B_{max} 即为焊缝宽度，称为熔宽，H_{max} 为焊缝深度，称为熔深。一般情况下，其他焊接工艺参数不变，焊接电流增加，H_{max} 增加，B_{max} 减小；电弧电压增加，B_{max} 增加，H_{max} 减小。

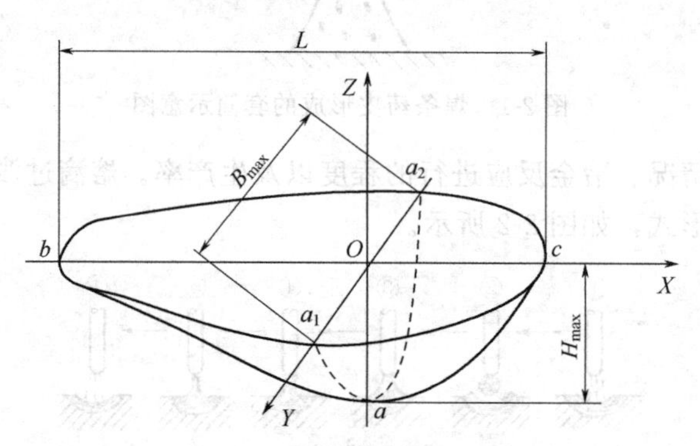

图 2-3 焊接熔池形状示意图

熔池长度 L 与电弧能量成正比，熔池存在的时间与熔池长度成正比，与焊速成反比。

2. 熔池的质量和存在时间

电弧焊时，熔池的质量一般在 0.6～16g 之间变化，大多数情况下在 5g 以下。

熔池在液态存在的最长时间 t_{max} 取决于熔池的长度 L 和焊接速度 v，其关系为

$$t_{max}=\frac{L}{v} \tag{2-7}$$

电弧焊时，t_{max} 在几秒到几十秒之间变化。

3. 熔池的温度

熔池的温度分布是很不均匀的，边界温度低，中心温度高。在电弧下面的熔池表面温度最高，在焊接钢时可达 2000℃以上，而其边缘是固液交界处，温度为被焊金属的熔点（对钢来说为 1500℃左右）。

在讨论冶金反应时，为使问题简化，一般取熔池的平均温度，熔池的平均温度取决于被焊金属的熔点和焊接方法，不同焊接方法的熔池平均温度如表 2-1 所示。

表 2-1 常用焊接方法的熔池平均温度

被焊金属	焊接方法	平均温度/℃	过热度/℃
低碳钢 T_M=1535℃	埋弧焊	1705～1860 1768	185～325 243
	熔化极氩弧焊	1625～1800	100～276
	钨极氩弧焊	1665～1790	140～265
铝 T_M=660℃	熔化极氩弧焊	1000～1245	340～585
	钨极氩弧焊	1075～1215	415～550
Cr12V1 钢 T_M=1310℃	药芯焊丝	1500～1610 1570	190～300 260

注：过热度为平均温度与被焊金属熔点之差。

此外，在电弧运动方向的前方（即熔池头部）输入的热量大于散失的热量，温度不断升高，母材随热源运动不断熔化；而熔池尾部输入的热量小于输出的热量，温度不断下降，熔池边缘不断凝固而形成焊缝，也就是说熔池前后两部分所经历的热过程完全相反。

4. 熔池金属的流动

焊接熔池中液体金属在各种力的作用下，发生剧烈地运动，如图 2-4 所示。正是这种运动使得熔池中热量和质量的传输得以进行。而这种热量与质量的传输过程的进行，可使熔化的母材和焊条金属能够充分混合，形成成分均匀的焊缝金属。同时，有利于焊接熔池液态金属中的气体和非金属夹杂物的外逸，加速冶金反应，消除焊接缺陷（如气孔），提高焊接质量。引起熔池金属运动的主要原因如下。

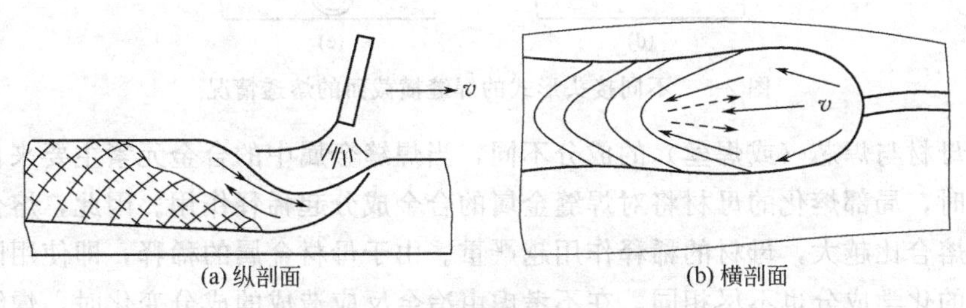

图 2-4 熔池中液态金属的流动

（1）液体金属的密度差所产生的自由对流运动。熔池温度分布不均匀，必然使得熔池中各处的金属密度产生差别。这种密度差将促使液态金属从低温区向高温区流动。

（2）表面张力所引起的强迫对流运动。熔池金属温度分布不均匀，也带来了表面张力的分布不均匀，使得对流运动加剧。

（3）热源的各种机械力所产生的搅拌运动。焊条电弧焊时，总的运动趋势是从熔池前部向尾部流动，电弧的机械力等过大时，还会在熔池的尾部形成局部的涡流现象，这是熔池发生剧烈运动的主要因素。

经过研究发现，焊接参数、焊接材料的成分、电极直径及其倾斜角度等都对熔池中液态金属的运动状态有很大的影响。

三、焊缝金属的熔合比与母材金属的稀释

熔焊时，熔化的母材在焊缝金属中所占的百分比叫做熔合比，以符号 θ 表示。熔合比决定焊缝的成分，可用下式表示：

$$\theta=\frac{G_m}{G_m+G_H} \tag{2-8}$$

式中 G_m——熔池中熔化的母材量，g；

G_H——熔池中熔敷的金属量，g。

熔合比也可用熔化的母材在焊缝金属中所占面积的百分比来表示，此时其计算公式如下：

$$\theta=\frac{A_m}{A_m+A_H} \tag{2-9}$$

式中 A_m——焊缝截面中母材所占的面积，mm^2；

A_H——焊缝截面中熔敷金属所占的面积，mm^2。

图 2-5 为不同接头形式的焊缝横截面的熔透情况，所以熔合比又表示焊缝的熔透。

在实际生产中，除自熔焊接和不加填充材料的焊接外，焊缝均由熔化的母材和填充金属

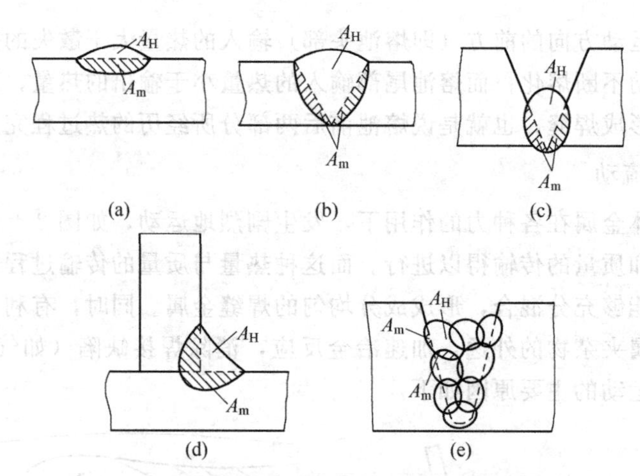

图 2-5　不同接头形式的焊缝横截面的熔透情况

组成。由于母材与焊芯（或焊丝）的成分不同，当焊缝金属中的合金元素主要来自焊芯（如合金堆焊）时，局部熔化的母材将对焊缝金属的合金成分起稀释作用。因此，熔合比又称为稀释率，即熔合比越大，母材的稀释作用越严重。由于母材金属的稀释，即使用同一种焊接材料，焊缝的化学成分也不尽相同。在不考虑由冶金反应造成的成分变化时，焊缝的化学成分只取决于熔合比（稀释率）。

熔合比（稀释率）的大小与焊接方法、焊接参数、接头形状和尺寸、坡口形式及尺寸、焊道层数、母材金属的热物理性质等有关。当焊接电流增加时，熔合比增大；电弧电压或焊接速度增加，熔合比减小。在多层焊时，随着焊道层数的增加，熔合比逐渐下降。但坡口形式不同时，下降的趋势不同。在图 2-6 中，表面堆焊（Ⅰ）熔合比下降最快；V 形坡口（Ⅱ）次之；U 形坡口（Ⅲ）下降的最少。

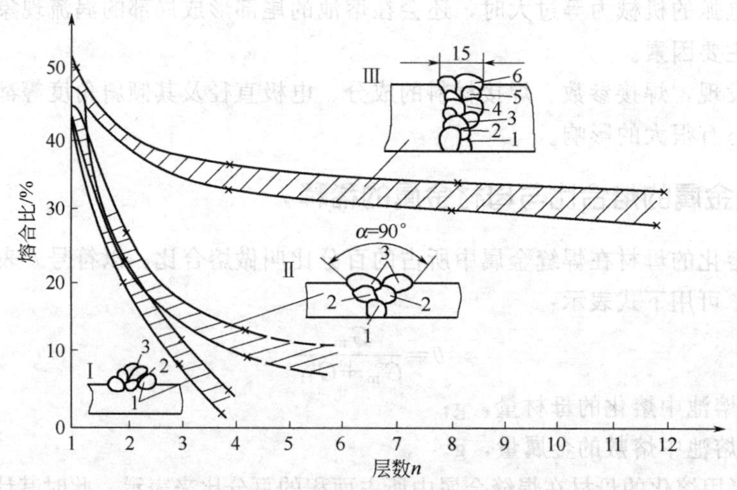

图 2-6　接头形式与焊道层数对熔合比的影响（奥氏体钢、焊条电弧焊）

Ⅰ—表面堆焊；Ⅱ—V 形坡口对接；Ⅲ—U 形坡口对接

第二节　焊接化学冶金过程的特点

焊接化学冶金过程是金属在焊接条件下再熔炼的过程，与普通化学冶金过程（如电炉炼钢）相同，都是对金属进行冶炼加工。但是，焊接化学冶金和普通化学冶金在原材料和冶炼条件方面有很大区别。在原材料方面，普通冶金主要是矿石、焦炭、废钢铁等，焊接冶金主要是焊条、焊丝、焊剂等；在反应条件方面，普通冶金过程是在特定的炉中进行，焊接冶金过程是在焊缝中进行，焊缝相当于高炉，焊接化学冶金过程是分区域（或阶段）连续进行的，焊接时必须对焊接区的金属进行保护。因此，普通冶金学中的规律不能机械地搬用到焊接化学冶金中来，必须研究焊接化学冶金的特点，找出其本身固有的规律，使冶金反应向有利的方向发展，从而得到优质的焊缝金属。

一、焊接过程中对焊接区金属的保护

一般焊接过程的保护不如金属冶炼过程，焊接时空气中有较多的氧、氮侵入焊接区，使焊缝金属中氧、氮含量增加，合金元素烧损，严重影响焊缝金属的力学性能。因此，对焊接区的金属进行保护是焊接化学冶金的首要任务，也是焊接化学冶金的特点之一。

表 2-2 为不同焊条焊接时焊缝金属化学成分的变化。从表中可以看出，焊条电弧焊时，如果采用无药皮的光焊丝在空气中焊接时，由于熔化金属和它周围的空气激烈地相互作用，使焊缝金属中氧和氮的含量显著增加，而锰、碳等有益元素因蒸发和烧损而大大减少，从而导致焊缝金属的力学性能特别是塑性和韧性显著下降，而因氮引起的强化作用的弥补使得焊缝金属的强度变化不大，见表 2-3。同时，采用无药皮的光焊丝在空气中焊接时，还会发生电弧不稳定、飞溅大等现象，操作十分困难，焊缝成形差，并伴有气孔产生，因此用光焊丝无保护焊接不能满足焊接结构的性能要求，没有实际应用价值。

表 2-2 不同焊条焊接时焊缝金属化学成分的变化

分析对象		化学成分(质量分数)/%					
		C	Si	Mn	N	O	H
焊芯		0.13	0.07	0.66	0.005	0.021	0.0001
低碳钢母材		0.20	0.18	0.44	0.004	0.003	0.0005
焊缝金属	光焊丝	0.03	0.02	0.20	0.14	0.21	0.0002
	酸性焊条	0.06	0.07	0.36	0.013	0.099	0.0009
	碱性焊条	0.07	0.23	0.43	0.026	0.051	0.0005

表 2-3 低碳钢光焊丝无保护焊接时的力学性能

部位 \ 性能指标	抗拉强度/MPa	伸长率/%	冷弯角/(°)	冲击韧度/(J/cm²)
母材	390～440	25～30	180	>147.0
焊缝	324～390	5～10	20～40	4.9～24.5

为了提高焊缝质量，焊接过程中就必须对焊接区的金属进行保护，尽量减少焊缝金属中有害杂质的含量和有益合金元素的损失，使焊缝金属得到合适的化学成分，满足构件的使用性能，确保熔焊方法能用于制造重要结构。

所谓保护就是利用某种介质将焊接区与空气隔离开来。迄今为止，已找到许多保护材料（如焊条药皮、焊剂、药芯焊丝、保护气体等）和保护手段来对焊缝金属加以保护，见表

2-4。由于常用的保护介质中基本不含氮，因而可用焊缝中的含氮量来评价各种保护方式的保护效果。

表 2-4 熔焊时不同焊接方法的保护方式

保护方式	焊 接 方 法
熔渣保护	埋弧焊、电渣焊、不含造气物质的焊条或药芯焊丝焊接
气体保护	在惰性气体或其他气体（如 CO_2、混合气体）保护中焊接、气焊
气-渣联合保护	具有造气物质的焊条或药芯焊丝焊接
真空保护	真空电子束焊接
自保护	用含有脱氧、脱氮剂的“自保护”焊丝进行焊接

1. 熔渣保护

熔渣保护是利用焊剂、药皮中的造渣剂熔化以后形成的熔渣起保护作用的。埋弧焊时，电弧在焊剂层下燃烧，属于熔渣保护。焊剂的保护效果取决于焊剂的粒度和结构。试验表明，焊剂的粒度越大，其容积质量（单位体积内焊剂的质量）越小，透气性越好，焊缝金属中含氮量越多，保护效果越坏。但是不应当认为焊剂的容积质量越大越好。因为当熔池中有大量的气体析出时，如果容积质量过大，使透气性太差，将阻碍气体外逸，促使焊缝中形成气孔，以及焊缝表面出现压坑等缺陷，所以焊剂应当有适当的透气性。埋弧焊时，焊缝金属的含氮量一般为 0.002%～0.007%，保护效果好，优于焊条电弧焊。

2. 气体保护

气体保护是利用外加气体对焊接区进行保护的方法，保护效果取决于保护气体的性质和纯度、焊炬的结构、气流的特性等因素。按气体性质分为惰性气体保护和活性气体保护。一般来说，惰性气体主要是氩气，其次是氦气。惰性气体保护的效果很好，因此适用于焊接合金钢和化学活性（化学性质活泼）金属及其合金。熔化极氩弧焊焊缝的含氮量只有 0.0068%左右。常用的活性气体主要是 CO_2，保护效果也比较好，焊缝的含氮量介于 0.008%～0.015%之间。

3. 气-渣联合保护

气-渣联合保护是通过焊条药皮和焊丝药芯中的造气剂、造渣剂在焊接过程中形成熔渣和气体共同起到保护作用的。造渣剂熔化以后形成熔渣，覆盖在熔滴和熔池的表面上将空气隔开。熔渣凝固以后，在焊缝上面形成渣壳，可以防止处于高温的焊缝金属与空气接触。同时造气剂（主要是有机物、碳酸盐等）受热以后分解，析出大量气体。据计算，熔化 100g 焊芯，焊条可以析出 2500～5080cm^3 的气体。这些气体在药皮套筒内被电弧加热膨胀，从而形成定向气流吹向熔池，将焊接区与空气隔开，起到较好的保护作用。

用焊条和药芯焊丝焊接时的保护效果，取决于其中保护材料的含量、熔渣的性质和焊接规范等。采用气-渣联合保护，焊缝的含氮量可控制在 0.010%～0.014%的范围内，达到了一般钢材焊接所要求的保护效果。

4. 真空保护

真空保护是指利用真空环境使焊接区的空气含量显著降低的保护方法。在真空度高于 0.01Pa 的真空室内进行电子束焊接，保护效果是最理想的。这时虽然不能完全排除掉空气，但随着真空度的提高，可以把氧和氮的有害作用降到最低。因此，真空电子束焊接多用于焊接化学性质活泼的金属和高纯度的金属材料。

5. 自保护

自保护焊是利用特制的实心或药芯光焊丝在空气中焊接的一种方法。它不是利用机械隔离空气的办法来保护金属，而是在焊丝或药芯中加入脱氧和脱氮剂，通过化学反应防止氧和氮进入焊缝，故称自保护。由于没有外加的保护介质，自保护焊丝的保护效果较差，焊缝金属的塑性和韧性偏低，所以目前生产上很少使用。

需要注意的是，目前关于隔离空气的问题已基本解决。但是，仅仅机械地保护熔化金属，在有些情况下仍然不能得到合格的焊缝成分。例如，在多数情况下，药皮、焊剂对金属具有不同程度的氧化性，从而使焊缝金属增氧。因此，焊接冶金的另一个任务是对熔化金属进行冶金处理，也就是说，通过调整焊接材料的成分和性能，控制冶金反应的发展，获得预期要求的焊缝成分，从而保证焊缝金属的性能符合要求。

二、焊接化学冶金反应区及其反应条件

与普通化学冶金过程不同，焊接化学冶金过程是分区域（或阶段）连续进行的，在焊接化学冶金反应区内进行的是熔化的金属、熔渣、电弧气氛等多个相之间的相互作用过程。由于各个反应区的反应条件（反应物的性质和浓度、温度、反应时间、相的接触面积、对流及搅拌运动等）并不相同，因而也就影响到反应进行的可能性、方向、速度和限度。

不同的焊接方法有不同的反应区，最具代表性的是焊条电弧焊，它有三个反应区：药皮反应区、熔滴反应区和熔池反应区，如图 2-7 所示。熔化极气体保护焊时，只有熔滴反应区和熔池反应区。不填充金属的气焊、钨极氩弧焊和电子束焊则只有熔池反应区。现以焊条电弧焊为例，介绍各反应区的特点及相互联系。

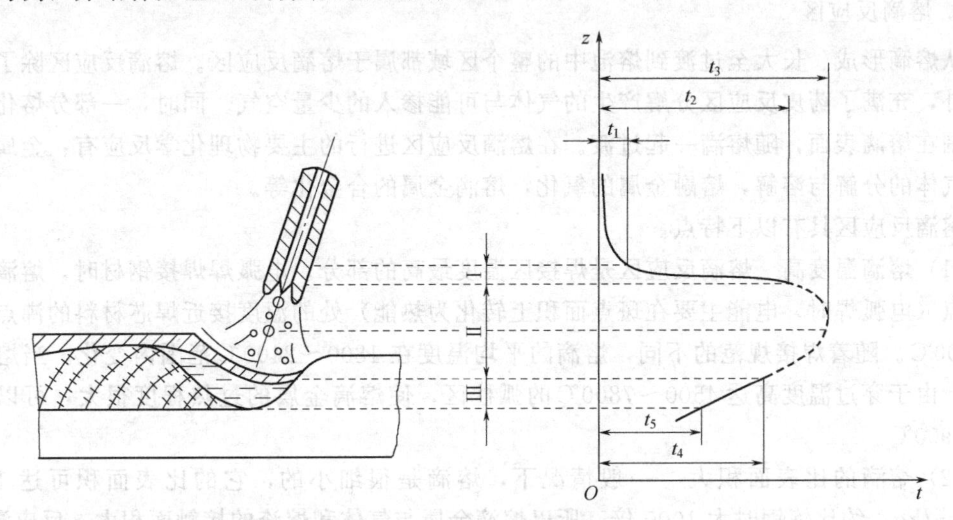

图 2-7 焊接化学冶金反应区

Ⅰ—药皮反应区；Ⅱ—熔滴反应区；Ⅲ—熔池反应区

t_1—药皮开始反应温度；t_2—焊条端熔滴温度；t_3—弧柱间熔滴温度；

t_4—熔池最高温度；t_5—熔池凝固温度

1. 药皮反应区

药皮反应区处于焊条端部，温度范围从 100℃至药皮的熔点（钢焊条约为 1200℃）。这

一反应区的温度比较低，主要进行的是水分的蒸发、某些物质（药皮中的有机物、碳酸盐、高价氧化物）的分解以及铁合金（如锰铁、硅铁、钛铁等）的氧化等反应。

（1）水分蒸发和物质分解　当药皮的加热温度超过100℃时，药皮中的吸附水开始蒸发；温度超过200～250℃时，药皮中的有机物（木粉、纤维素、淀粉等）则开始分解，析出CO和H_2等气体；温度超过300～400℃，药皮内一些组成物（如白泥、白云母、滑石等）中的结晶水和化合水开始蒸发。温度继续升高，药皮中的碳酸盐（如菱苦土、大理石）和高价氧化物（如赤铁矿、锰矿）也发生分解，伴随产生大量的CO_2和O_2，反应式为

$$MgCO_3 \longrightarrow MgO + CO_2 \uparrow \tag{2-10}$$

$$CaCO_3 \longrightarrow CaO + CO_2 \uparrow \tag{2-11}$$

$$2MnO_2 \longrightarrow 2MnO + O_2 \uparrow \tag{2-12}$$

$$2Fe_2O_3 \longrightarrow 4FeO + O_2 \uparrow \tag{2-13}$$

（2）铁合金氧化　上述反应析出的大量气体（H_2O、CO_2、H_2），一方面对熔化金属有机械的保护作用，另一方面对金属和药皮中的铁合金（如锰铁、硅铁、钛铁等）有很大的氧化作用。例如

$$2Mn + O_2 = 2MnO \tag{2-14}$$

$$Mn + CO_2 = MnO + CO \tag{2-15}$$

$$Mn + H_2O = MnO + H_2 \tag{2-16}$$

上述反应的结果，使气相的氧化性大大降低，这就是先期脱氧过程。先期脱氧会明显降低焊接区气氛的氧化性。

药皮反应区是整个冶金过程的准备阶段，其反应产物为熔滴和熔池反应区提供了反应物，所以它对整个焊接化学冶金过程和焊接质量有一定的影响。

2. 熔滴反应区

从熔滴形成、长大至过渡到熔池中的整个区域都属于熔滴反应区。熔滴反应区除了液体金属外，充满了药皮反应区分解产生的气体与可能掺入的少量空气。同时，一部分熔化的药皮包围在熔滴表面，随熔滴一起过渡。在熔滴反应区进行的主要物理化学反应有：金属的蒸发，气体的分解与溶解，熔融金属的氧化，熔滴金属的合金化等。

熔滴反应区具有以下特点。

（1）熔滴温度高　熔滴反应区是焊接区温度最高的部分。电弧焊焊接钢材时，熔滴上活性斑点（电弧焊时，电能主要在斑点面积上转化为热能）处的温度接近焊芯材料的沸点，约为2800℃。随着焊接规范的不同，熔滴的平均温度在1800～2400℃范围内变化。当熔滴过渡时，由于穿过温度高达4500～7800℃的弧柱区，使熔滴金属的过热程度很大，可以达到300～900℃。

（2）熔滴的比表面积大　一般情况下，熔滴是很细小的，它的比表面积可达10^3～10^4 cm^2/kg，约比炼钢时大1000倍，所以熔滴金属与气体和熔渣的接触面积大，反应激烈。

（3）各相（液体金属、熔渣、电弧气氛）之间的作用时间短　熔滴在焊条末端停留的时间仅有0.01～0.1s。熔滴向熔池过渡的速度高达2.5～10m/s，经过弧柱区的时间极短，只有0.0001～0.001s。在这个区各相接触的平均时间约为0.01～1s。由此可知，熔滴阶段的反应主要是在焊条末端进行的。

（4）液体金属与熔渣发生强烈的混合　熔滴从形成、长大至过渡过程中，尺寸与形状均在不断改变，其局部表面被拉长或压缩，这时总有可能拉断覆盖在熔滴表面上的渣层，使熔

渣进入熔滴内部，增加了反应物的接触面，有助于物质的扩散迁移，从而加快反应速度。

由上述特点可知，在该区的反应时间虽短，但因温度高，相接触面积大，并有强烈的混合作用，所以冶金反应最激烈，许多反应可达到接近终了的程度，因而对焊缝成分影响最大。

3. 熔池反应区

从熔滴进入熔池到凝固结晶的区间属于熔池反应区。熔滴和熔渣过渡到熔池后，同熔化的母材混合或接触后，各相间进一步发生物理化学反应，待金属冷却凝固后，最终形成焊缝。熔池反应区与熔滴反应区相比，具有以下特点。

(1) 熔池反应区温度低、比表面积小、反应时间长。熔池的平均温度较低，约为1600～1900℃；比表面积较小，约为 3～130cm^2/kg；反应时间（熔池存在时间）稍长些，但也不超过几十秒，焊条电弧焊通常是 3～8s，埋弧焊是 6～25s。

(2) 熔池反应区温度分布极不均匀。在熔池的头部（电弧前方）比尾部（电弧后方）温度高，因此熔池反应区内同一个过程在熔池的两个部分可以向相反的方向进行。在熔池的头部发生金属的熔化、气体的吸收和氧化反应；而在熔池的尾部却发生金属的凝固、气体的析出和脱氧反应，从而使焊缝成分更接近平衡成分。

(3) 熔池会发生有规律的对流和搅拌运动。在电弧形成的气流、等离子流以及因熔池温度不均匀造成的液态金属密度差别和表面张力差别等因素的作用下，熔池发生有规律的对流和搅拌运动，有助于加快反应速度，使熔池阶段的反应仍然比一般的冶金反应激烈，同时也为熔池中气体和非金属夹杂物的外逸创造了有利条件。

(4) 熔池中的反应速度比熔滴中小。在熔池阶段，参与反应的物质浓度与熔滴阶段相比，已比较接近平衡状态时的浓度，因此在其他条件相同的情况下，熔池中的反应速度比熔滴中要小。

(5) 熔池反应区的物质不断更新。新熔化的母材、焊芯和药皮不断进入熔池的头部，凝固的金属和熔渣不断从熔池尾部退出反应区。在焊接参数一定的条件下，这种物质的更替过程可以达到稳定状态，从而得到成分均匀的焊缝。

由上述特点可知，由于熔池阶段的反应速度比熔滴阶段小，因此合金元素在熔池阶段被氧化的程度要小于熔滴阶段。

总之，焊接化学冶金过程虽然是分区域（或阶段）进行的，但又是连续进行的。在熔滴阶段进行的反应多数在熔池阶段将继续进行，但也有某些反应会停止甚至改变反应方向。各阶段冶金反应的综合结果，决定了焊缝金属的最终化学成分。

三、焊接工艺条件对焊接化学冶金过程的影响

焊接化学冶金过程与焊接工艺条件有密切的联系。在实际生产中，由于母材成分、产品结构尺寸、接头形式、焊缝分布等工艺条件的不同，焊接参数将在很大范围内变化，冶金反应条件（反应物种类、数量、浓度、温度、反应时间等）也会相应发生变化，从而影响到焊接化学冶金过程的进行，并最终影响到焊缝金属的化学成分。

1. 对熔合比的影响

熔焊时，焊缝金属是由填充金属（焊条、焊丝等）和局部熔化的母材组成的。在焊缝金属中局部熔化的母材所占的比例称为熔合比。熔合比的大小受多种因素的影响，如焊接方

法、焊接规范、接头形式、坡口角度、药皮和焊剂的性质、焊条（焊丝）的倾角等。当焊接方法确定后，熔合比的大小主要与焊接规范有关。通常，熔合比随焊接电流的增加而增加，随电弧电压、焊接速度的增加而减小。

假设焊接时合金元素没有任何损失，则这时焊缝金属中合金元素B的含量与熔合比的关系为

$$w_B = \theta w'_B + (1-\theta) w''_B \tag{2-17}$$

式中 w_B——元素B在焊缝中的质量分数；

w'_B——元素B在母材中的质量分数；

w''_B——元素B在焊条中的质量分数；

θ——熔合比。

由式(2-17) 可以看出，通过改变熔合比可以改变焊缝金属的化学成分。这个结论在焊接生产中具有重要的实用价值。例如在堆焊时，总是调整焊接规范使熔合比尽可能小，以减少熔化的母材对堆焊层成分的稀释作用，保证堆焊层的性能。因此，要保证焊缝金属成分和性能的稳定性，必须严格控制焊接工艺条件，使熔合比合理、稳定。

2. 对冶金反应程度的影响

焊接参数与熔滴的过渡特性有很大关系，因而对冶金反应进行的完全程度也会产生影响，从而影响焊缝金属的化学成分。试验表明，熔滴存在的时间随着电流的增加而减小，随着电弧电压的增加而增大，这说明冶金反应进行的完全程度将随电流的增加而减小，随电弧电压的增加而增大。例如，用H08A做焊芯，药皮含有50%（质量分数）的硅和8%（质量分数）的铝粉，为了避免空气的影响，焊接时用氩气做附加的保护，在这样的条件下研究焊接参数与硅还原反应的关系，发现熔敷金属中的含硅量随着电弧电压的增加而增加（硅的还原反应时间增长），随着焊接电流的增加而减小。

3. 对参与冶金反应的熔渣量的影响

这主要指电弧在焊剂层下工作的埋弧焊。埋弧焊时，焊接参数变化范围很宽，使焊剂的熔化量发生很大的变动。当焊接电流增加时，熔深加大，电弧伸入熔池内部，焊剂熔化量减少，意味着与液态金属作用的熔渣量减少，冶金反应减弱；而当电弧电压增加时，焊剂熔化量增加，与液态金属作用的熔渣量增加，冶金反应增强。由此可见，焊接参数的变化必将对焊缝成分产生影响。

由以上讨论可知，影响焊缝金属成分的主要因素有两个：一是焊接材料（焊丝、药皮、焊剂、焊丝药芯、保护气等），它不仅影响冶金过程，而且决定了焊缝金属的合金系统，所以调整焊接材料是控制焊缝金属成分的主要手段；二是焊接参数，它一般只影响冶金过程，不能决定焊缝金属的合金系统，而且焊接参数的调整常常受到其他因素的限制，所以调节焊接参数是控制焊缝金属成分的辅助手段。

第三节 焊接熔渣

熔渣是指焊接过程中焊条药皮或焊剂熔化后，在熔池中参与化学反应而形成覆盖于熔池表面的熔融状非金属物质。熔渣在焊接区形成独立的相，是焊接冶金反应的主要参与物之一，起着十分重要的作用。

一、熔渣的作用、成分和分类

1. 熔渣的作用

(1) 机械保护作用　焊接时所形成的熔渣覆盖在熔滴和熔池的表面上，把液态金属与空气隔离开，保护液态金属不被氧化和氮化。液态熔渣凝固后所形成的渣壳覆盖在焊缝上，可进一步防止处于高温的焊缝金属受空气的侵害。

(2) 冶金处理作用　熔渣和液态金属能够发生一系列的物理化学反应，从而对焊缝金属的成分产生很大的影响。例如，在一定的条件下熔渣可以去除焊缝中的有害杂质，如脱氧、脱硫、脱磷、去氢等，还可向焊缝过渡所需要的合金元素，使焊缝合金化。总之，通过控制熔渣的成分和性能，可以在很大程度上调整和控制焊缝的成分和性能。

(3) 改善焊接工艺性能　良好的焊接工艺性能是保证焊接化学冶金过程顺利进行的前提。在药皮和焊剂中加入适当的物质可使电弧稳定燃烧，飞溅减少，保证具有良好的操作性、脱渣性和焊缝成形性等。

2. 熔渣的成分和分类

根据焊接熔渣的成分，可以把熔渣分为盐型、盐-氧化物型、氧化物型三大类。

第一类是盐型熔渣。它主要是由金属的氟酸盐、氯酸盐和不含氧的化合物组成。属于这个类型的渣系有：CaF_2-NaF、CaF_2-$BaCl_2$-NaF、KCl-NaCl-Na_3AlF_6、BaF_2-MgF_2-CaF_2-LiF 等。这类熔渣的特点是氧化性很小，主要用于焊接铝、钛和其他化学活性金属及其合金。在某些情况下，也用于焊接含活性元素的高合金钢。

第二类是盐-氧化物型熔渣。这类熔渣主要是由氟化物和强金属氧化物组成。属于这个类型的渣系有：CaF_2-CaO-Al_2O_3、CaF_2-CaO-SiO_2、CaF_2-CaO-Al_2O_3-SiO_2 等。这个类型的熔渣氧化性较小，主要用于各种重要的合金钢焊接。

第三类是氧化物型熔渣。这类熔渣主要是由各种金属氧化物组成。属于这个类型的渣系有：MnO-SiO_2、FeO-MnO-SiO_2、CaO-TiO_2-SiO_2 等。这类熔渣氧化性较大，主要用来焊接低碳钢和低合金钢。

三类熔渣中，二、三类熔渣应用广泛，第一类熔渣多用于焊接有色金属。常用焊条和焊剂的熔渣成分见表 2-5。

表 2-5　常用焊接熔渣的化学成分

焊条、焊剂类型或牌号	熔渣组成物的质量分数/%										熔渣碱度		熔渣类型
	SiO_2	TiO_2	Al_2O_3	FeO	MnO	CaO	MgO	Na_2O	K_2O	CaF_2	B_1	B_2	
钛铁矿型	29.2	14.0	1.1	15.6	26.5	8.7	1.3	1.4	1.1	—	0.88	−0.1	氧化物型
钛型	23.4	37.7	10.0	6.9	11.7	3.7	0.5	2.2	2.9	—	0.43	−2.0	氧化物型
钛钙型	25.1	30.2	3.5	9.5	13.7	8.8	5.2	1.7	2.3	—	0.76	−0.9	氧化物型
纤维素型	34.7	17.5	5.5	11.9	14.4	2.1	5.8	3.8	4.3	—	0.60	−1.3	氧化物型
氧化铁型	40.4	1.3	4.5	22.7	19.3	1.3	4.6	1.8	1.5	—	0.60	−0.7	氧化物型
低氢型	24.1	7.0	1.5	4.0	3.5	35.8	—	0.8	0.8	20.3	1.86	0.9	盐-氧化物型
焊剂 430	38.5	—	1.3	4.7	43.0	1.7	0.45	—	—	6.0	0.62	−0.33	盐-氧化物型
焊剂 251	18.2～22.0	—	18.0～23.0	≤1.0	7.0～10.0	3.0～6.0	14.0～17.0	—	—	23.0～30.0	1.15～1.44	0.048～0.49	盐-氧化物型

二、熔渣的结构理论

熔渣的物理化学性质及其与金属的作用与熔渣的内部结构有密切的关系。关于液态熔渣的结构目前有两种理论：分子理论和离子理论。

1. 分子理论

熔渣的分子理论是以对焊渣（凝固后的熔渣）进行相分析和化学成分分析的结果为依据的。其要点如下。

（1）熔渣是由自由氧化物及其复合物的分子组成的　所谓自由氧化物，就是独立存在的氧化物，主要有：SiO_2、TiO_2、CaO、MgO、FeO 等；复合物有硅酸盐［如 $FeO \cdot SiO_2$、$MnO \cdot SiO_2$、$CaO \cdot SiO_2$、$(CaO)_2 \cdot SiO_2$ 等］、钛酸盐（如 $FeO \cdot TiO_2$、$MnO \cdot TiO_2$ 等）、铝酸盐等。

（2）氧化物及其复合物处于平衡状态　例如

$$CaO + SiO_2 \rightleftharpoons CaO \cdot SiO_2 \tag{2-18}$$

这是一个放热反应，温度升高时，反应向左进行，熔渣中自由氧化物的含量增加，复合物含量减少；温度下降时，反应向右进行。

（3）只有自由氧化物才能参与和金属的反应　例如，只有熔渣中的自由 FeO 才能参与下面的反应

$$(FeO) + [C] = [Fe] + CO\uparrow \tag{2-19}$$

式中　（　）——表示熔渣中的物质；

［　］——表示液态金属中的物质。

而硅酸铁 $(FeO)_2 \cdot SiO_2$ 中的 FeO 不能参与上面的反应。

（4）可近似地用生成复合物的热效应来衡量氧化物之间的化学亲和力或生成复合盐的稳定性　生成复合物时的热效应值越高，表示两种氧化物的化学亲和力越强，生成的复合物越稳定。复合物生成热效应值见表 2-6。数据表明，强酸性氧化物与强碱性氧化物结合时的热效应值最高，生成的复合物最稳定。

表 2-6　复合物的生成热效应

复合物	热效应/(kJ/mol)	复合物	热效应/(kJ/mol)
$Na_2O \cdot SiO_2$	264	$(FeO)_2 \cdot SiO_2$	44.5
$(CaO)_2 \cdot SiO_2$	119	$MnO \cdot SiO_2$	32.5
$BaO \cdot SiO_2$	61.5	$ZnO \cdot SiO_2$	10.5
$FeO \cdot SiO_2$	34	$Al_2O_3 \cdot SiO_2$	−193

2. 离子理论

离子理论是在研究熔渣电化学性质的基础上提出来的。与分子理论相比，更接近于熔渣的实际情况，能够解释分子理论无法解释的某些现象。其要点如下。

（1）熔渣是由阳离子和阴离子组成的电中性溶液。熔渣中离子的种类和存在形式取决于熔渣的成分和温度。在一般情况下，负电性（即原子吸收电子的能力）大的元素以阴离子的形式存在，如 F^-、O^{2-}、S^{2-} 等。负电性小的元素形成阳离子，如 K^+、Na^+、Ca^{2+}、Mg^{2+}、Fe^{2+}、Mn^{2+} 等。还有一些负电性比较大的元素，如 Si、Al、B 等，其阴离子往往

不能独立存在，而是与氧离子形成复杂的阴离子，如 SiO_4^{4-}、$Al_3O_7^{5-}$ 等。

（2）离子的分布、聚集和相互作用取决于它的综合矩。离子的综合矩可表示为

$$综合矩=\frac{z}{r} \tag{2-20}$$

式中 z——离子的电荷（静电单位）；

r——离子的半径，10^{-1}nm。

表 2-7 给出各种离子在 0℃时的综合矩。当温度升高时，离子的半径增大，综合矩减少，但表中综合矩大小顺序不变。

表 2-7 离子的综合矩

离子	离子半径/nm	综合矩×10²/(静电单位/cm)	离子	离子半径/nm	综合矩×10²/(静电单位/cm)
K^+	0.133	3.61	Ti^{4+}	0.068	28.2
Na^+	0.095	5.05	Al^{3+}	0.050	28.8
Ca^{2+}	0.106	9.0	Si^{4+}	0.041	47.0
Mn^{2+}	0.091	10.6	F^-	0.133	3.6
Fe^{2+}	0.083	11.6	PO_4^{3-}	0.276	5.2
Mg^{2+}	0.078	12.9	S^{2-}	0.174	5.6
Mn^{3+}	0.070	20.6	SiO_4^{4-}	0.279	6.9
Fe^{3+}	0.067	21.5	O^{2-}	0.132	7.3

离子的综合矩越大，说明它的静电场越强，对异性离子的引力越大。由表 2-7 可知，阳离子中 Si^{4+} 的综合矩最大，而阴离子中 O^{2-} 的综合矩最大，所以二者结合为复杂的 SiO_4^{4-} 离子，而随着熔渣中 SiO_2 含量的增加，还会形成尺寸更大、结构更为复杂的硅氧离子。熔渣中综合矩较大的正负离子越多，复杂离子就越多。

综合矩的大小还影响了离子在熔渣中的分布。相互作用力大的异号离子彼此接近形成离子团，相互作用力小的异号离子也形成离子团。所以当离子的综合矩相差较大时，熔渣的化学成分在微观上是不均匀的，离子的分布是近程有序的。

（3）熔渣与金属之间的相互作用过程是原子与离子交换电荷的过程。例如，硅还原和铁氧化的过程是金属中的铁原子和熔渣中的硅离子在两相界面上交换电荷的过程，即

$$(Si^{4+})+2[Fe]=\!=\!=2(Fe^{2+})+[Si] \tag{2-21}$$

结果是硅进入液态焊缝金属，铁变成离子进入熔渣。

应当指出，实际上焊接熔渣是十分复杂的溶液，其中不仅有离子，而且有少量的中性分子。虽然离子理论对许多现象的解释比分子理论更合理，但是至今没有一个完整的理论模型，又缺乏系统的热力学资料，故焊接冶金研究中广泛采用分子理论。

三、熔渣的性质

1. 熔渣的碱度

碱度是表征熔渣碱性强弱的一个指标，是熔渣的重要化学性质。碱度的倒数称为酸度。熔渣的其他性质，如熔渣的黏度、表面张力等都与熔渣的碱度有密切关系。不同的熔渣结构

理论，对碱度的定义和计算方法是不同的。

(1) 氧化物的分类

焊接熔渣中的氧化物按其性质可以分为以下三类。

① 酸性氧化物 按照酸性由强至弱的顺序有：SiO_2、TiO_2、P_2O_5、V_2O_5 等。

② 碱性氧化物 按照碱性由强至弱的顺序有：K_2O、Na_2O、CaO、MgO、BaO、MnO、FeO 等。

③ 两性氧化物 主要有 Al_2O_3、Fe_2O_3、Cr_2O_3 等。这些氧化物在不同的熔渣中可以呈酸性，也可以呈碱性。例如，Al_2O_3 在强碱性熔渣中呈弱酸性，而在强酸性熔渣中呈弱碱性。

(2) 熔渣碱度计算

按照分子理论，熔渣的碱度为熔渣中碱性氧化物总量与酸性氧化物总量之比，为了计算方便，氧化物物质的量（mol）改用质量分数表示，因此，熔渣碱度 B_1 计算公式为

$$B_1=\frac{\sum 碱性氧化物质量分数(\%)}{\sum 酸性氧化物质量分数(\%)} \tag{2-22}$$

按碱度值大小，可以把熔渣分为碱性熔渣和酸性熔渣。当 $B_1>1$ 时，为碱性熔渣；当 $B_1<1$ 时，为酸性熔渣；当 $B_1=1$ 时，为中性熔渣。

由于以上计算公式中没有考虑各氧化物碱性或酸性强弱程度，也没有考虑碱性氧化物和酸性氧化物会形成中性复合物，并且在一些复合物中，少量的酸性氧化物占有较多的碱性氧化物，如 $(CaO)_2 \cdot SiO_2$，所以根据经验确定 $B_1>1.3$ 时为碱性熔渣。

国际焊接学会（IIW）推荐采用下式计算熔渣的碱度

$$B=\frac{CaO+MgO+K_2O+Na_2O+0.4(MnO+FeO+CaF_2)}{SiO_2+0.3(TiO_2+ZrO_2+Al_2O_3)} \tag{2-23}$$

式中各种氧化物均以质量分数计算。当 $B>1.5$ 时为碱性熔渣，$B<1$ 时为酸性熔渣，$B=1\sim1.5$时为中性熔渣。

按照离子理论，熔渣的碱度为液态熔渣中自由氧离子的浓度（或氧离子的活度）。所谓自由氧离子，就是游离状态的氧离子。渣中自由氧离子的浓度越大，其碱度越大。目前广泛采用的计算方法是日本的森氏法，即

$$B_2=\sum_{i=1}^{n} a_i M_i \tag{2-24}$$

式中 a_i——熔渣中第 i 种氧化物的碱度系数；

M_i——熔渣中第 i 种氧化物的摩尔分数。

当 $B_2>0$ 时，为碱性渣；当 $B_2<0$ 时，为酸性渣；当 $B_2=0$ 时，为中性渣。

2. 熔渣的熔点

熔渣开始熔化的温度称为熔渣的熔点。熔渣的熔点与药皮开始熔化的温度不同，后者称为造渣温度。一般造渣温度比熔渣的熔点高 100～200℃。

熔渣的熔点对焊接工艺性能和焊缝质量影响较大。熔点过高，将使熔渣与液态金属之间的反应不充分，易形成夹渣与气孔，并产生压铁水现象，使焊缝成形变差；熔点过低，易使熔渣的覆盖性变坏，焊缝表面粗糙不平，空气易与焊缝金属接触而使有益元素氧化，并使焊条难以实现全位置焊接。所以，一般要求焊接熔渣的熔点比焊缝金属的熔点低 200～450℃。

焊接熔渣的组成比较复杂，其熔化过程是在一定的温度范围内进行的。这个温度范围的

大小与熔渣的组成有关。酸性熔渣的熔化温度区间在100～300℃范围内波动，随着熔渣碱度的提高，其熔化温度区间变窄。

3. 熔渣的黏度

熔渣的黏度是指熔渣内部各层之间相对运动时的内摩擦力，是表示流体阻碍相对运动的能力，是熔渣的重要物理性质之一。熔渣的黏度对熔渣的保护效果、飞溅、焊接操作性、焊缝成形、熔池中气体的外逸、合金元素在熔渣中的残留损失以及化学反应的活泼性等都有显著的影响。

在焊接时，熔渣的黏度大小会直接影响其机械保护作用和焊接冶金反应进行的程度。熔渣黏度过大，流动性差，阻碍熔渣与液态金属之间的反应充分进行，使气体从焊缝金属中排出困难，容易形成气孔，并产生压铁水现象，使焊缝表面凹凸不平，成形不良。熔渣黏度过小，则流动性过大，使之难以完全覆盖焊缝金属表面，空气容易进入，保护作用丧失，焊缝成形与焊缝金属力学性能变差，而且全位置焊接十分困难。

熔渣的黏度与温度关系十分密切，温度升高，黏度变小；反之，黏度增加。按照熔渣黏度随温度下降时变化率不同，熔渣可分为长渣与短渣。随温度降低黏度增加缓慢的，因为凝固所需时间长，叫做长渣；而随温度减低黏度迅速增加的，叫做短渣。长渣与短渣的黏度-温度曲线如图2-8所示。

熔渣黏度随温度的变化特性对焊接操作性能影响较大。在进行立焊或仰焊时，为防止熔池金属在重力作用下流失，希望熔渣在较窄的温度范围内凝固，因而应选择短渣焊接；而长渣一般只适用于平焊位置。图2-9为几种常用焊条和焊剂的熔渣黏度-温度曲线，其中E4303和E5015焊条熔渣均属于短渣，HJ431焊剂为长渣。

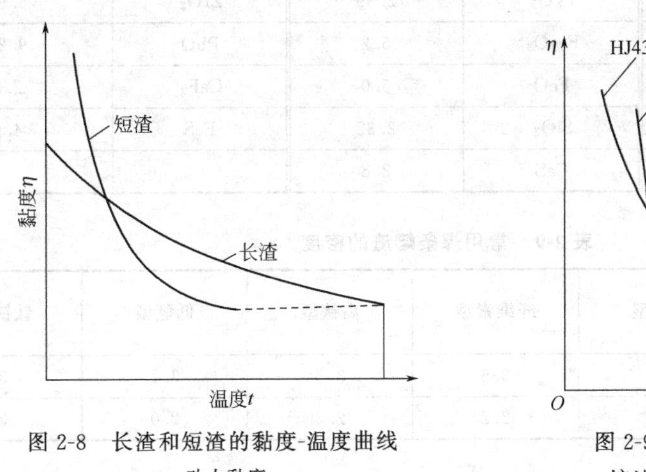

图2-8 长渣和短渣的黏度-温度曲线

η—动力黏度

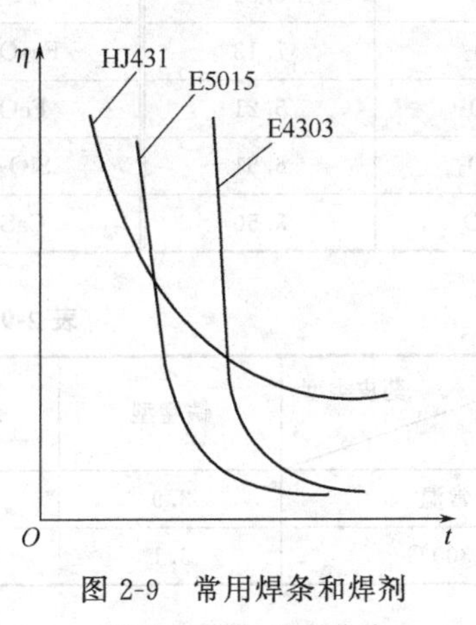

图2-9 常用焊条和焊剂熔渣的黏度-温度曲线

熔渣的黏度与其组成有关。熔渣中SiO_2含量增大，黏度增加；而在熔渣中加入CaF_2、Al_2O_3和TiO_2，则黏度下降。

4. 表面张力

表面张力是液体表面所受到的指向液体内部的力，它是由于表面层分子与内部分子所处的状态不同而引起的。熔渣的表面张力实际上是气相与熔渣之间的界面张力，它对熔滴过渡、焊缝成形、脱渣性以及许多冶金反应都有重要影响。

熔渣的表面张力主要取决于它的结构和温度。原子之间的键能越大，其表面张力也越大。一般具有离子键的物质，如 FeO、MnO、CaO、MgO、Al_2O_3，因键能比较大，故其表面张力也比较大；具有极性键的物质，如 TiO_2、SiO_2，因键能比较小，其表面张力也较小；而 B_2O_3、P_2O_5 属于共价键，键能最小，表面张力也最小。

温度升高，熔渣的表面张力下降。这是因为温度升高，离子的半径增大，其综合矩减小，同时离子之间的距离增大，使离子之间的相互作用减弱。

焊接时，熔渣与金属之间的冶金反应几乎完全是在界面上进行的，因此，熔渣的表面性质将对冶金反应过程有很大影响。熔渣的表面张力和熔渣与液态金属间的界面张力越小，则熔滴越细，熔渣覆盖的情况越好，增加了相界面积，有利于提高冶金反应的速度。但是，熔渣与气相和液态金属间的界面张力也不是越小越好。界面张力过小，焊条对全位置的焊接难以实现，也容易引起焊缝夹渣。

5. 密度

密度也是熔渣的基本物理性质之一，它对熔渣从焊缝金属中浮出的速度、形成焊缝夹渣的难易及其覆盖的情况都有直接的影响。所以，熔渣的密度必须低于焊缝金属的密度。

熔渣的密度主要取决于各组成物的密度大小及其浓度。组成熔渣的各种化合物的密度见表 2-8，常用焊条熔渣的密度见表 2-9。

表 2-8 熔渣中各种化合物的密度

化合物	密度/(g/cm³)	化合物	密度/(g/cm³)	化合物	密度/(g/cm³)
Al_2O_3	3.97	MnO	5.40	TiO_2	4.24
BeO	3.03	Na_2O	2.27	V_2O_3	4.85
CaO	3.32	P_2O_5	2.39	ZrO_2	5.56
CeO_2	7.13	Fe_2O_3	5.2	PbO	9.21
Cr_2O_3	5.21	FeO	5.0	CaF_2	2.8
La_2O_3	6.51	SiO_2	2.32	FeS	4.6
MgO	3.50	CaS	2.8		

表 2-9 常用焊条熔渣的密度

温度 \ 药皮类型	铁锰型	纤维素型	高钛型	低氢型	钛铁矿型
常温	3.9	3.6	3.3	3.1	3.6
1300℃	3.1	2.2	2.2	2.0	3.0

6. 线膨胀系数

熔渣的线膨胀系数主要影响脱渣性，即渣壳从焊缝表面脱落的难易程度。熔渣与焊缝金属的线膨胀系数差值越大，脱渣性越好。

第四节 焊接区内的气体及其对焊缝金属的作用

焊接过程中，焊接区内充满大量气体。这些气体不断地与熔化金属发生冶金反应，从而对焊缝金属的成分和性能产生重大影响。因此，研究焊接区内气体的来源、组成及其与熔化金属的相互作用，对改善焊接接头质量具有重要意义。

一、焊接区内的气体

1. 焊接区内气体的来源

焊接区内的气体主要来自以下几方面。

(1) 焊接材料　这是焊接区内气体的主要来源。焊条药皮、焊剂与药芯焊丝的药芯中都含有数量不同的造气剂（如碳酸盐、淀粉、纤维素等)。这些造气剂在加热时发生分解或燃烧，放出大量的气体。若使用潮湿的焊条或焊剂焊接时，还将析出大量的水蒸气。在气焊和气体保护焊时，焊接区内的气体主要来自所采用的燃气和保护气体。

(2) 热源周围的空气　热源周围的空气是一种难以避免的气源，因为不管何种焊接方法，都不能完全排除电弧周围的空气。焊条电弧焊时，焊缝金属中常含有 $w_N \approx 0.025\%$ 的氮（空气是氮的主要来源）就证明了这一点。此外焊接过程中某些因素的变化也会使空气侵入，导致保护效果变差。

(3) 焊丝和母材表面的杂质　焊丝和母材坡口附近的铁锈、油污、油漆和吸附水等，在受热后都将分解而析出气体，并进入焊接区内。

(4) 高温蒸发产生的气体　焊接时，除焊接材料中的水分发生蒸发外，金属元素和熔渣在电弧的高温作用下也会发生蒸发，形成的蒸气进入气相中。例如，Zn、Mg、Pb、Mn 等金属元素以及 KF、LiF、NaF 等氟化物的沸点较低，易于蒸发。

2. 焊接区内气体的组成

焊接区内的气相是由多种气体组成的。气相的成分和数量随焊接方法、焊接参数、药皮或焊剂的种类不同而变化，如表 2-10 所示。用酸性焊条焊接时，气相的主要成分是 CO、H_2、H_2O 以及少量的 CO_2、O_2、N_2 和金属蒸气；用碱性低氢型焊条焊接时，气相的主要成分是 CO、CO_2，而 H_2O 和 H_2 的含量很少，故称“低氢型”；埋弧焊时，气相的主要成分是 CO、H_2 以及少量的 O_2、N_2、H_2O 等；氧-乙炔中性焰气焊时，气相中主要含有 CO、H_2 及少量其他气体。CO_2 和 H_2O 在高温下会发生分解，析出氧气，对金属具有氧化性。由此看来，碱性低氢型焊条焊接时，气体的氧化性较大；而埋弧焊及中性火焰气焊时，气体的氧化性很小。

表 2-10　焊接碳钢时冷至室温气相的成分

焊接方法	焊条和焊剂类型	气相成分(体积分数)/%					备注
		CO	CO_2	H_2	H_2O	N_2	
焊条电弧焊	钛钙型	50.7	5.9	37.7	5.7	—	焊条在 110℃烘干 2h
	钛铁矿型	48.1	4.8	36.6	10.5	—	
	纤维素型	42.3	2.9	41.2	12.6	—	
	钛型	46.7	5.3	35.5	13.5	—	
	低氢型	79.8	16.9	1.8	1.5	—	
	氧化铁型	55.6	7.3	24.0	13.1	—	
埋弧焊	HJ330	86.2	—	9.3	—	4.5	焊剂为玻璃状
	HJ431	89～93	—	7～9	—	<1.5	
气焊	O_2/C_2H_2 = 1.1～1.2(中性焰)	60～66	有	34～40	有	—	

总之，焊接区内的气体是由 CO、CO_2、H_2O、O_2、H_2、N_2 和它们分解的产物以及金属、熔渣的蒸气所组成的混合物。其中，对焊接质量影响最大的是 N_2、H_2、O_2、CO_2、H_2O。CO_2 和 H_2O 在高温下将发生分解析出氢气和氧气。因此，焊接区金属与气体的作用可归结为与氮、氢、氧的作用。本节仅研究氮及氢对金属的作用，关于氧对金属的作用将在下节作详细讨论。

二、氮对金属的作用

焊接区周围的空气是气相中氮的主要来源。尽管焊接时采取了各种保护措施，但总有或多或少的氮侵入焊接区，与熔化金属发生作用。

根据氮与金属作用的特点，大致可分为两种情况。一种是不与氮发生作用的金属，如铜和镍等，它们既不溶解氮，又不形成氮化物，因此焊接这一类金属可用氮作为保护气体；另一种是与氮发生作用的金属，如铁、锰、钛、铬等，它们既能溶解氮，又能与氮形成稳定氮化物，焊接这一类金属及其合金时，必须设法防止氮的有害作用。

1. 氮在金属中的溶解

焊接时，氮在高温下发生分解，形成氮原子。氮比氢难分解，在 5000K 的高温下分解度很小，大部分以分子状态存在，如图 2-10 所示。由于碰撞电离的作用，在电弧气氛中还有氮离子存在。因此，气相中存在着氮的分子、原子和离子。氮在金属中的溶解一般认为有以下三种形式。

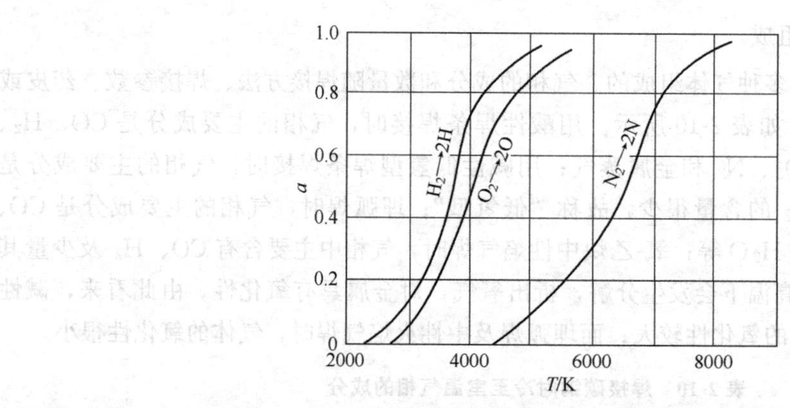

图 2-10　氢、氮和氧的分解度 α 与温度的关系（$p=101\text{kPa}$）

（1）以原子形式溶入　氮原子的半径比较小，能够以原子的形式溶入铁及其合金中。氮在金属中的溶解过程可分为两个阶段：首先是气体分子向气体与金属界面上运动，气体被金属表面吸附并在金属表面上分解为原子；然后气体原子穿过金属表面层并向金属内部扩散。

对于双原子氮气在金属中的溶解反应可表示为

$$N_2 \xlongequal{\quad} 2[N] - 711.4\text{kJ/mol} \tag{2-25}$$

在这种情况下，氮在纯铁中的溶解度 S_N（平衡时的含量）符合平方根定律

$$S_N = K_{N_2}\sqrt{P_{N_2}} \tag{2-26}$$

式中　K_{N_2}——氮溶解反应的平衡常数，取决于温度和金属的种类；

P_{N_2}——气相中分子氮的分压。

由式(2-26) 可以看出，降低气相中氮的分压可以减少金属中的含氮量。

考虑到焊接时金属的蒸气将使气相中氮的分压减小，经计算得到氮在铁中的溶解度与温度的关系如图 2-11 所示，可以看出氮在液态铁中的溶解度随温度的升高而增大；当温度为 2200℃时，氮的溶解度达到最大值 $47cm^3/100g$（0.059%）；继续升高温度，溶解度急剧下降，直至铁的沸点（2750℃）溶解度变为零，这是金属蒸气压急剧增加的结果。同时还可以看出，当液态铁凝固时，氮的溶解度突然下降至 1/4 左右。若氮的逸出速度小于熔池的结晶速度，则氮将残留在焊缝中，对焊缝性能产生影响。

试验表明，在电弧焊的条件下，固溶于熔池中的含氮量，只有在 p_{N_2} 比较小的情况下，才与式（2-26）相符，当 p_{N_2} 大于某个值时，熔池含氮量为一常数，如图 2-12 所示。这是因为当 p_{N_2} 值比较大时，氮的溶解度受到熔池沸腾的限制，使其含氮量不再增加。

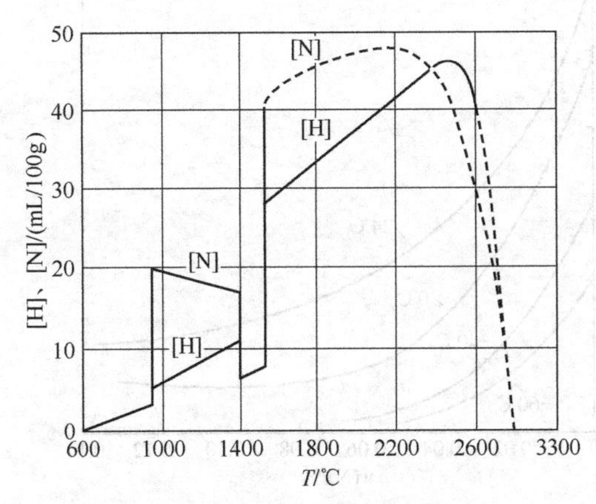

图 2-11 H_2、N_2 在铁中的溶解度与温度的关系

$p_{N_2}+p_{Fe}=101.3kPa$，$p_{H_2}+p_{Fe}=101.3kPa$

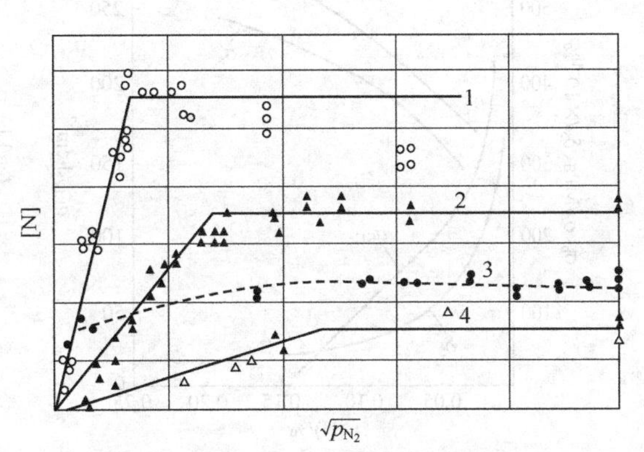

图 2-12 金属中含氮量与 $\sqrt{p_{N_2}}$ 的关系

$p_{Ar}+p_{N_2}=101.3kPa$

1—等离子弧焊；2～4—电弧焊

（2）以 NO 形式溶入 试验证明，在含氮的氧化性介质中焊接，与在中性或还原性介质中焊接时相比，焊缝中的含氮量显著增加。例如，用低碳钢光焊丝在空气中焊接时焊缝中含氮量为 0.128%，而在同样条件下的纯氮中焊接，焊缝中含氮量为 0.041%。这是因为当气相中同时存在氮和氧时，在电弧高温作用下，将发生如下反应

$$O+N_2 \rightleftharpoons NO+N \tag{2-27}$$

$$N+O_2 \rightleftharpoons NO+O \tag{2-28}$$

当温度达到 3000K 时，NO 浓度达到最大值。在 NO 与温度较低的熔滴和熔池金属相遇时，将分解出原子氮与氧，很快溶解于金属中。

（3）以离子形式溶入 在电弧焊的条件下，氮除了通过上述化学过程向金属中溶解外，还可以通过电化学过程向金属中溶解。氮原子在阴极压降区受到高速电子的碰撞而离解为 N^+，在电场的作用下向阴极运动，并在阴极表面上与电子中和，溶入金属中。

在不同的条件下，氮在金属中有时以一种溶解形式为主，有时几种形式同时存在。例如，在还原性气氛中气焊，氮主要以原子形式溶解；在惰性气体保护焊时，则以原子和离子两种形式溶解；在氧化性保护气体中焊接，则上述三种溶解形式同时存在。

2. 氮对焊接质量的影响

（1）形成气孔 氮是促使焊缝产生气孔的主要原因之一。液态金属在高温时可以溶解大

量的氮，而在其凝固时氮的溶解度突然下降，这时过饱和的氮以气泡的形式向外逸出。当焊缝金属的结晶速度大于气泡逸出速度时，就形成了气孔。因保护不良产生的气孔，如焊条电弧焊的引弧端和弧坑处的气孔，一般都与氮有关。

（2）降低焊缝力学性能　室温下氮在α-Fe中的溶解度很小，仅为0.001%。如果熔池中含有较多的氮，则由于焊接时的冷却速度很大，一部分氮将以过饱和的形式存在于固溶体中；另一部分氮则以针状氮化物（Fe_4N）的形式析出，分布在晶界或晶内，因而使焊缝金属的强度、硬度升高，而塑性和韧性，特别是低温韧性急剧下降，如图2-13所示。若焊缝中的含氮量低于0.001%，则对焊缝的力学性能没有明显影响。

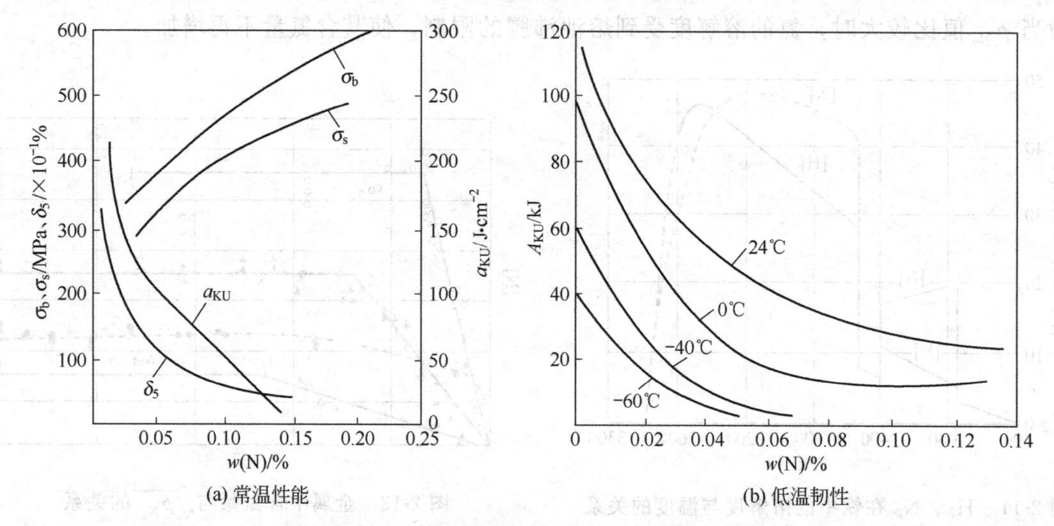

图2-13　氮对焊缝金属力学性能的影响

（3）引起时效脆化　时效是指金属和合金（如低合金钢）从高温快冷或经过一定程度冷加工变形后，其性能随时间而改变的现象。一般而言，经过时效的金属，其强度有所增加，而塑性和韧性有所下降。

焊缝金属中过饱和的氮处于不稳定状态，随着时间的延长，过饱和的氮逐渐析出，形成稳定的针状Fe_4N，使焊缝金属的塑性和韧性大大下降，即时效脆化。若在焊缝中加入能形成稳定氮化物的元素，如Ti、Al、Zr等，可以抑制或消除时效脆化现象。

3. 控制焊缝含氮量的措施

为了消除氮对焊缝金属的有害作用，一般采取如下措施。

（1）加强机械保护　氮主要来自于电弧周围的空气，一旦进入焊缝，脱氮就比较困难。因此，控制氮的主要措施是加强机械保护，防止空气与液态金属发生作用。

现代熔焊方法采用了各种保护措施，如气体保护、熔渣保护、气-渣联合保护以及真空保护等。各种焊接方法的保护效果是不同的，这大体可以从焊缝中的含氮量（表2-11）看出来。

表2-11　不同焊接方法和焊接材料焊接低碳钢时焊缝的含氮量

焊接方法及材料		w_N/%	焊接方法及材料	w_N/%
焊条电弧焊	光焊丝电弧焊	0.08～0.228	埋弧焊	0.002～0.007
	纤维素焊条	0.013	CO_2气体保护焊	0.008～0.015
	钛型焊条	0.015	熔化极氩弧焊	0.0068
	钛铁矿型焊条	0.014	药芯焊丝明弧焊	0.015～0.04
	低氢型焊条	0.01	自保护合金焊丝焊	<0.12

（2）选择合理的焊接工艺　焊接工艺参数对电弧和金属的温度、气体的分解程度、气体与金属间的作用时间和接触面积等都有较大的影响，因而必然影响焊缝金属的含氮量。因此，必须合理安排焊接工艺规范。

① 采用短弧焊　增加电弧电压（即增加电弧长度），将导致保护效果变坏，氮与熔滴的相互作用时间增长，故使焊缝金属的含氮量增加，如图 2-14 所示。在熔渣保护不良的情况下，电弧长度对焊缝含氮量的影响尤其显著。为了减少焊缝中的气体含量，保证焊接质量，应尽量采用短弧焊接。

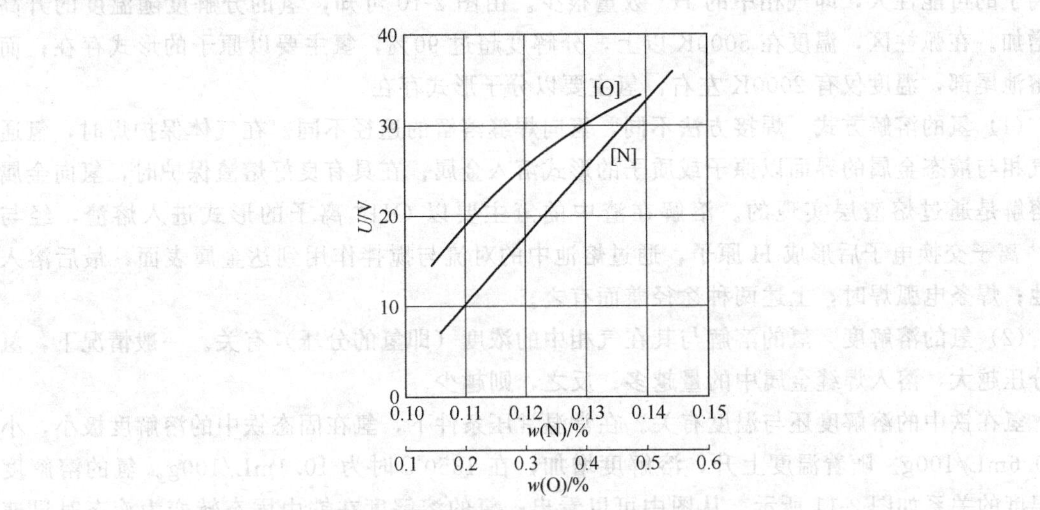

图 2-14　焊条电弧焊时电弧电压对焊缝含氮量与含氧量的影响

② 合理控制焊接电流　增加焊接电流可使熔滴的温度升高。对于奥氏体不锈钢的焊接，由于氮在钢中的溶解过程是放热过程，故增加焊接电流可使焊缝含氮量减少；相反，在焊接低碳钢时，氮的溶解是吸热过程，所以增加焊接电流，开始时可使焊缝含氮量增加，随后由于熔化金属的强烈蒸发，使氮的分压下降，焊缝中的含氮量又逐渐下降。

③ 采用直流反接　直流正接时，焊缝的含氮量往往比反接时要大，这可能与氮离子的溶解量增加及正接时极性斑点增加了与氮的接触面积等有关。

（3）控制焊接材料的化学成分　增加焊丝或药皮中的含碳量可降低焊缝中的含氮量。这是因为碳能够降低氮在铁中的溶解度，而碳氧化生成的 CO、CO_2 可以加强熔池的保护，引起熔池沸腾，有利于氮的逸出。

在焊丝中加入一定的合金元素（如 Ti、Al、Zr 等），可以减少焊缝中的含氮量。因为这些元素对氮的亲和力较大，能形成稳定的氮化物，且它们不溶于液态金属而进入熔渣。同时，这些元素对氧的亲和力也较大，可减少气相中 NO 的含量，也减少了焊缝含氮量。自保护焊时就是根据这个道理在焊丝中加入这一类元素进行脱氮的。

总之，从目前的经验看，加强机械保护是控制氮的最有效措施，其他的方法都有一定的局限性。

三、氢对金属的作用

焊接时，氢主要来源于焊条药皮、焊剂、焊丝药芯中的水分，药皮中的有机物，焊件和焊丝表面上的杂质（如铁锈、油污）和空气中的水分等。在气体保护焊时，还来自保护气体中的水分。气焊时，来自碳氢化合物分解和燃烧的产物。各种焊接方法气相中的含氢量和含水量见表 2-10。

1. 氢在金属中的溶解

在高温下，气相中的 H_2 将分解为氢原子和离子。

$$H_2 \rightleftharpoons 2H - 432.9kJ/mol \quad (2-29)$$

$$H_2 \rightleftharpoons H + H^+ + e - 1745kJ/mol \quad (2-30)$$

从反应的热效应看，氢分子分解为原子所需的能量较少，因此氢分子分解为原子比分解为离子的可能性大，即气相中的 H^+ 数量很少。由图 2-10 可知，氢的分解度随温度的升高而增加。在弧柱区，温度在 5000K 以上，分解度超过 90%，氢主要以原子的形式存在；而在熔池尾部，温度仅有 2000K 左右，氢主要以分子形式存在。

(1) 氢的溶解方式　焊接方法不同，氢向焊缝溶解的途径不同。在气体保护焊时，氢通过气相与液态金属的界面以原子或质子的形式溶入金属；在具有良好熔渣保护时，氢向金属中溶解是通过熔渣层实现的。溶解在渣中的氢主要以 OH^- 离子的形式进入熔渣，经与 Fe^{2+} 离子交换电子后形成 H 原子，通过熔池中的对流与搅拌作用到达金属表面，最后溶入熔池；焊条电弧焊时，上述两种途径兼而有之。

(2) 氢的溶解度　氢的溶解与其在气相中的浓度（即氢的分压）有关。一般情况下，氢的分压越大，溶入焊缝金属中的量越多；反之，则越少。

氢在铁中的溶解度还与温度有关。在常温常压条件下，氢在固态铁中的溶解度极小，小于 0.6mL/100g。随着温度上升，溶解度增加，在 1350℃时为 10.1mL/100g。氢的溶解度与温度的关系如图 2-11 所示。从图中可以看出，氢的溶解度在铁由固态转变为液态时迅速上升。当温度达到 2400℃时，溶解度达到最大值。故高温的液态铁中吸收了较多的氢，而在液态转变为固态时溶解度突然下降，这也是导致形成氢气孔的主要原因。

此外，氢的溶解度还与金属的结构有关。氢在面心立方晶格的 γ-相中的溶解度，比在体心立方晶格的 α-相中的溶解度要大得多。

根据氢与金属相互作用的特点，可以把金属分为两大类：

第一类是不形成稳定氢化物的金属，如 Fe、Ni、Cu、Cr、Mo 等，但氢能够溶于这类金属及其合金中。氢的溶解度与这类金属的结构及其温度有关。

第二类是形成稳定的氢化物的金属，如 Zr、Ti、V、Ta、Nb 等。这些金属在吸收氢不多时，与氢形成固溶体；在吸收氢相当多时，则形成氢化物（ZrH_2、TiH_2、VH、TaH、NbH_2）。在温度为 300～700℃的范围内，这类金属在固态下可吸收大量的氢；温度升高，则氢化物分解，由金属中析出氢气。因此，焊接这类金属及其合金时，必须防止在固态下吸收大量的氢，否则将严重影响金属的力学性能。

2. 氢在金属中的扩散

在焊接过程中，液态金属吸收了大量氢，一部分氢能在熔池结晶过程中逸出，但也有相当多的氢因熔池结晶太快而来不及逸出，被留在固态焊缝金属中。

氢在焊缝金属中的扩散能力很强，甚至在室温下还可以明显地进行扩散。在焊缝金属中，氢大部分是以 H、H^+形式存在的，它们与焊缝金属形成间隙固溶体。由于氢的原子和离子半径很小，这一部分氢可以在焊缝金属的晶格中自由扩散，故称之为扩散氢。还有一部分氢扩散聚集到金属的晶格缺陷、显微裂纹和非金属夹杂物边缘的空隙中，结合为氢分子，因其半径增大，不能自由扩散，故称之为残余氢。一般认为，钢焊缝中的扩散氢约占总含氢量的 80%～90%，是造成氢危害的主要部分，显著影响接头的性能。而在 Ti、Zr、Nb 等金属及其合金的焊缝中，氢是以化合物的形式存在的。

由于扩散的缘故，焊缝金属中的含氢量是随时间变化的。经焊后放置，一部分扩散氢会从焊缝中逸出，一部分扩散氢会转变为残余氢。因此，扩散氢量减少，残余氢量增加，而总含氢量下降，如图 2-15 所示。通常所说的焊缝含氢量，是指焊后立即按标准方法测定并换算为标准状态下的含氢量。

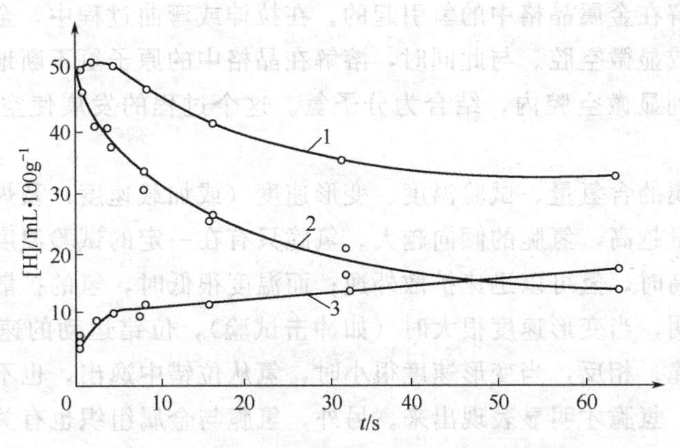

图 2-15 焊缝中的含氢量与焊后放置时间的关系

1—总含氢量；2—扩散氢；3—残余氢

用各种焊接方法焊接低碳钢时，焊缝金属中的含氢量不同，见表 2-12。由表可看出，所有焊接方法都使焊缝金属增氢，都大于低碳钢母材和焊丝的含氢量（一般为 0.2～0.5mL/100g）。焊条电弧焊时，用低氢型焊条焊接的焊缝含氢量最低。CO_2 保护焊的含氢量最少，尤其是扩散氢含量极少，是一种超低氢的焊接方法。

表 2-12 焊接低碳钢时焊缝金属中的含氢量

焊接方法		扩散氢 /(mL/100g)	残余氢 /(mL/100g)	总氢量 /(mL/100g)	备注
焊条电弧焊	纤维素型	35.8	6.3	42.1	40～50℃停留 48～72h 测定扩散氢；真空加热测定残余氢
	钛型	39.1	7.1	46.2	
	钛铁矿型	30.1	6.7	36.8	
	氧化铁型	32.3	6.5	38.8	
	低氢型	4.2	2.6	6.8	
埋弧焊		4.40	1～1.5	5.9	
CO_2 保护焊		0.04	1～1.5	1.54	
氧乙炔气焊		5.00	1～1.5	6.5	

3. 氢对焊接质量的影响

氢是还原性气体，它在电弧气氛中有助于减少金属的氧化。在氩弧焊焊接高合金钢时，氩气中加入少量的氢可以改善焊接工艺性能。但在大多数情况下，氢的这种有利的作用不仅完全被抵消，而且还产生许多有害的作用。这种有害作用大体可分为两种类型：一种是暂态现象，包括氢脆、白点、硬度升高等，这类现象的特点是经过时效或热处理之后便可消除（由于氢自焊缝中外逸）；另一种是永久现象，包括由氢形成的气孔、裂纹等，这类现象一旦出现是不可消除的。

（1）氢脆　金属中因吸收氢而导致塑性严重降低的现象称为氢脆。钢中含氢易造成材料的塑性明显下降，特别是断面收缩率随含氢量增加而显著下降，但其对材料的强度几乎没有影响。若对焊缝金属进行去氢处理，其塑性可以基本恢复。

氢脆现象是溶解在金属晶格中的氢引起的。在拉伸或弯曲过程中，金属中的位错发生运动和堆积，结果形成显微空腔。与此同时，溶解在晶格中的原子氢不断地沿着位错运动的方向扩散，最后聚集到显微空腔内，结合为分子氢。这个过程的发展使空腔内产生很高的压力，导致金属变脆。

氢脆与焊缝金属的含氢量、试验温度、变形速度（或加载速度）及焊缝金属的组织结构等有关。焊缝含氢量越高，氢脆的倾向越大。氢脆只有在一定的试验温度范围内才明显表现出来。因为温度较高时，氢可以迅速扩散外逸；而温度很低时，氢的扩散速度很小，来不及扩散聚集。试验表明，当变形速度很大时（如冲击试验），位错运动的速度大于氢扩散的速度，所以不出现氢脆。相反，当变形速度很小时，氢从位错中逸出，也不产生氢脆。只有在合适的变形速度下，氢脆才明显表现出来。另外，氢脆与金属组织也有关，在马氏体中氢脆最严重，而在奥氏体中氢脆不明显。

（2）白点　对于碳钢或低合金钢焊缝，如含氢量较高，则常常在其拉伸或弯曲试件的断面上，出现银白色圆形局部脆断点，称为白点。白点的直径一般为 0.5～3mm，其周围为韧性断口，故用肉眼即可辨认。在多数情况下，白点的中心有气孔或小的夹杂物，好像鱼眼一样，故又称“鱼眼”。通常认为白点的产生主要是在外力作用下，氢在微小气孔或夹杂物处的集结造成的。

如果焊缝金属产生了白点，则其塑性将大大降低。焊缝金属对白点的敏感性与含氢量、金属的组织和变形速度等因素有关。试件含氢量越多，则出现白点的可能性越大。纯铁素体和奥氏体钢焊缝不出现白点。前者是因为氢在其中扩散快，易于逸出；后者是因为氢在其中的溶解度大，且扩散很慢。碳钢和用 Cr、Ni、Mo 合金化的焊缝，尤其是这些元素含量较大时，对白点很敏感。

（3）气孔　如果熔池中吸收了大量的氢，在冷却凝固过程中，由于氢的溶解度突然下降，必然发生氢由固态向液态中聚集，而在液态中形成过饱和状态。这时，部分原子氢将结合为分子进而形成气泡，当气泡外逸速度小于结晶速度时，便形成气孔。

（4）产生冷裂纹　冷裂纹是在冷却到比较低的温度（一般在 300℃以下）或在室温放置一定时间后，在焊接接头中产生的裂纹，其危害性很大。氢是促使冷裂纹形成的主要原因之一。

4. 控制氢的措施

（1）限制焊接材料中氢的来源　焊接材料（焊条药皮、焊剂、焊丝药芯等）中的有机物和以各种形式存在的水分（结晶水、化合水和吸附水）是焊缝中氢的主要来源。据估算，各种焊条熔化 100g 焊芯时，可从药皮中析出 1300～3200mL 的氢气。

为了减少氢的来源，在制造焊条或焊剂时应控制含氢的原材料用量，特别是在制造低氢或超低氢焊条或焊剂时，应尽量选用不含或少含氢的原材料。适当提高烘焙温度可以降低焊接材料中含水量。烧结焊剂的吸潮性主要取决于制造时的烧结温度，经 700～800℃烧结制成的烧结焊剂可大大降低吸潮性。

为了减少焊接材料中的水分，在生产中经常采用两方面的措施：

① 焊条、焊剂在使用前要进行严格的烘干。这是最有效的措施，特别是使用低氢型焊条时，切不可忽视。

烘干必须按要求进行，温度不可过高或过低。烘干温度过高，铁合金将被氧化，造气剂过早分解，失去保护作用；烘干温度过低，则水分清除不彻底。不同型号的焊条或焊剂，其烘干温度和时间都有明确的规定。一般酸性焊条烘干温度为75～150℃，时间1～2h；低氢碱性焊条在空气中极易吸潮且药皮中没有有机物，因此烘干温度较酸性焊条高些，一般为350～400℃，保温1～2h；熔炼焊剂要求200～250℃下烘干1～2h；烧结焊剂应在300～400℃下烘干1～2h。焊条、焊剂烘干后应立即使用，或放在保温筒（或箱）中，以免重新吸潮。

另外，用于焊接的保护气体，如Ar、CO_2等也常含有水分，所以必须严格控制气体中的含水量，必要时可采取脱水或干燥等措施。

② 存放焊接材料时，应加强防潮措施。焊条和焊剂长期置于大气中将要吸收水分，这不仅会使焊缝增氧与氢，而且使焊接工艺性能恶化，因此生产厂家和使用单位对焊接材料的防潮措施都有明确的规定，要求严格执行。

(2) 清除焊件和焊丝表面上的杂质 焊件坡口和焊丝表面上的铁锈、油污、吸附水分以及其他含氢物质是增加焊缝含氢量的原因之一，甚至可能引起气孔的产生，因此焊前应仔细进行清理。为了防止焊丝生锈，通常采用表面镀铜处理。

焊接铜、铝、铝镁合金、钛及其合金时，因其表面常有氢氧化物薄膜，如$Al(OH)_3$、$Mg(OH)_2$等，所以必须采用机械或化学方法进行清理，否则由于氢的作用可能产生气孔、裂纹等缺陷。

(3) 冶金处理 调整焊接材料的成分，通过焊条药皮和焊剂的冶金作用，改变电弧气氛的性质，抑制原子氢的产生，从而使气相中氢的分压下降，最终达到降低氢在液态金属中的溶解度的目的。

降低氢分压最有效的方法是设法使氢转化为不溶于金属且稳定的氢化物。在高温下，OH、HF都很稳定，要达到4000K时，才开始分解（如图2-16所示），而且两者都不溶于液态铁。

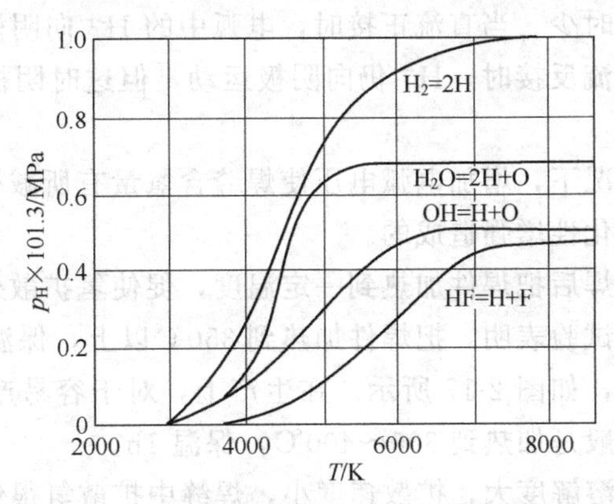

图2-16 H_2、H_2O、OH、HF分解时原子氢的平衡分压与温度的关系

① 在药皮和焊剂中加入氟化物 在焊条药皮中加入CaF_2、MgF_2等氟化物，可以不同

程度地降低焊接接头的含氢量。最常用的是 CaF_2。在药皮中加入质量分数为7%～8%的 CaF_2，可急剧降低接头中的含氢量。其去氢机理大部分人认为是 CaF_2 与H或水蒸气进行反应生成稳定的HF所致。

在高硅高锰焊剂中加入适当比例的 CaF_2 和 SiO_2 可显著降低焊缝的含氢量。CaF_2 和 SiO_2 共同作用去氢，可认为是经过下列反应最终形成HF的结果

$$2CaF_2+3SiO_2 = SiF_4+2CaSiO_3 \tag{2-31}$$

$$SiF_4+2H_2O = 4HF+SiO_2 \tag{2-32}$$

$$SiF_4+3H = 3HF+SiF \tag{2-33}$$

反应生成的HF扩散到大气中，因而能降低焊缝中的含氢量。

② 适当增加焊接材料的氧化性　从限制氢的角度考虑，希望气相具有一定的氧化性，以夺取氢生成稳定的OH，其反应式为

$$CO_2+H = CO+OH \tag{2-34}$$

$$O+H = OH \tag{2-35}$$

$$O_2+H_2 = 2OH \tag{2-36}$$

低氢型焊条药皮中含有很多的碳酸盐（$CaCO_3$、$MgCO_3$ 等），它们受热分解析出 CO_2，并通过反应式（2-34）达到去氢的目的。CO_2 保护焊时，尽管其中含有一定的水分，但焊缝中的含氢量很低，其原因也在于此。氩弧焊焊接不锈钢、铝、铜和镍时，为了消除气孔和改进工艺性能，常在氩气中加入5%左右的氧气，也是以式（2-35）和式（2-36）为理论基础的。

（4）控制焊接参数　焊接参数对焊缝金属的含氢量有明显的影响。焊条电弧焊时，在其他焊接参数不变的条件下，增大焊接电流使电弧和熔滴的温度升高，会促使氢和水气的分解，氢在熔滴中的溶解度增大。气体保护焊时，如果电流增加到大于临界值时，则熔滴由颗粒过渡转变为射流过渡。射流过渡时熔滴含氢量比其他过渡形式的含氢量小得多，且与熔滴尺寸无关。所以，在可能的条件下，采用射流过渡对限制含氢量是有利的。

电弧焊时，电流种类和极性对焊缝含氢量也有影响。用交流电焊接时，焊缝含氢量比用直流电焊接时多。交流焊接时，由于电流作周期性变化，使弧柱温度作周期性变化，在电流通过零点的瞬时，弧柱温度都要迅速下降，故引起周围气氛的体积变化，在气体膨胀收缩时，熔滴就有更多机会接触气体，因而气孔的倾向增大。直流电焊接时，采用直流反接时焊缝含氢量比采用直流正接时少。当直流正接时，电弧中的 H^+ 向阴极运动，阴极为高温的熔滴，氢的溶解度较大；直流反接时，H^+ 仍向阴极运动，但这时阴极是温度较低的熔池，氢的溶解度减少。

在其他条件不变的情况下，增加电弧电压使焊缝含氢量有所减少。这是由于空气侵入电弧，使氢的分压降低和氧化性增强造成的。

（5）焊后脱氢处理　焊后把焊件加热到一定温度，促使氢扩散外逸，从而减少焊缝中含氢量的工艺叫脱氢处理。试验表明，把焊件加热到350℃以上，保温1h，几乎可将扩散氢全部去除，使总含氢量降低，如图2-17所示。在生产上，对于容易产生冷裂纹的焊件，常要求进行焊后脱氢处理，一般是加热到300～400℃，保温1h。

由于氢在奥氏体中的溶解度大，扩散速度小，焊缝中扩散氢很低，故对奥氏体钢焊缝没有必要进行脱氢处理。

综上所述，对氢的控制应以预防为主。首先应控制氢及水分的来源；其次通过冶金处理

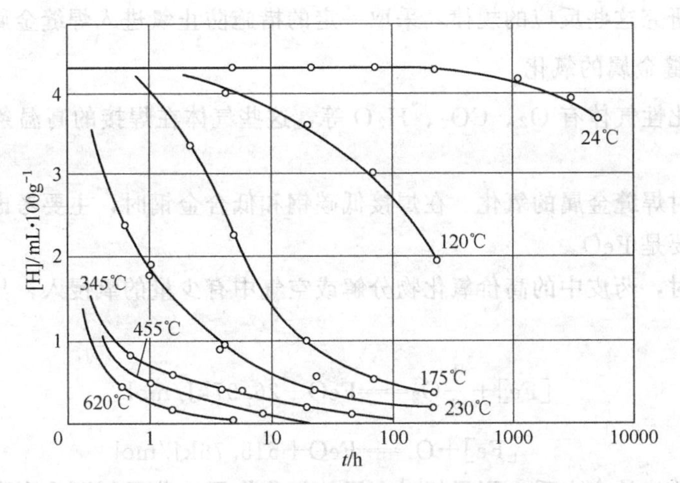

图 2-17 焊后脱氢处理对焊缝含氢量的影响

等防止氢溶入液态金属；最后，氢一旦进入焊缝可进行焊后脱氢处理。

第五节 焊缝金属的氧化与还原

氧化还原反应是贯穿焊接化学冶金过程的基本反应。在焊接冶金过程中，气相中的氧化性气体（CO_2、O_2、H_2O 等）、氧化性熔渣、母材和焊材表面的氧化物等都对金属有氧化作用。根据氧与金属作用的特点，可把金属分为两类：一类是在固态和液态都不溶解氧的金属，如 Mg、Al 等，但这类金属在焊接时发生激烈的氧化，所形成的氧化物以薄膜或颗粒的形式存在，因此易造成夹杂、未焊透等缺陷，并使焊接工艺性能变坏；另一类是能有限溶解氧的金属，如 Fe、Ni、Cu、Ti 等，这类金属焊接时也发生氧化，其氧化物能溶解于相应的金属中，例如生成的 FeO 能溶于铁及其合金中。无论上述哪一种情况，氧对金属的作用都是有害的。因此，必须采取措施防止氧进入焊缝金属，以减少对焊接质量的影响。

一、氧在金属中的溶解

焊接区内的氧，在电弧高温下，将发生分解

$$O_2 = 2O - 569.6\text{kJ/mol} \quad (2\text{-}37)$$

在温度为 5000K 时，其分解度可达到 96.5%，可见氧在电弧中主要以原子状态存在。通常认为，氧是以原子氧和 FeO 两种形式溶于液态铁中的。氧在金属铁中的溶解度与温度有关。温度越高，溶解度越大；反之，溶解度急剧下降。在 1600℃以上，氧的溶解度为 0.3%；在铁的凝固温度，则降到 0.16%；由 δ-Fe 转变为 γ-Fe 时，氧的溶解度又降到 0.05%以下；在室温时氧几乎不溶于金属铁中。因此，氧在焊缝金属中大部分以氧化物夹杂的形式存在（主要是铁和其他合金元素的氧化物），只有极少部分以固溶的形式存在于焊缝金属中。

二、焊接时金属的氧化

在焊接化学冶金过程中，金属的氧化主要通过以下途径进行：气相中氧化性气体与金属的作用；氧化性熔渣与金属的作用；焊件坡口及填充材料表面上的氧化物与金属的作用。在不同的焊接条件下，金属可能通过上述一种或几种途径发生氧化。为了抑制氧对焊接质量的不利影响，必须研究这些反应的规律，采取一定的措施防止氧进入焊缝金属。

1. 气相对焊缝金属的氧化

气相中的氧化性气体有 O_2、CO_2、H_2O 等，这些气体在焊接的高温条件下对金属有不同的作用。

(1) 自由氧对焊缝金属的氧化　在焊接低碳钢和低合金钢时，主要考虑铁的氧化，高温时铁的氧化物主要是 FeO。

焊条电弧焊时，药皮中的高价氧化物分解或空气中有少量的氧侵入，与焊缝金属中的铁发生下列反应

$$[Fe]+\frac{1}{2}O_2 = FeO+26.97kJ/mol \tag{2-38}$$

$$[Fe]+O = FeO+515.76kJ/mol \tag{2-39}$$

由上式反应的热效应来看，原子氧对金属的氧化作用比分子氧更为剧烈。

在焊接钢时，除铁氧化外，钢中其他对氧的亲和力比铁大的元素，如碳、硅、锰等也会发生氧化

$$[C]+\frac{1}{2}O_2 = CO\uparrow \tag{2-40}$$

$$[Mn]+\frac{1}{2}O_2 = (MnO) \tag{2-41}$$

$$[Si]+O_2 = (SiO_2) \tag{2-42}$$

(2) CO_2 对焊缝金属的氧化　焊接区中 CO_2 除来自保护气（CO_2 气体保护焊）外，主要是由一些焊条药皮、陶质焊剂和焊丝药芯中所含有的 $CaCO_3$（大理石）、$MgCO_3$（菱苦土）、$CaMg(CO_3)_2$（白云石）等碳酸盐受热分解产生的。

高温时，CO_2 发生分解

$$CO_2 = CO+\frac{1}{2}O_2 \tag{2-43}$$

产生的 O_2 将使 Fe 按式（2-38）氧化，总的反应为

$$[Fe]+CO_2 = FeO+CO\uparrow \tag{2-44}$$

CO_2 分解时气相的平衡成分（体积分数）与温度的关系如图 2-18 所示。从图中看出，温度越高，CO_2 分解度越大，所生成的氧在气相中的分压越高，氧化性越强。

实践表明，不仅纯 CO_2 具有强烈的氧化性，当气相中有少量的 CO_2 存在时，就会对焊缝金属有较强的氧化作用。因此，在含有碳酸盐的药皮中，必须加入一些锰、硅等元素进行脱氧；对于 CO_2 气体保护焊，焊丝中必须加入一定量的锰和硅作为脱氧剂，才能保证焊接质量。

(3) H_2O 对焊缝金属的氧化　与 CO_2 相似，焊接区的水蒸气在高温下分解后也将对金属发生氧化作用，其分解式为

$$H_2O = H_2+\frac{1}{2}O_2 \tag{2-45}$$

$$H_2O = \frac{1}{2}H_2+OH \tag{2-46}$$

$$H_2O = OH+H \tag{2-47}$$

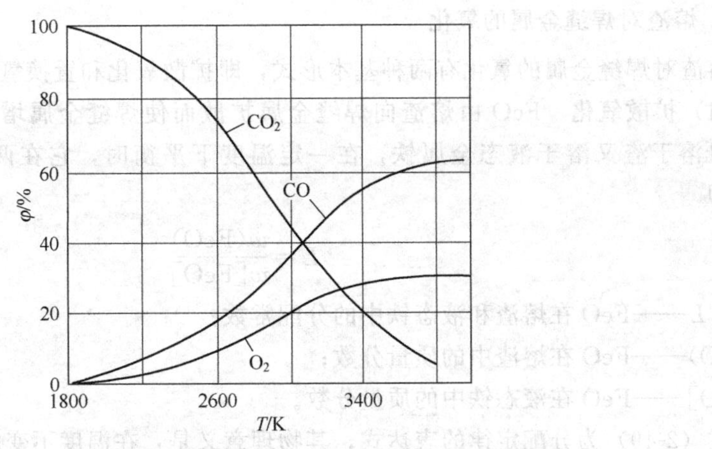

图 2-18 CO_2 分解时气相的平衡成分（体积分数）与温度的关系

$$H_2O = 2H + O \tag{2-48}$$

研究表明，当温度低于 4500K 时，按式（2-45）分解的可能性大；而温度高于 4500K 时，按式（2-46）与式（2-48）分解，可以达到完全分解的程度。气相中氧原子的比例达到最大值（见图 2-19），氧化性大大增加，易使焊缝金属氧化。但在相同条件下，CO_2 比 H_2O 的氧化性强。

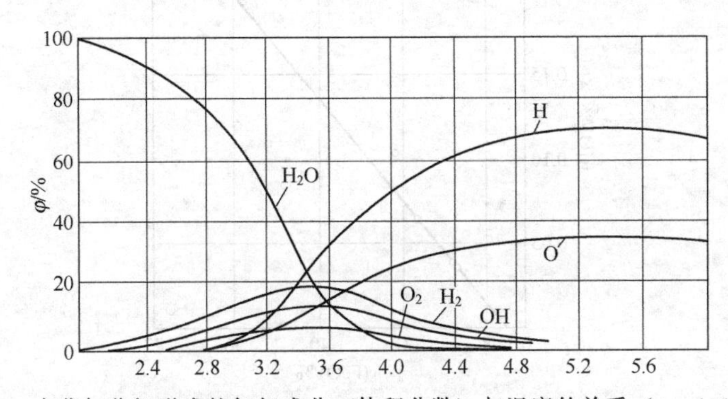

图 2-19 水蒸气分解形成的气相成分（体积分数）与温度的关系（p＝101.3kPa）

水蒸气分解不仅使 Fe 与合金元素氧化，还会使焊缝增氢。因此，仅靠脱氧还不能完全抑制其危害，必须从根本上限制水分的来源。

（4）混合气体对焊缝金属的氧化　在焊条电弧焊时，焊接区内的气体并不是单一的气体，而是多种气体的混合物，如 CO_2、CO、O_2 和 H_2O 等。混合气体与上述单一气体的情况不同，除单一气体的基本反应外，还要考虑各种气体之间的相互作用，从而分析气相的氧化性大小。实验表明，钛铁矿型焊条析出的气体，在接近熔池结晶温度（2000K）下是还原性的；而在更高温度下（高于 2500K）是氧化性的。而低氢型焊条析出的气体，在高于熔池结晶温度的情况下都是氧化性的，因此在焊条药皮中必须加入脱氧剂。

气体保护焊时，为了改善工艺特性和降低成本，常采用混合保护气体，如 Ar＋O_2、Ar＋CO_2、Ar＋CO_2＋O_2、CO_2＋O_2 等。在这些混合气体中随着 O_2 和 CO_2 含量的增加，合金元素的烧损量、焊缝中非金属夹杂物和氧的含量增加，因此焊缝金属的力学性能、特别是低温韧性明显下降，甚至可能产生气孔。采用氧化性混合气体焊接时，应根据其氧化能力的大小，选择含有合适脱氧剂的焊丝。

2. 熔渣对焊缝金属的氧化

熔渣对焊缝金属的氧化有两种基本形式，即扩散氧化和置换氧化。

(1) 扩散氧化　FeO由熔渣向焊缝金属扩散而使焊缝金属增氧的过程称为扩散氧化。FeO既溶于渣又溶于液态金属铁，在一定温度下平衡时，它在两相中的浓度符合分配定律，即

$$L=\frac{w(\mathrm{FeO})}{w[\mathrm{FeO}]} \tag{2-49}$$

式中　L——FeO在熔渣和液态铁中的分配常数；

$w(\mathrm{FeO})$——FeO在熔渣中的质量分数；

$w[\mathrm{FeO}]$——FeO在液态铁中的质量分数。

式(2-49)为分配定律的表达式，其物理意义是：在温度不变的情况下，FeO在熔渣与熔池中的浓度可随FeO的总量而变化，但当达到平衡时，两相中FeO浓度的比值是定值。

根据上述关系，在一定温度下，液态金属中FeO的浓度取决于熔渣中自由FeO分子的浓度大小，因此，当熔渣中FeO的量增加时，则自动地向熔池中过渡，使焊缝金属增氧。焊接低碳钢时，焊缝金属的含氧量随熔渣中FeO的增加而直线上升（图2-20）。

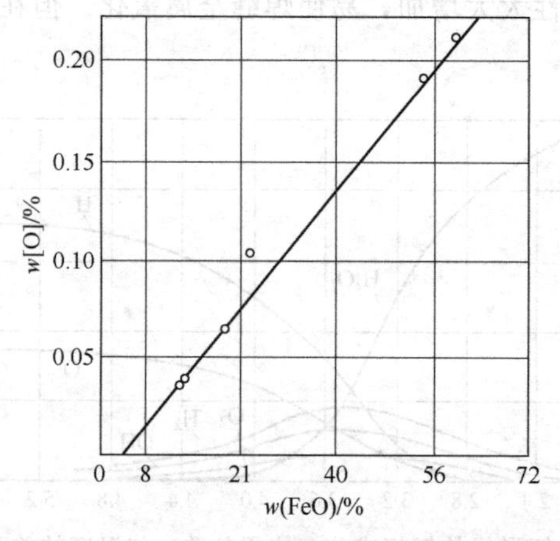

图2-20　熔渣中FeO含量与焊缝中含氧量的关系

FeO的分配常数L与温度和熔渣的性质有关。温度升高时，分配常数L减小；反之，则增加。即温度升高时，FeO将由熔渣向熔池扩散。因此，扩散氧化主要发生在熔滴阶段和熔池的高温区。

在温度相同的条件下，碱性熔渣中FeO的分配常数比酸性熔渣小。试验表明，在熔渣中含FeO量相同的情况下，碱性熔渣焊缝中的含氧量比酸性熔渣时大，如图2-21所示。这种现象的产生除与分配常数大小有关外，主要与熔渣中FeO的活度（自由浓度）有关。这种现象可用熔渣分子理论解释：因只有自由的氧化物才能参加冶金反应，在碱性熔渣中含SiO_2、TiO_2等酸性氧化物较少，FeO大部分以自由状态存在，故容易向焊缝金属中扩散，使焊缝增氧。因此，碱性焊条中一般不加入含FeO的物质，并且焊接前应仔细清除焊件和焊丝表面的氧化皮与铁锈，否则将使焊缝增氧，并可能产生气孔等缺陷。这就是碱性焊条对铁锈和氧化皮敏感性大的原因。而在酸性熔渣中有大量SiO_2、TiO_2等物质，它们与FeO形成稳定的复合物，使自由的FeO减少，因而扩散到焊缝中的FeO量就会减少。

但是，实际情况是碱性焊条的焊缝含氧量比酸性焊条少，这是因为严格控制了碱性熔渣

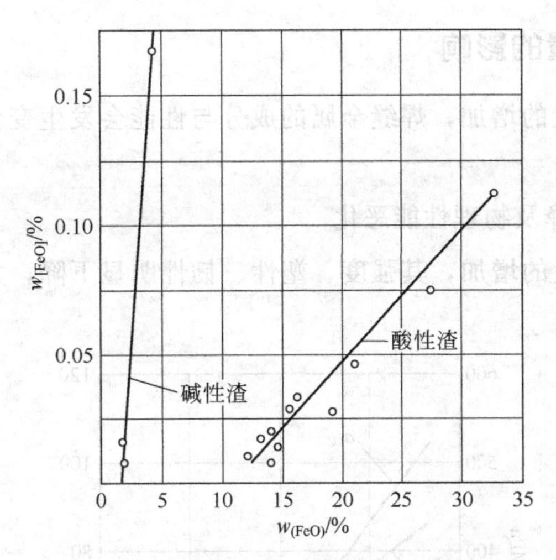

图 2-21 渣的性质与焊缝含氧量的关系

中的 FeO 含量，又在药皮中加入较多的脱氧剂的缘故。

(2) 置换氧化 焊缝金属与熔渣中易分解的氧化物发生置换反应而被氧化的过程称为置换氧化。例如，用低碳钢焊丝配合高锰高硅焊剂（如 HJ431）进行埋弧焊时，发生下列反应

$$(SiO_2)+2[Fe]=[Si]+2FeO \tag{2-50}$$

$$(MnO)+[Fe]=[Mn]+FeO \tag{2-51}$$

反应结果使焊缝金属增加锰和硅，同时使铁氧化，生成的 FeO 部分进入熔渣，部分溶于焊缝中，使焊缝增氧。

上述反应的方向取决于温度和参加反应物质的量，式（2-50）和式（2-51）的平衡常数随温度升高而增大。温度上升，反应向右进行，焊缝增氧。因此，置换氧化反应主要发生在熔滴反应区和熔池前部高温区。上述置换氧化反应只有在 SiO_2 与 MnO 浓度较高的条件下才会发生。而在 SiO_2 与 MnO 浓度较低时，反应将向左进行。

尽管上述反应的结果使焊缝含氧量上升，但因锰和硅的含量也同时增加，所以，焊缝金属的性能不仅不会下降，而且得到了改善，抗裂性也提高。因此，高锰高硅焊剂与低碳钢焊丝匹配广泛用于焊接低碳钢和低合金钢。但是，在焊接中、高合金钢时，焊缝中含氧量和含硅量增加，使它们的力学性能特别是低温韧性显著降低。所以，为了抑制硅的还原，有时要求焊条药皮或焊剂中完全不加 SiO_2，并且不用含硅酸盐的黏结剂。

3. 焊件表面氧化物对焊缝金属的氧化

焊接时，焊件表面上的氧化皮和铁锈都对金属有氧化作用。铁锈在高温下分解为

$$2Fe(OH)_3=Fe_2O_3+3H_2O \tag{2-52}$$

分解出来的水气进入气相，增加了气相的氧化性，而 Fe_2O_3 和液态铁发生如下反应

$$Fe_2O_3+[Fe]=3FeO \tag{2-53}$$

氧化铁皮的主要成分是 Fe_3O_4，它与铁发生如下反应

$$Fe_3O_4+[Fe]=4FeO \tag{2-54}$$

反应生成的 FeO 部分进入熔渣，部分进入焊缝使之增氧。因此，焊接时应清理焊件坡口边缘及焊丝表面的氧化铁及油污。

三、氧对焊接质量的影响

随着焊缝金属含氧量的增加，焊缝金属的成分与性能会发生变化，具体表现在以下几个方面。

1. 焊缝力学性能下降及物理性能恶化

随着焊缝金属含氧量的增加，其强度、塑性、韧性明显下降，尤其是低温冲击韧性急剧下降，如图 2-22 所示。

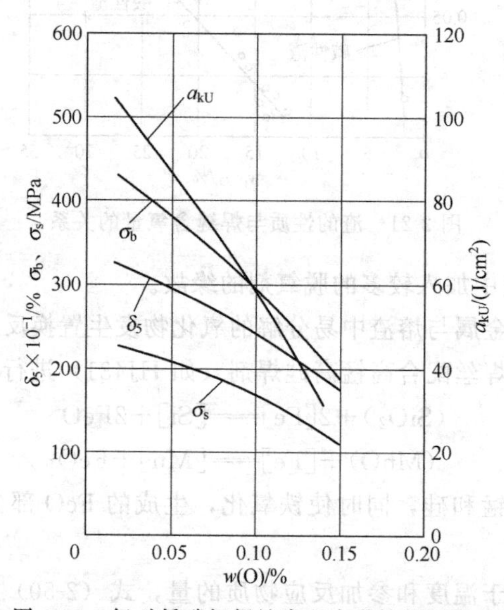

图 2-22　氧对低碳钢焊缝常温力学性能的影响

氧还引起热脆、冷脆及时效硬化。此外，氧还会使焊缝的导电性、导磁性、耐蚀性下降。

2. 合金元素烧损、工艺性能变差

氧使有益的合金元素烧损，使焊缝的力学性能达不到母材的水平。在熔滴中含氧和碳较多时，它们相互作用生成CO受热膨胀，使熔滴爆炸，造成飞溅，影响焊接过程的稳定性。还会造成脱渣困难等问题。

3. 产生气孔

溶解在熔池中的氧与碳发生反应，生成不溶于金属的CO，在熔池结晶时CO气泡来不及逸出就会形成气孔。

通常情况下，氧对焊接过程以及焊缝金属性能的影响是有害的。但是，在特殊情况下使焊接材料具有氧化性是有利的。例如在焊接耐热钢时，为了抑制硅的还原，有时要加入氧化剂；铸铁冷焊时，为了烧损多余的碳来改善焊缝性能，需要在药皮中加入氧化剂；为了减少焊缝金属中的含氢量，改进电弧的特性等，也需要在焊接材料中加入适量的氧化剂。

四、控制氧的措施

在正常的焊接条件下，氧的主要来源不是空气，而是焊条药皮与焊剂的原材料及保护气体。因此，控制氧的措施除严格限制其来源外，主要是采取冶金处理进行脱氧。

1. 控制焊接材料的含氧量

在焊接活性金属及某些合金钢时，应尽量采用不含氧或含氧少的焊接材料。例如，采用高纯度的惰性气体作为保护气体，采用低氧或无氧焊条、焊剂，甚至在真空室中焊接。在焊接前要认真清理焊丝和工件表面等。

2. 控制焊接工艺规范

焊缝中的含氧量与焊接工艺条件有密切关系。增加电弧电压，则空气易于侵入电弧，并增加氧与电弧接触的时间，使焊缝含氧量增加。为了减少焊缝含氧量，应采用短弧焊。此外，焊接电流的种类和极性以及熔滴过渡的特性等也有一定的影响。

3. 脱氧

用控制焊接工艺规范的方法来减少焊缝含氧量是很受限制的，所以必须用冶金方法进行脱氧，这也是实际生产中行之有效的方法。

通过在焊丝、焊剂或焊条药皮中加入某种对氧亲和力较大的元素，使其在焊接过程中夺取气相或氧化物中的氧，从而减少被焊金属的氧化及焊缝的含氧量，这个过程称为焊缝金属的脱氧。用于脱氧的元素及合金叫脱氧剂。

脱氧的关键在于脱氧剂。选择脱氧剂时，必须从全局出发，既要考虑到脱氧效果，又要考虑到脱氧剂对焊缝成分、性能及焊接工艺性能的影响。因此，脱氧剂的选择必须遵循以下原则：

① 脱氧剂在焊接温度下对氧的亲和力应比被焊金属的亲和力大。在其他条件相同的情况下，脱氧剂对氧的亲和力越大，脱氧能力就越强。因此，焊接钢时常用 Mn、Si、Ti、Al 等元素的铁合金或金属粉（如锰铁、硅铁、钛铁和铝粉等）作脱氧剂。

② 脱氧产物应不溶于液态金属，其密度也应小于液态金属的密度，同时应尽量使脱氧产物处于液态。这样有利于脱氧产物在液态金属中聚合成大的质点，加快上浮到渣中去的速度，减少夹杂物的数量，提高脱氧效果。

③ 必须考虑脱氧剂对焊缝成分、性能以及焊接工艺性能的影响。在满足技术要求的前提下，还应考虑成本。

脱氧反应是分阶段或区域进行的，按其进行的方式和特点有先期脱氧、沉淀脱氧和扩散脱氧三种方式。

（1）先期脱氧　在焊条药皮加热阶段，固态药皮中进行的脱氧反应称为先期脱氧。药皮受热时，其中的高价氧化物（Fe_2O_3）或碳酸盐（$CaCO_3$、$MgCO_3$）受热分解出的氧、二氧化碳和药皮中的脱氧剂发生反应，如

$$Fe_2O_3 + Mn = MnO + 2FeO \tag{2-55}$$

$$FeO + Mn = MnO + Fe \tag{2-56}$$

$$MnO_2 + Mn = 2MnO \tag{2-57}$$

$$3CaCO_3 + 2Al = 3CaO + Al_2O_3 + 3CO \tag{2-58}$$

$$2CaCO_3 + Ti = 2CaO + TiO_2 + 2CO \tag{2-59}$$

反应结果使气相的氧化性减弱。由于 Al、Ti 对氧的亲和力比 Si、Mn 大，因此它们常在先期脱氧的过程中被消耗，从而保护 Si、Mn 的过渡。由于药皮反应区的加热温度低、反应时间短，故先期脱氧是不完全的。

（2）沉淀脱氧　通过焊丝或药皮加入某种元素，使它本身在焊接过程中被氧化，从而保

护被焊金属及其合金元素不被氧化的过程称为沉淀脱氧。沉淀脱氧是最基本的脱氧方式，其实质是利用与氧的亲和力比铁大的元素与熔池中的FeO作用，使Fe还原，脱氧产物进入熔渣中。显然，沉淀脱氧是置换氧化的逆过程。焊接低碳钢及低合金钢时，常用锰和硅作为沉淀脱氧的脱氧剂。

① 锰的脱氧　锰是最常用的脱氧剂，可与FeO进行如下脱氧反应

$$[Mn]+[FeO]=\!=\!=[Fe]+(MnO) \qquad (2\text{-}60)$$

锰的脱氧效果不仅与锰在金属中的含量有关，而且与熔渣性质有很大关系。增加钢液中锰的含量可以提高锰的脱氧效果。酸性焊条或药芯焊丝常用锰铁作为脱氧剂，而碱性焊条不单独用锰铁作脱氧剂。其原因是：酸性渣中含有较多的SiO_2和TiO_2，它们能与脱氧产物MnO生成复合物$MnO\cdot SiO_2$和$MnO\cdot TiO_2$，降低了渣中MnO的活度，所以脱氧效果较好；而碱性渣中MnO的活度大，因此是不利于锰脱氧的，而且熔渣的碱度越大，锰的脱氧效果越差。

② 硅的脱氧　硅对氧的亲和力比锰大，硅的脱氧反应为

$$[Si]+2[FeO]=\!=\!=2[Fe]+(SiO_2) \qquad (2\text{-}61)$$

要提高硅的脱氧效果，除了应增加其在液态金属中的含量，还应提高熔渣的碱度来减小SiO_2的活度。由于酸性焊条的熔渣中含有大量的酸性氧化物SiO_2和TiO_2，而用Si脱氧后的生成物也是SiO_2，这些生成物无法与熔渣中存在的大量酸性氧化物结合成稳定的复合物而进入熔渣，所以脱氧反应难以进行。似乎碱性渣用硅脱氧效果好，但因硅脱氧后生产的SiO_2熔点高（见表2-13）、黏度大，既易在焊缝中形成夹杂，又不利于冶金反应的进行，故碱性渣实际上也不单独用硅脱氧。

表2-13　几种化合物的熔点和密度

化合物	FeO	MnO	SiO_2	TiO_2	Al_2O_3	$(FeO)_2\cdot SiO_2$	$MnO\cdot SiO_2$	$(MnO)_2\cdot SiO_2$
熔点/℃	1370	1585	1713	1825	2050	1205	1270	1326
密度/$g\cdot cm^{-3}$	5.8	5.11	2.26	4.07	3.95	4.3	3.6	4.1

可见，选用脱氧剂时，除必须满足前面的要求外，还应考虑熔渣组分对脱氧反应的影响，即要求脱氧产物的酸碱性与熔渣相反。因此，酸性焊条一般用锰作脱氧剂；碱性焊条用硅锰联合脱氧，不单独用硅进行脱氧。

③ 硅锰联合脱氧　对于钢来说，单元素的脱氧产物的熔点都比铁高（表2-13），单独用锰、硅、钛脱氧时，形成夹杂的可能性比较大。而复合物的熔点比较低，密度也比铁小得多。因此，同时采用几种元素作脱氧剂，即“联合脱氧”，脱氧产物相互作用而形成熔点低、密度小的复合物，有利于消除夹杂。焊接低碳钢时常采用硅锰联合脱氧。

把硅和锰按适当比例加入金属中进行硅锰联合脱氧，可以得到较好的脱氧效果。实践证明，当金属中锰与硅的比例[Mn]/[Si]为3～7时，脱氧产物为颗粒较大的、熔点低的$MnO\cdot SiO_2$复合物（见表2-13、表2-14），在液态金属中处于液态，并能聚集成大的质点浮到熔渣中去，从而可减少焊缝中的夹杂物，有利于降低焊缝中的含氧量。[Mn]/[Si]值过大或过小，都不具有联合脱氧的效果。用CO_2气体保护焊焊接低碳钢时，采用H08Mn2Si焊丝，就是典型的硅锰联合脱氧。此外，这一脱氧原则在碱性焊条药皮中也得到应用，并且效果良好。

表 2-14 金属中 [Mn]/[Si] 值对脱氧产物 ($MnO \cdot SiO_2$) 颗粒尺寸的影响

[Mn]/[Si]	1.25	1.98	2.78	3.60	4.18	8.70	15.9
最大颗粒半径/mm	0.0075	0.0145	0.126	0.1285	0.1835	0.0195	0.006

(3) 扩散脱氧　利用氧化物 (FeO) 既能溶于熔池金属，又能溶解于熔渣的特性，使它自熔池金属扩散到熔渣，从而降低焊缝含氧量的过程称为扩散脱氧。从本质上讲，扩散脱氧是扩散氧化的逆过程。扩散过程如下：

$$[FeO] \longrightarrow (FeO) \tag{2-62}$$

扩散脱氧的效果主要与温度和熔渣性质有关。分配常数 L 是温度的函数，当温度下降，L 增加，有利于扩散脱氧进行。因此，扩散脱氧是在熔池尾部的低温区进行的。在相同温度下，酸性渣比碱性渣更有利于进行扩散脱氧。这是因为酸性渣中存在大量的 SiO_2、TiO_2 等酸性氧化物，易与碱性氧化物 FeO 生成复合物，使渣中 FeO 的活度减小，有利于扩散脱氧的进行；而碱性渣中 FeO 的活度大，降低了扩散脱氧的能力。

扩散脱氧是在金属与熔渣的相界面上进行的。焊接时，熔池和熔渣发生强烈的搅拌作用，并且在气体吹力的作用下熔渣不断地向熔池后部运动，"冲刷"熔池，把脱氧产物带到熔渣中去，这不仅有利于沉淀脱氧，而且有利于扩散脱氧。但是，由于冷却速度大，相互作用时间短，扩散脱氧进行得不够充分，还必须加入脱氧剂进行沉淀脱氧。

综上所述，焊缝金属的脱氧形式是由先期脱氧、沉淀脱氧、扩散脱氧构成的，它们贯穿于整个焊接冶金反应过程。但在实际焊接生产中，脱氧的特点及效果取决于脱氧剂的种类和数量，熔渣的成分、碱度和物理性能，焊丝和母材的成分，焊接工艺参数等多种因素。例如，就熔渣的酸碱性而言，酸性渣含有较多的酸性氧化物 (SiO_2、TiO_2)，有利于扩散脱氧及锰脱氧，因而其脱氧能力较强。但由于这类熔渣中的氧化物较多，所以其焊缝含氧量仍较高；而碱性渣中含 SiO_2、TiO_2 的数量本来就不多，加上大量强碱性氧化物如 CaO 的存在，更减小了其活度，显然不利于扩散脱氧及锰脱氧，只能通过硅锰联合脱氧，但由于渣中氧化物的数量少，所以正常情况下焊缝的含氧量仍较低。图 2-23 为几种焊条熔敷金属的含氧量。可以看出，熔敷金属的含氧量随焊条类型而异，其中低氢型和钛型焊条熔敷金属的含氧量较低，脱氧效果较好。

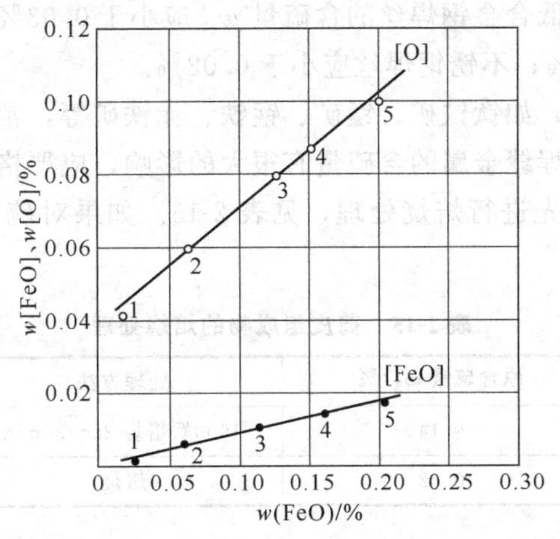

图 2-23　不同焊条熔敷金属中总含氧量 [O]、[FeO] 与药皮中 (FeO) 含量的关系

1—低氢型；2—钛型；3—有机物型；4—钛铁矿型；5—氧化铁型

第六节 焊缝金属中硫、磷的控制

焊接时，不仅有益的合金元素被烧损，有害元素还会增加，除前面论述的氢、氮、氧外，还有硫和磷。硫、磷的存在会严重影响焊缝质量。因此，焊接时必须对硫、磷加以严格控制。

一、焊缝中硫的危害及控制措施

1. 硫的危害及存在形式

硫是焊缝金属中有害的杂质之一，通常以两种形式存在于焊缝中，即 MnS、FeS。MnS 几乎不溶于液态铁，在焊接冶金过程中可以浮到熔渣中去，使焊缝脱硫。即使有少量的 MnS 以夹杂物的形式存在于焊缝中，也由于其熔点较高（1610℃）并以弥散质点的形式分布，对焊缝金属力学性能危害性较小。当硫以 FeS 的形式存在时是最有害的。因为 FeS 与铁在液态可以无限互溶，而在固态其溶解度急剧下降，仅为 0.015%～0.020%，故在熔池结晶时它容易发生偏析，以低熔点共晶 Fe＋FeS（熔点为 985℃）或 FeS＋FeO（熔点为 940℃）的形式呈片状或链状分布于晶界。这样就增加了焊缝产生结晶裂纹的倾向，同时还会降低冲击韧度和耐蚀性。在焊接合金钢，尤其是高镍合金钢时，硫的危害更为严重。因为硫与镍形成 NiS，而 NiS 又与镍形成熔点更低的共晶 Ni＋NiS（熔点为 644℃），所以产生结晶裂纹的倾向更大。当焊缝中的含碳量增加时，会促使硫发生偏析，从而增加它的危害性。

由于上述原因，应尽量减少焊缝中的含硫量。一般在低碳钢焊缝中，控制含硫量 w_S＜0.035%；合金钢焊缝则应 w_S＜0.025%。

2. 控制硫的措施

（1）限制焊接材料中的含硫量　焊缝金属中的硫主要来源于三个方面：一是母材，其中的硫在焊接过程中几乎全部过渡到焊缝中去；二是焊丝，焊接时约有 70%～80% 的硫可以过渡到焊缝中去，但母材与焊丝中的含硫量都比较少；三是药皮或焊剂，其中约有 50% 的硫可以过渡到焊缝中。可见，严格控制焊接原材料的含硫量是限制焊缝含硫量的关键措施。按照标准要求，低碳钢及低合金钢焊丝的含硫量 w_S 应小于 0.03%～0.04%；合金结构钢焊丝应小于 0.025%～0.03%；不锈钢焊丝应小于 0.02%。

药皮和焊剂的原材料，如钛铁矿、锰矿、锰铁、赤铁矿等，常含有一定量的硫，而且含量变化幅度较大，因此对焊缝金属的含硫量有很大的影响，应严格加以控制。当药皮中某些组成物含硫过高时，可预先进行焙烧处理，见表 2-15。如果对硫的控制要求更严格时，可把原材料再提纯。

表 2-15　药皮组成物的焙烧处理

材料	原含硫量 w_S/%	处理方法	处理后含硫量 w_S/%
TiO_2	0.14	1000℃焙烧 25～30min	0.07
CaF_2	0.32	焙烧	0.13

（2）用冶金方法脱硫　硫是活泼的非金属元素之一，在焊接条件下能与很多金属或非金属生成液态或气态硫化物。脱硫反应的实质，就是用某种元素（脱硫剂）与溶解在熔池中的

硫（或硫化物）生成在液态金属中不溶解的产物，使其进入熔渣或经熔渣逸出。

为了减少焊缝金属中的含硫量，如同脱氧一样，可以选择对硫的亲和力比铁大的元素进行脱硫。由硫化物的生成自由能可知，Ca、Na、Mg 等元素在高温对硫有很大的亲和力。然而，在焊接条件下直接应用这些元素脱硫受到了限制，因为它们对氧具有比硫更大的亲和力，会提前被氧化。因此，生产中常用以下方法脱硫。

① 用锰脱硫 锰是焊接化学冶金中常用的脱硫剂，其反应式为

$$[FeS]+[Mn]=\!=\!=(MnS)+[Fe] \tag{2-63}$$

反应的产物 MnS 进入熔渣。这个反应是放热反应，故温度降低有利于进行脱硫。然而，熔池冷却很快，反应不能充分进行，所以，必须增加熔池中的含锰量（$w_{Mn}>1\%$），才能得到较好的脱硫效果。

② 用碱性氧化物脱硫 在焊接化学冶金中还常常采用碱性氧化物（如 MnO、CaO 等）进行脱硫，其反应式为

$$[FeS]+(MnO)=\!=\!=(MnS)+(FeO) \tag{2-64}$$

$$[FeS]+(CaO)=\!=\!=(CaS)+(FeO) \tag{2-65}$$

生成的 CaS 类似于 MnS，不溶于金属而进入熔渣中。根据质量作用定律可知，增加渣中 MnO 和 CaO 的含量，有利于脱硫；减少渣中自由 FeO 的浓度，即加强脱氧、减小渣的氧化性，有利于脱硫反应的进行。由此可知，酸性渣脱硫能力比碱性渣差得多，增加熔渣的碱度可以提高脱硫能力。

此外，渣中加入 CaF_2 可降低渣的黏度，提高 S^{2-} 的扩散能力，同时能形成易挥发的 SF_6，因而也有利于脱硫。

应当指出，目前常用的焊条药皮和焊剂的碱度都不高，脱硫能力有限，焊接普通钢还可以满足要求，但用来焊接含硫量很低（$w_S<0.014\%$）的精炼钢，则远远不能满足要求。近年来精炼钢的产量不断增加，迫切需要研制焊接这类钢的焊接材料。研究表明，以 $CaCO_3$-MgO-CaF_2 为基的高碱度陶瓷焊剂（用钛作脱氧剂）有很好的脱硫效果，焊缝含硫量 $w_S<0.010\%$。用强碱性的无氧药皮或焊剂，可以得到含硫量比母材或焊丝的原始含量还低的焊缝金属（$w_S<0.006\%$）。

③ 用稀土元素脱硫 研究发现，当焊接区氧的活度很低时，稀土元素不仅能够脱硫，而且可改变硫化物夹杂的尺寸、形态和分布，还可提高焊缝的韧性。因此，采用稀土元素进行脱硫很有发展前途，可用于对焊缝含硫量要求很高的场合。

二、焊缝中磷的危害及控制措施

1. 磷的危害及存在形式

磷在多数钢焊缝中是一种有害的杂质。磷在固态铁中的溶解度很小，只有千分之几。磷在液态铁中主要以 Fe_2P 和 Fe_3P 的形式存在，它们与铁、镍形成低熔点共晶，如 Fe_3P+Fe（熔点为 1050℃）、Ni_3P+Ni（熔点为 880℃）。磷化铁常分布于晶界，减弱了晶粒之间的结合力，同时它本身硬而脆，因此，当钢中含磷过多时，将增加钢的冷脆性，降低焊缝金属的冲击韧度，并使脆性转变温度升高。在焊接奥氏体类钢或焊缝含碳量高时，磷也促使形成结晶裂纹。因此，低碳钢和低合金钢焊缝含磷量一般要求 $w_P<0.045\%$；高合金钢焊缝要求 $w_P<0.035\%$。

磷在钢中除了有害作用外，还有有益的一面。如它可以提高钢的耐大气、耐海水腐蚀的

能力，改善钢的切削加工性能，增加金属的流动性等，所以在某些耐蚀钢、易切削钢、弹簧钢、铸铁和铜合金中应含有一定量的磷。

2. 控制磷的措施

(1) 限制焊接材料中的含磷量　为了减少焊缝中的含磷量，必须严格限制母材、填充金属、焊条药皮和焊剂中的含磷量。药皮和焊剂中的锰矿往往是导致焊缝增磷的主要来源。锰矿中通常含有 $w_P = 0.20\% \sim 0.22\%$，以 $(MnO)_3 \cdot P_2O_5$ 的形式存在。焊接时，磷通过下面的反应过渡到熔池中

$$(MnO)_3 \cdot P_2O_5 + 11[Fe] = 3(MnO) + 2[Fe_3P] + 5(FeO) \tag{2-66}$$

此反应为吸热反应，因此在熔池的前部有利于磷向熔池过渡。可见，减少焊剂或药皮中的含磷量是控制焊缝含磷量的主要途径，如图 2-24 所示。

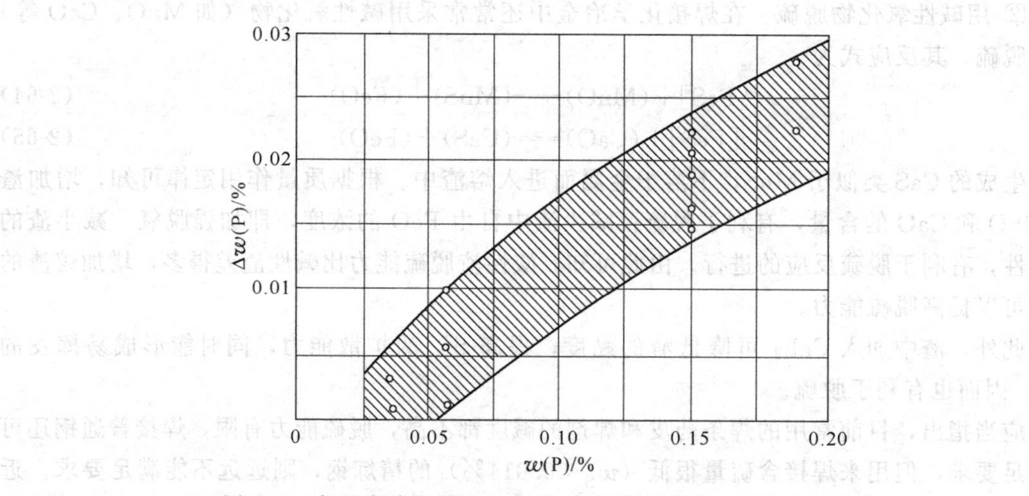

图 2-24　焊缝中磷的增量 $\Delta w(P)$ 与焊剂含磷量 $w(P)$ 的关系

(2) 用冶金方法脱磷　磷对氧的亲和力比铁大，因此，当熔渣中存在适量的 CaO 和 FeO 时，既可使磷氧化，又可使反应产物转变为稳定的复合物进入熔渣，以达到脱磷的目的。其反应式为

$$2[Fe_3P] + 5(FeO) = P_2O_5 + 11[Fe] \tag{2-67}$$

$$P_2O_5 + 3(CaO) = (CaO)_3 \cdot P_2O_5 \tag{2-68}$$

$$P_2O_5 + 4(CaO) = (CaO)_4 \cdot P_2O_5 \tag{2-69}$$

根据上述反应可知，欲使脱磷反应顺利进行，应具备两个条件：一是应使熔渣中 CaO 和 FeO 的活度较大；二是尽量使 P_2O_5 与 CaO 形成稳定的复合物，以降低熔渣中 P_2O_5 的活度。从这两个条件来看，增加熔渣中自由 CaO 和 FeO 的浓度，可以减少焊缝中的含磷量。也就是说，当熔渣中同时存在较多的 CaO 和 FeO 时，最有利于脱磷。

如前所述，碱性焊条熔渣中含 SiO_2、TiO_2 较少，而自由 CaO 较多；同时碱性焊条药皮中含有 CaF_2，它对脱磷产物有稀释作用，并可生成 $CaF_2 \cdot P_2O_5 \cdot (CaO)_4$，这些都对脱磷有一定促进作用。但是，碱性渣中不允许含有较多的 FeO，否则会使焊缝增氧，甚至产生气孔。况且，提高 FeO 的浓度不利于脱硫。因此，碱性焊条脱磷并不理想。

酸性焊条熔渣中虽含 FeO 较多，有利于脱磷，然而含自由的 CaO、MnO 较少，所以它的脱磷能力比碱性焊条更差些。

此外，磷的氧化反应是放热反应，故在熔池的后部有利于脱磷反应的进行。但是，由于该区温度低，熔渣的黏度大，不利于反应物质的扩散，因此脱磷的效果并不好。实际上，焊接时脱磷比脱硫更困难。目前，限制焊缝含磷量的主要办法还是严格控制原材料的含磷量。

第七节 焊缝金属的合金化

实际生产中，为了获得预期的焊缝成分，需要通过焊接材料向焊缝金属中过渡一定的合金元素，这个过程就是焊缝金属的合金化。

一、焊缝金属合金化的目的

1. 补偿焊接中因氧化和蒸发所引起的合金元素的损失

在焊接的高温及活性气体保护的条件下，由于蒸发与氧化使某些有益的合金元素含量降低，所以必须通过焊接材料予以补偿，以保证焊缝金属的成分和性能达到技术条件的要求。

2. 消除某些焊接工艺缺陷，改善焊缝金属的组织及力学性能

例如，为了消除因硫引起的热裂纹，需要向焊缝中加入锰。在焊接某些结构钢时，常向焊缝过渡 Ti、Al 等合金元素，以细化晶粒，提高焊缝金属的韧性。

3. 获得具有特殊性能的堆焊层

在某些工作条件下，对零部件的表面有特殊要求。例如切削刀具、热锻模、轧辊、阀门等要求其表面具有耐磨性、红硬性、耐热性或耐蚀性。为了节约贵重的合金钢材料，同时获得更好的综合力学性能，在生产中常采用堆焊的方法，通过焊接材料向堆焊层中过渡 Cr、Mo、W、Mn 等合金元素，从而获得具有预期特殊性能的表面层。

由此可见，焊缝金属的合金化对保证焊接质量和焊件的使用性能至关重要，研究合金化的方式、机理和规律具有重要的意义。

二、焊缝金属合金化的方式

1. 采用合金焊丝或带状电极

这种方式是把所需要的合金元素加入焊丝或带状电极内，配合低氧、无氧焊剂进行焊接或堆焊，从而使合金元素过渡到焊缝中去。这种方式的优点是焊缝（或堆焊层）金属成分稳定、均匀可靠、合金损失少；缺点是合金成分不易调整，制造工艺复杂，成本高。对于脆性材料（如硬质合金、高合金高强材料等）不能轧制、拔丝，故不能采用此方式。

2. 采用药芯焊丝或药芯焊条

药芯焊丝的结构是各式各样的，常用的是一种比较简单的具有圆形断面的，其外皮是用普通低碳钢带卷制而成的圆管，里面充满铁合金与纯铁粉混合物，这种药芯焊丝也叫管状焊丝。在埋弧焊时，它可与普通熔炼焊剂配合使用。在焊条电弧焊时，可在药芯焊丝的外面涂上一层碱性药皮，制成药芯焊条。药芯焊丝也可进行气体保护焊。

这种方式的优点是药芯中各种合金成分的比例可以任意调整，从而可以得到任意成分的焊缝金属或堆焊层，合金的损失比较少；缺点是不易制造，药芯成分的混合不易达到均匀，因而焊缝的成分也不够均匀。

3. 采用普通焊丝配以含有合金元素的焊条药皮或焊剂

这种方式是把需要的合金元素以纯金属或铁合金的形式加到焊条药皮或非熔炼焊剂（如黏结焊剂）中，焊接时合金元素由熔渣过渡到熔滴或熔池中。其优点是简单方便，制造容易；缺点是由于氧化损失较大并有一部分残留在渣中，故合金元素利用率较低。当采用黏结焊剂进行埋弧焊时，焊缝金属的成分受焊接工艺，尤其是电弧电压的影响比较大，焊接参数的波动易造成焊缝成分不均匀。

4. 采用合金粉末

这种方式是将所需要的合金按比例配制成具有一定颗粒度的粉末，把它输送到焊接区，或直接撒在被焊件表面上或坡口内，在热源作用下合金粉末与金属熔合后就形成合金化的焊缝或堆焊层金属。其优点是不必经过轧制、拔丝等工序，制造容易，合金比例可任意配制，合金元素的损失不大；缺点是焊缝金属成分的均匀性差一些。

此外，还可以通过从金属氧化物中还原金属的方式来合金化，如硅锰还原反应。但这种方式可以过渡的元素种类有限，过渡量也不高，同时还会造成焊缝增氧。

这些合金化的方式，在实际生产中可根据具体条件和要求来选择，有时可以几种方式同时使用。

三、合金元素的过渡系数及影响因素

1. 合金元素的过渡系数

在焊缝金属合金化的过程中，所加入的合金元素不是全部过渡到焊缝金属中，一部分会因蒸发、氧化或残留于熔渣中而损失。为衡量合金元素的利用率，引入过渡系数的概念。所谓过渡系数，就是指焊接材料中的合金元素过渡到焊缝金属中的数量与其原始含量的百分比，即

$$\eta=\frac{w_d}{w_o} \tag{2-70}$$

式中　η——合金元素的过渡系数；

w_d——合金元素在熔敷金属中的实际含量；

w_o——合金元素在焊接材料中的原始含量。

合金元素的过渡系数 η 可以通过实验测定。若 η 为已知，则可根据焊条中合金元素的原始含量，利用公式预先算出合金元素在熔敷金属中的含量并估算出焊缝金属成分。另外，也可根据焊缝金属成分的要求，预先算出焊条或焊剂中合金元素的加入量，然后再通过试验加以校正。可见，合金元素的过渡系数对于设计和选择焊接材料是有实用价值的。

2. 影响过渡系数的因素

一般来说，凡能减少元素损失的因素，都可提高过渡系数；反之，则降低过渡系数。影响过渡系数的因素主要有以下几方面。

（1）合金元素的物理化学性质　不同合金元素的过渡系数和其与氧的亲和力大小有密切关系。合金元素与氧的亲和力越大，则越易氧化，过渡系数越小。通常情况下，元素过渡系数由大到小的顺序和其与氧的亲和力由大到小的顺序大体一致。在1800℃左右，元素对氧的亲和力的顺序从大到小按下列排列：

Al、Zr、Mg、C、B、Ti、Si、V、Mn、Nb、Cr、Fe、Mo、W、P、S、Co、Ni、Cu

→

对氧的亲和力从大到小

其中，Ni、Cu与氧的亲和力最小，几乎无氧化损失，在多数情况下可认为$\eta \approx 1$。而Al、Zr、Ti等，由于对氧的亲和力很大，氧化损失严重，所以一般很难过渡到焊缝中去。为了过渡这类元素，必须创造低氧或无氧的焊接条件，如用无氧焊剂、惰性气体保护，甚至在真空中焊接。不同介质条件下，几种合金元素的过渡系数见表2-16。

表2-16 不同介质条件下的合金过渡系数

焊接条件	合金过渡系数 η					
	C	Si	Mn	Cr	W	V
空气中无保护	0.54	0.75	0.67	0.99	0.94	0.85
工业纯氩中	0.80	0.97	0.88	0.99	0.99	0.98
CO_2 中	0.29	0.72	0.60	0.94	0.96	0.68
HJ251层下	0.53	2.03①	0.59	0.83	0.83	0.78

① HJ251为低锰中硅型焊剂，可从焊剂中过渡较多的Si。

当用几种合金元素同时进行合金化时，只有在无氧条件下，才可以认为其中各种元素的过渡是彼此无关的。否则，其中对氧亲和力较大的元素将依靠自身的氧化，减少其他元素的氧化损失，提高它们的过渡系数。因此，在过渡合金元素时，需选用对氧的亲和力更大的元素作脱氧剂。例如，在碱性药皮中加入Al和Ti，可以提高Si和Mn的过渡系数。

物理性能中影响过渡系数的是合金元素的沸点。沸点越低，饱和蒸气压越大，焊接时的蒸发损失量越大，过渡系数越小。例如，锰很容易蒸发，故在其余条件相同的情况下，它的过渡系数低于Si、Cr、W、V等元素，如表2-16所示。

(2) 焊接区介质的氧化性　焊接时焊接区介质的氧化性大小对合金元素的过渡系数影响极大，如表2-16所示，硅在纯氩气环境中焊接时，过渡系数高达97%；在CO_2焊时，只有72%。故在焊接高合金钢或某些合金时，要求在无氧化性介质中进行焊接而避免合金元素的氧化损失。

(3) 合金元素的含量　试验表明，随着药皮（或焊剂）中合金元素含量的增加，其过渡系数在开始时也相应地增大；当它的含量超过某个值时，其过渡系数趋于一个定值，如图2-25和图2-26所示。

增加合金元素的含量引起两个相反的结果：首先，使药皮（焊剂）中其他成分的含量（其中包括氧化剂的含量）减少，因此药皮（焊剂）的氧化能力减弱，合金元素的过渡系数增大；其次，使残留在渣中的损失增加，药皮（焊剂）的保护性能变坏，故合金元素的过渡应当减少。开始时，第二种因素的作用很小，随着合金元素的增加，第二种因素的作用增大，所以得到上述的结果。

药皮（焊剂）的氧化性和合金元素对氧的亲和力越大，合金元素的含量对过渡系数的影响就越大。

(4) 合金元素的粒度　增加合金元素的粒度，会使其表面积减少，氧化损失减少，而残留损失不变，故过渡系数增大。但是，如果颗粒过大，则不易熔化，使渣中残留损失增加，过渡系数反而减少。

对于不易被氧化的焊接元素或在无氧条件下焊接，粒度对过渡系数无影响。例如，在无

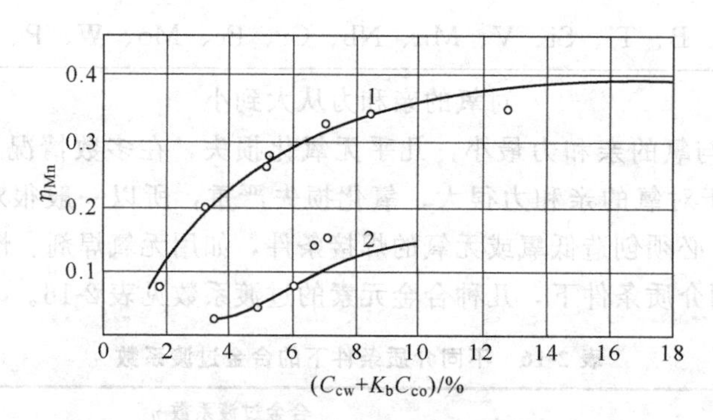

图 2-25　锰的过渡系数与其在焊条中含量的关系

1—碱性渣；2—酸性渣

C_{cw}—锰在焊芯中的含量；C_{co}—锰在药皮中的浓度；K_b—药皮重量系数

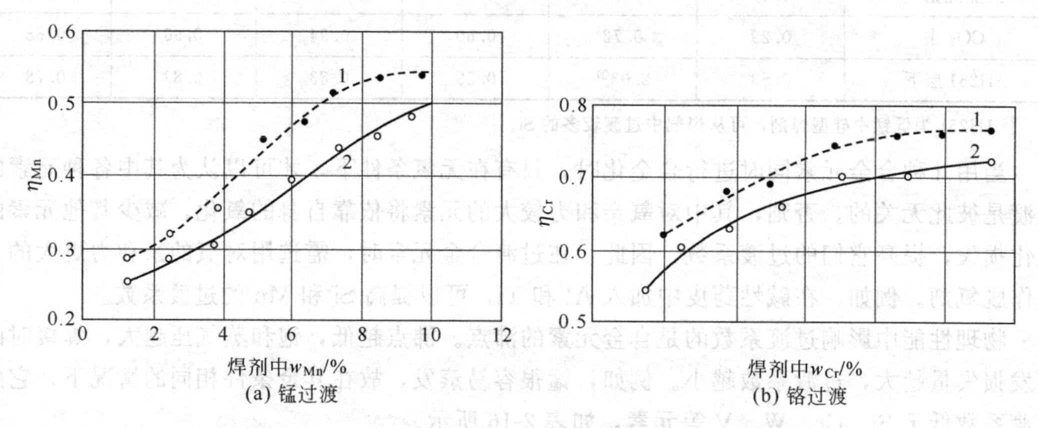

图 2-26　锰与铬的过渡系数与其在焊剂中含量的关系

1—正极性；2—反极性

氧条件下钼粉的粒度由 0.05mm 变化到 0.3mm，其过渡系数是一样的。

(5) 药皮（焊剂）的成分　药皮或焊剂的成分决定了气相和熔渣的氧化性、熔渣的碱度和黏度等性能，因此对合金过渡系数影响较大。

药皮或焊剂中含高价氧化物与碳酸盐越多，则气相与熔渣的氧化性越大，故合金元素的过渡系数越小。在焊芯和药皮重量系数相同的情况下，赤铁矿和大理石的氧化性最强，甚至超过了空气和 CO_2，故合金元素的过渡系数很小。而 CaF_2 和 $CaO\text{-}BaO\text{-}Al_2O_3$ 渣系的氧化性很小，过渡系数较大。所以焊接高合金钢和合金时，一般采用碱性药皮或低氧、无氧焊剂。

当合金元素与其氧化物在药皮中共存时，根据质量作用定律，可抑制元素的氧化反应，也有利于提高其过渡系数。

若其他条件相同，则合金元素的氧化物与熔渣的酸碱性相同时，有利于提高其过渡系数；反之，则降低其过渡系数。图 2-27 表示熔渣碱度与过渡系数的关系。可以看出，随着碱度的增加，即 $(CaO+MgO)/SiO_2$ 比值增大，硅的过渡系数降低，锰的过渡系数增加，完全证明了上述规律的正确性。

(6) 药皮（药芯）重量系数和焊接参数　当药皮成分一定时，药皮重量系数增加，合金元素过渡系数减小，如图 2-28 所示。因为药皮加厚，焊接时形成的熔渣增厚，合金进入熔

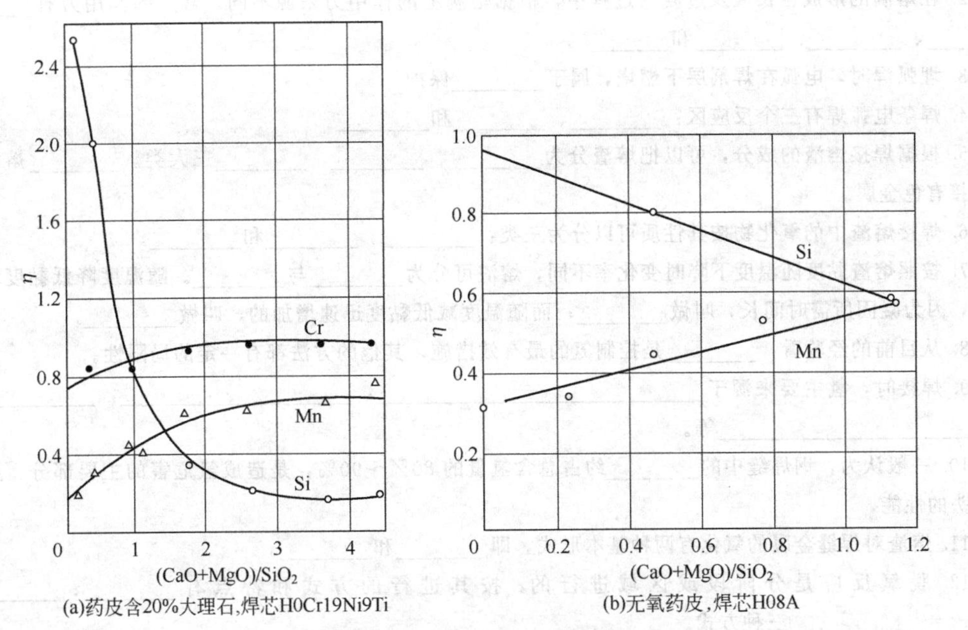

图 2-27 熔渣碱度与过渡系数的关系

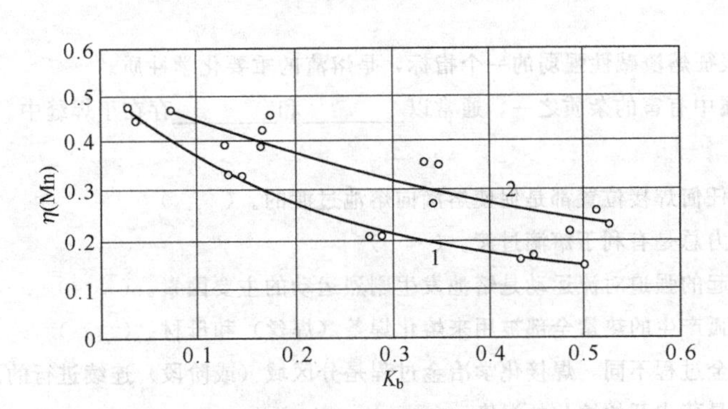

图 2-28 锰的过渡系数与药皮重量系数的关系

（药皮中大理石与氟石的比例为 1.27∶1）

1—含锰铁 20%；2—含锰铁 50%

池所通过的平均路程增长，使在渣中残留量和氧化损失也有所增加。为提高 η 值，可采用双层药皮，里面一层主要加合金剂；外层加造气和造渣剂及脱氧剂。

用黏结焊剂进行埋弧焊时，合金元素的过渡系数随焊剂熔化率（熔化的焊剂质量与熔化的焊丝质量之比）的增加而减小，而焊剂熔化率与焊接参数有关。电弧电压增加，焊剂熔化率增大。极性变化也影响焊剂熔化率，直流反接时，焊丝是阳极，温度比直流正接时高，焊剂的熔化量也比直流正接时大，焊剂熔化率增加。

综合训练

一、填空题

1. 焊条电弧焊时，加热与熔化焊条的热量来自于三个方面：焊接电弧传给焊条的________；焊接电流通过焊芯时产生的________和焊条药皮组分之间的________。

2. 在熔滴的形成、长大及过渡的过程中，根据熔滴上的作用力来源不同，常见的作用力有________、________、________、________和________。

3. 埋弧焊时，电弧在焊剂层下燃烧，属于________保护。

4. 焊条电弧焊有三个反应区：________、________和________。

5. 根据焊接熔渣的成分，可以把熔渣分为________、________、________三大类。________熔渣多用于焊接有色金属。

6. 焊接熔渣中的氧化物按其性质可以分为三类：________、________和________。

7. 按照熔渣黏度随温度下降时变化率不同，熔渣可分为________与________。随温度降低黏度增加缓慢的，因为凝固所需时间长，叫做________；而随温度减低黏度迅速增加的，叫做________。

8. 从目前的经验看，________是控制氮的最有效措施，其他的方法都有一定的局限性。

9. 焊接时，氢主要来源于____________________，________________，__________和________________等。

10. 一般认为，钢焊缝中的________约占总含氢量的80%～90%，是造成氢危害的主要部分，显著影响接头的性能。

11. 熔渣对焊缝金属的氧化有两种基本形式，即________和________。

12. 脱氧反应是分阶段或区域进行的，按其进行的方式和特点有________、________和______________三种方式。

13. 焊接低碳钢及低合金钢时，常用______________和______________作为沉淀脱氧的脱氧剂。

14. ________是表征熔渣碱性强弱的一个指标，是熔渣的重要化学性质。

15. 硫是焊缝金属中有害的杂质之一，通常以________和________存在于焊缝中。

二、判断题

1. 熔滴的重力在任何焊接位置都是促使熔滴向熔池过渡的。(　　)

2. 电弧的气体吹力总是有利于熔滴过渡。(　　)

3. 表面张力所引起的强迫对流运动是熔池发生剧烈运动的主要因素。(　　)

4. 电弧焊时，电弧产生的热量全部被用来熔化焊条（焊丝）和母材。(　　)

5. 与普通化学冶金过程不同，焊接化学冶金过程是分区域（或阶段）连续进行的。(　　)

6. 熔渣的熔点就是药皮开始熔化的温度。(　　)

7. 熔渣与焊缝金属的线膨胀系数差值越小，脱渣性越好。(　　)

8. 酸性焊条一般用锰作脱氧剂；碱性焊条用硅锰联合脱氧，不单独用硅进行脱氧。(　　)

9. 在CO_2气体保护焊施工中，为了防止产生气孔、减少飞溅，焊丝中必须含有适量的Si、Mn等元素，以达到脱氧的目的。(　　)

10. 碱性熔渣脱硫、脱磷的效果比酸性熔渣好。(　　)

11. 焊条电弧焊时，焊接参数的变化对焊缝成分变化影响不大。(　　)

12. 严格控制焊接原材料的含硫、磷量是限制焊缝金属含硫、磷量的主要措施。(　　)

13. 在焊接化学冶金中，常用的脱硫剂是锰及熔渣中的碱性氧化物。(　　)

14. 通常，熔合比随焊接电流的增加而增加，随电弧电压、焊接速度的增加而减小。(　　)

15. 在焊缝中加入能形成稳定氮化物的元素，如Ti、Al、Zr等，可以抑制或消除时效脆化现象。(　　)

16. 由于Ti、Si对氧化物的亲和力比Mn大，所以在酸性焊条中，常用Ti、Si来脱氧而不用Mn来脱氧。(　　)

17. 若其他条件相同，则合金元素的氧化物与熔渣的酸碱性相同时，有利于提高其过渡系数；反之，则降低其过渡系数。(　　)

三、简答题

1. 什么是熔滴及熔滴过渡？熔滴过渡的形式有哪几类？
2. 什么是焊接熔池？引起熔池金属运动的主要原因有哪些？
3. 简述焊接冶金三个反应区的特点、关系及各个区在化学冶金过程中的作用。
4. 什么是焊接熔渣？其作用有哪些？
5. 简述焊接区内气体的来源和组成。
6. 氮对焊接质量有何影响？控制氮的措施有哪些？
7. 氢对焊接质量有何影响？控制氢的措施有哪些？
8. 氧对焊接质量有何影响？控制氧的措施有哪些？
9. 选择脱氧剂的原则是什么？
10. 为什么用碱性焊条焊接时对焊前清理要求更严格些？
11. 焊缝中硫、磷的危害是什么？控制硫、磷的措施有哪些？
12. 为什么要进行焊缝金属的合金化？焊缝金属合金化的方式有哪些？
13. 什么是合金元素的过渡系数？其影响因素有哪些？

第三章 焊缝的组织和性能

知识目标

1. 掌握焊缝金属一次结晶和二次结晶的过程及特点；
2. 理解焊缝金属的偏析和低合金钢焊缝的固态相变；
3. 掌握改善焊缝组织与性能的方法。

能力目标

1. 正确区分焊缝金属的一次结晶过程和铸锭金属的结晶过程；
2. 根据实际情况，采取合理的措施来改善焊缝金属的组织与性能。

焊接过程中，熔池金属在经历了一系列化学冶金反应后，随着热源的离开温度迅速下降，熔池金属开始凝固（结晶）形成焊缝，并在继续冷却中发生固态相变。由于熔池的冶金条件和冷却条件不同，因此，由熔池凝固形成焊缝的这一焊接结晶过程对焊缝金属的组织和性能具有重大影响。同时，有许多缺陷是在熔池结晶过程中产生的，如气孔、夹杂、偏析和结晶裂纹等。而且，焊接过程处于非平衡的热力学条件，因此焊缝金属在结晶过程中会产生许多晶体缺陷，如空位、间隙原子、位错以及晶界等。这些缺陷的存在都严重影响焊缝金属的性能。因此，分析和讨论焊缝金属的结晶过程以及组织和性能变化的规律，对于控制焊缝质量，防止焊接缺陷具有重要意义。

第一节 焊缝金属的一次结晶

焊缝金属由液态转变为固态的凝固过程称为焊缝金属的一次结晶。焊缝金属的一次结晶过程服从于金属结晶的普通规律，即实际结晶温度总是低于理论结晶温度，其结晶过程是在有一定过冷度的条件下才能进行。此外，焊缝金属的结晶过程也是由晶核的形成和晶核的长大两个基本过程组成。但是焊接热循环的特殊条件，对焊缝金属的结晶过程产生明显的影响，因此，讨论焊缝金属的结晶规律时必须结合焊接热循环的特点和具体的焊接工艺条件。

一、焊缝金属一次结晶的特点

与铸锭金属结晶相比，焊缝金属一次结晶具有如下特点。

（1）熔池体积很小。在电弧焊条件下，熔池的体积最大不过几十立方厘米，液态金属质量不超过 100g。而铸锭可达几吨甚至几十吨重。

（2）温度不分布均匀。熔池中部处于热源中心，为过热状态，过热度很大。电弧焊时温度可达 2000℃，而边缘则是过冷的液体金属，温度略低于母材的熔点（对于一般的钢来说为 1500℃左右），因此熔池的温度梯度大，温度分布不均匀。

(3) 冷却速度大。由于熔池体积小，周围又被冷金属包围，所以熔池的冷却速度很大，平均冷却速度约为 4～100℃/s，而铸锭的平均冷却速度，根据尺寸不同约为 $(3\sim150)\times10^{-4}$℃/s，由此可见，熔池的平均冷却速度比铸锭的平均冷却速度大几百甚至上万倍。

(4) 熔池处在运动状态。熔焊时，熔池随热源的移动，使熔化和结晶过程同时进行，即熔池的前半部是熔化过程，后半部是结晶过程。同时随着焊条的连续进给，熔池中不断有新的金属补充和搅拌进来。另外，由于熔池内部气体的外逸、焊条摆动、气体的吹力等产生的搅拌作用使熔池处于运动状态下结晶。熔池的运动，有利于气体、夹杂物的排除，也有利于得到致密性良好的焊缝。

(5) 以熔化的母材为基础进行结晶。与铸锭不同，焊缝与母材之间不存在空气隙，熔池边缘母材的原始结晶状态对焊缝结晶过程与组织有明显的影响。

二、焊缝金属一次结晶的过程

焊缝金属一次结晶的过程也是由晶核的形成和晶核的长大两个过程组成。焊接熔池中形成的晶核有两种，自发晶核和非自发晶核。现代结晶理论指出，结晶必须在过冷条件下才能进行，过冷度越大，就越有利于结晶的进行，可以说过冷度是生成晶核的动力学条件。但在焊接熔池这种非常过热的条件下，在开始结晶过程时，液态金属自发形核的可能性是极其微小的，特别是在过热度最大的熔池中心区域尤其困难。实际上，在临近熔池边界的区域，虽然过热度较低，均匀成核的可能性也是不大的。所以熔池中的结晶主要以非自发晶核为主。熔池开始结晶的非自发晶核有两种，一种是合金元素或杂质的悬浮质点，这种晶核一般情况下所起的作用不大；另一种是主要的，就是依附在熔合区附近加热到半熔化状态母材金属的晶粒表面形成晶核，结晶就是从这里开始，即熔池的结晶是以母材半熔化状态的晶粒的表面为晶核并长大。

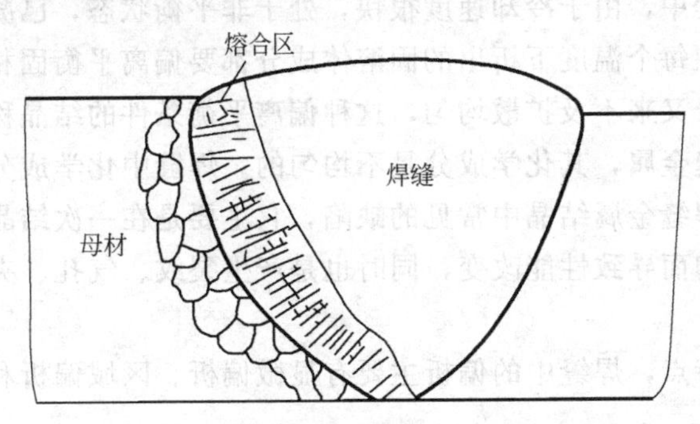

图 3-1　熔合区母材晶粒上成长的柱状晶

焊缝金属的一次结晶是从母材半熔化状态的晶粒开始，朝着散热反方向以柱状晶的形式向熔池中心生长，如图 3-1 所示。因此，焊缝实际上是母材晶粒的延伸，二者之间不存在界面，从而使焊缝与母材具有共同的晶粒而形成一个整体。这种依附于母材半熔化状态晶粒开始长大的结晶方式，叫做联生结晶（交互结晶或外延结晶），如图 3-2 所示。焊缝边界则称为熔合线。联生结晶是熔焊最重要、最本质的特征，它决定了熔焊具有密封性好、强度高等一系列优点。

焊接熔池的一次结晶过程如图 3-3 所示。焊接熔池中的晶体总是朝着与散热方向相反的方向长大。当晶体的长大方向与散热最快的反方向一致时，此方向的晶体长大最快。由于熔

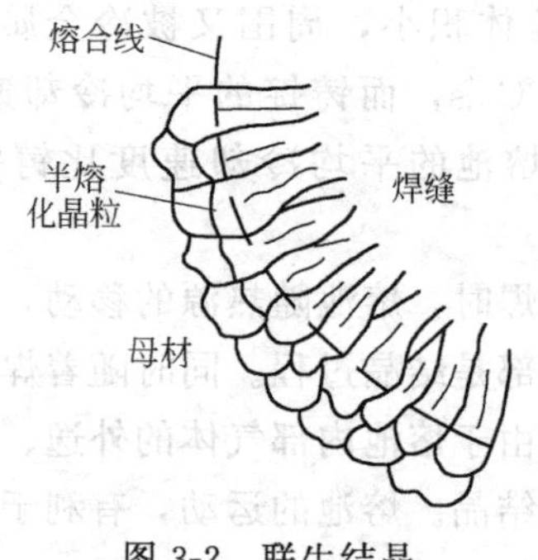

图 3-2 联生结晶

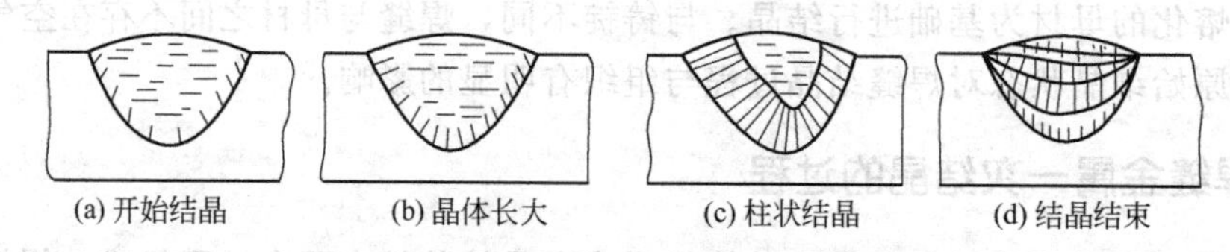

图 3-3 焊缝金属一次晶界过程示意图

池最快的散热方向是垂直于熔合线的方向指向金属内部，所以晶体的成长方向总是垂直于熔合线指向熔池中心，因而形成了柱状结晶。当柱状晶体不断地长大至互相接触时，焊接熔池的一次结晶宣告结束。

焊缝金属的一次结晶从熔合线附近开始形核，以联生结晶的形式呈柱状向熔池中心长大，得到柱状晶组织，最终形成焊缝。由于熔池体积小，冷却速度高，一般电弧焊条件下焊缝中得不到等轴晶粒。

三、焊缝金属的偏析

在熔池结晶的过程中，由于冷却速度很快，处于非平衡状态，已凝固的焊缝金属中化学成分来不及扩散，而在每个温度下析出的固溶体成分都要偏离平衡固相线所对应的成分，同时先后结晶的固相成分又来不及扩散均匀，这种偏离平衡条件的结晶称为不平衡结晶。在不平衡结晶下得到的焊缝金属，其化学成分是不均匀的。焊缝中化学成分分布不均匀的这种现象称为偏析。偏析是焊缝金属结晶中常见的缺陷，它主要是在一次结晶时产生的，它的产生不仅因化学成分不均匀而导致性能改变，同时也是产生裂纹、气孔、夹杂物等焊接缺陷的重要原因之一。

根据焊接过程的特点，焊缝中的偏析主要有显微偏析、区域偏析和层状偏析三种。

1. 显微偏析

显微偏析发生于晶粒内部，偏析范围很小，又叫做显微偏析。根据金属结晶理论可知，合金的凝固过程是在一定的温度范围内进行的。而在连续冷却的过程中，先后结晶的合金成分不同。一般来讲，先结晶的固相中溶质（合金元素）含量较低，而后结晶的固相则溶质含量较高，并富集了较多的杂质。钢的焊缝中形成显微偏析的原因与铸锭基本相同，都是因为树显微在长大过程中先后析出的组分不同，而又来不及扩散的结果。在焊接条件下，熔池冷却速度比铸锭高得多，形成显微偏析的可能性更大。冷却后柱状晶中心晶轴部分合金元素的含量低于平均含量，而在晶界处出现浓度最大值，如图 3-4 所示。二者的差值越大，表明偏析程度越严重。

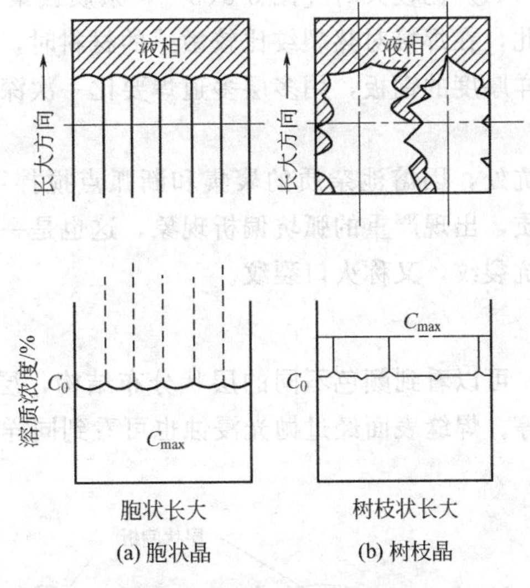

(a) 胞状晶　　(b) 树枝晶

图 3-4　显微偏析示意图

影响显微偏析的主要因素是金属的化学成分。金属的化学成分不同，其结晶区间大小就不同。一般情况下，合金元素的含量越高，结晶区间越大，就越容易产生显微偏析。对于低碳低合金钢而言，碳及合金元素的含量都比较低，固液相温度差较小，其结晶区间不大，显微偏析并不严重；而高碳钢、合金钢焊接时碳及合金元素的含量都比较高，因其结晶区间大，显微偏析很严重，常会引起热裂纹等焊接缺陷，所以，高碳钢、合金钢等焊接后常进行扩散及细化晶粒的热处理来消除显微偏析。

晶粒形状和尺寸对显微偏析也有影响，树枝晶界的偏析较胞状晶界的偏析严重；较细的晶粒晶界面积增大，偏析分散，偏析程度减弱。因此，从减少偏析角度考虑，也希望得到细晶粒的胞状晶。

2. 区域偏析

区域偏析是指在整个焊缝范围内化学成分不均匀的现象。由于偏析的范围比较大，区域偏析又叫做宏观偏析。如图 3-5 所示。它的产生是在焊接熔池结晶时，由于柱状晶体的不断长大和推移把杂质推向熔池中心，使熔池中心的杂质浓度比其他部位大很多，从而造成在整个焊缝截面上杂质成分明显不均匀。

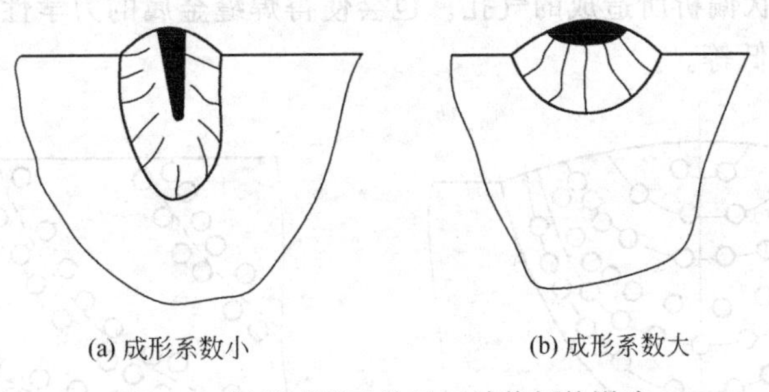

(a) 成形系数小　　(b) 成形系数大

图 3-5　焊缝成形系数对区域偏析的影响

杂质的集中使得焊缝的横截面中心出现低性能的区域，特别是当焊缝成形系数（B/H）比较小时［图 3-5(a)］，杂质集中在焊缝中心，在横向拉应力作用下就会造成焊缝沿纵向开裂；而当焊缝成形系数（B/H）比较大时［图 3-5(b)］，杂质偏聚于焊缝上部，这种焊缝具有较强的抗热裂能力。因此，在焊接对热裂纹比较敏感的材料时，选择焊接参数应考虑对焊缝成形系数的要求。如同样厚度的钢板，用多层多道焊要比一次深熔焊的焊缝抗热裂纹的能力强得多。

另外，焊缝末端的弧坑处，因熔池杂质的聚集和断弧点搅拌不够强烈等综合作用的结果，使弧坑处有较多的杂质，出现严重的弧坑偏析现象，这也是一种区域偏析。弧坑偏析易在弧坑处引起裂纹，称弧坑裂纹，又称火口裂纹。

3. 层状偏析

焊缝断面经浸蚀之后，可以看到颜色不同的层状分布结构，层状线与熔合线轮廓相似，各层基本平行，但距离不等。焊缝表面经过抛光浸蚀也可看到同样的层状线，层状线的示意图如图 3-6 所示。

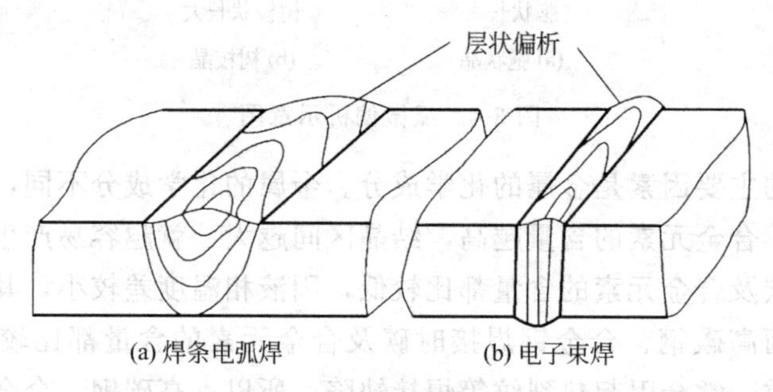

(a) 焊条电弧焊　(b) 电子束焊

图 3-6　焊缝中的层状偏析

焊接过程中焊接熔池始终处于气流和熔滴金属的脉动作用下，所以无论是金属的流动或热量的供应和传递，都具有脉动性。同时，结晶潜热的释出，造成结晶过程周期性的停顿，这些都使晶体的生长速度出现周期性的增加和减小，晶体长大速度的变化可引起结晶前沿液体金属中杂质浓度的变化，从而形成周期性的偏析现象，即层状偏析。溶质浓度不同的区域对浸蚀剂的反应不同，浸蚀后的颜色也就不一样。溶质浓度最高的区域颜色最深，溶质为平均浓度区域颜色较淡，较宽的浅淡色区域则为溶质贫乏区。

层状偏析的存在，说明焊缝的凝固速度在周期性变化，但造成变化的原因，目前尚未完全认识清楚。同时，层状偏析对焊缝质量的影响也有待于进一步的研究。现已发现，层状偏析不仅造成焊缝性能不均匀，而且由于一些有害元素的聚集，易于产生裂纹和层状分布的气孔。图 3-7 所示为层状偏析所造成的气孔。也会使得焊缝金属的力学性能不均匀，耐蚀性下降，以及断裂韧性降低等。

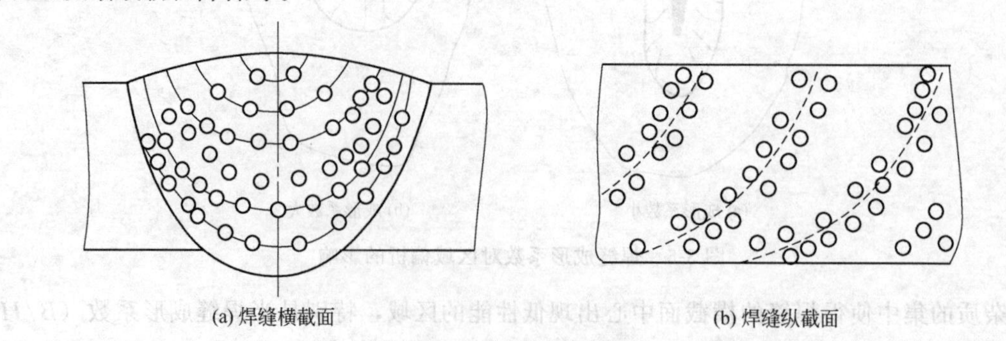
(a) 焊缝横截面　(b) 焊缝纵截面

图 3-7　由层状偏析造成的密集气孔示意图

第二节 焊缝金属的固态相变（二次结晶）

焊接熔池完全凝固时，处于高温状态，随着连续冷却过程的进行，即从高温到室温，对于钢铁材料来说，焊缝金属将发生固态相变。一次结晶后，熔池液态金属转变为固态焊缝。焊接熔池结晶后得到的组织叫做一次组织。对大多数的钢焊缝来说，一次组织是奥氏体。高温的焊缝固态金属冷却到室温还要经过一系列固态相变，即二次结晶。一般情况下，焊缝金属的固态相变遵循一般钢铁固态相变的基本规律。焊缝的二次结晶组织即为室温组织，二次结晶组织对焊缝的性能起决定性作用；而二次结晶组织主要取决于焊缝金属的化学成分和冷却速度。这里仅根据焊接的特点和钢铁材料成分的不同进行概要地分析。

一、低碳钢焊缝的固态相变

对于低碳钢焊缝来说，其一次组织是高温奥氏体。由于含碳量低，二次结晶组织一般为铁素体+少量珠光体。其中铁素体首先沿着原奥氏体柱状晶晶界析出，可以勾画出一次组织的轮廓。当焊缝在高温停留时间较长而在固态相变的温度下冷却速度又比较高时，铁素体可能从奥氏体晶粒内部按一定方向析出，以长短不一的针状或片状直接插入珠光体晶粒中，而形成魏氏体组织。魏氏体组织的塑性和韧性比正常的铁素体+珠光体要低些。如图 3-8 所示为低碳钢焊缝的魏氏组织。低碳钢焊缝中铁素体与珠光体的比例与平衡状态亦有较大区别，冷却速度越快，珠光体所占比例越大，组织越细，硬度也随之上升。如当焊缝的冷却速度为10℃/s 时，珠光体在焊缝中所占的体积百分数为 35%，硬度为 185HV；而当冷却速度为110℃/s 时，珠光体在焊缝中所占的体积百分数上升为 62%，硬度为 228HV。因此，当焊缝与母材的成分完全相同时，焊缝的强度、硬度均高于母材。为保证焊缝与母材的力学性能相匹配，要求焊缝中的含碳量低于母材。

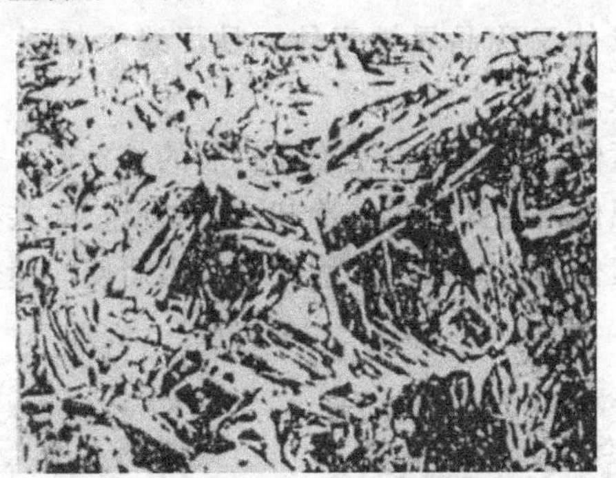

图 3-8 低碳钢焊缝的魏氏组织

低碳钢焊缝中的铁素体与珠光体的比例随冷却速度而变化。冷却速度越高，珠光体比例越大，与此同时，组织细化，硬度上升，见表 3-1。

表 3-1 低碳钢焊缝冷却速度对组织和硬度的影响

冷却速度/(℃/s)	焊缝组织(体积分数)/%		焊缝硬度 HV
	铁素体	珠光体	
1	82	18	165
5	79	21	167

续表

冷却速度/(℃/s)	焊缝组织(体积分数)/%		焊缝硬度 HV
	铁素体	珠光体	
10	65	35	185
35	61	39	195
50	40	60	205
110	38	62	228

二、低合金钢焊缝的固态相变

低合金钢焊缝的固态相变比较复杂，随着母材的化学成分、焊接材料和冷却条件的不同，不仅可能发生铁素体和珠光体转变，有些钢中还会发生贝氏体或马氏体转变。当母材强度不高时（如Q295、Q345），焊缝中的碳和合金元素均接近于低碳钢，焊缝的二次结晶组织通常为铁素体＋珠光体。而当母材是热处理强化钢时，焊缝中合金元素的种类及数量较多，淬透性也相应提高，这时一般不会发生珠光体转变，随着冷却速度不同，二次结晶组织可以是铁素体＋贝氏体、铁素体＋马氏体或单一的马氏体。一般焊接用高强度钢，含碳量都比较低（$w_C \leqslant 0.18\%$），得到的低碳马氏体或下贝氏体都有较高的韧性。而当冷却速度很慢时，析出较多的粗大铁素体反而使焊缝性能下降。

1. 铁素体转变

近年来的大量研究表明，低合金钢焊缝中的铁素体具有比较复杂的形态，对焊缝金属性能的影响比较明显。目前较为公认的是按其形态特征和出现的部位分为先共析铁素体、侧板条铁素体、针状铁素体和细晶铁素体。

（1）先共析铁素体（Proeutectoid Ferrite，简称 PF） 具备以下特点。

形成条件：先共析铁素体又称晶界铁素体，是焊缝冷却到770～680℃的较高温区内，沿奥氏体晶界首先析出的铁素体。

形态特征：先共析铁素体的形态可以是沿晶扩展的长条形，也可以是沿晶分布的块状多边形。合金含量越低，高温停留时间越长，冷却速度越慢，先共析铁素体的数量越多。

性能影响：先共析铁素体为低屈服点的脆性相，因而使焊缝金属的韧性降低。

其组织如图3-9所示。

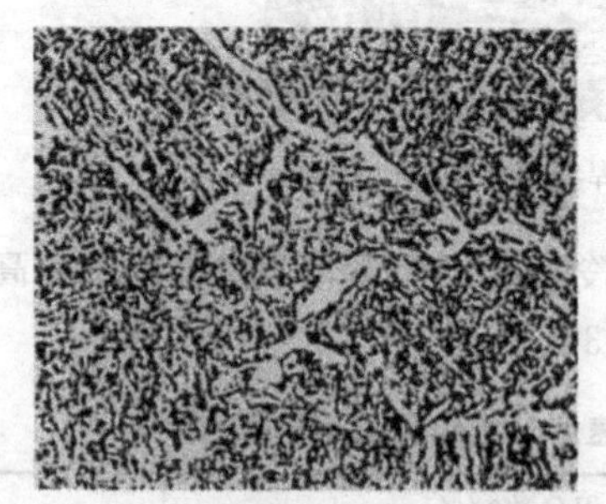
(a) SM53C钢焊缝的晶界条状铁素体(600×)

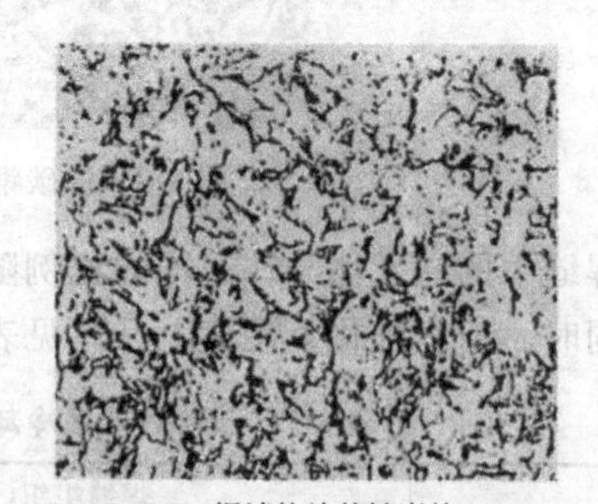
(b) 15MnVN焊缝的块状铁素体(400×)

图3-9 先共析铁素体形态示意图

（2）侧板条铁素体（Ferrite Side Plate，简称 FSP） 具备以下特点。

形成条件：侧板条铁素体又称无碳贝氏体，是焊缝冷却到 700～550℃的较宽温区内，从先共析铁素体的侧面以板条状向原奥氏体晶内生长的铁素体。

形态特征：侧板条铁素体的形态呈现镐牙状，长宽比在 20 以上。

性能影响：侧板条铁素体内部的位错密度比先共析铁素体高，使焊缝金属的韧性显著降低。

其组织如图 3-10 所示。

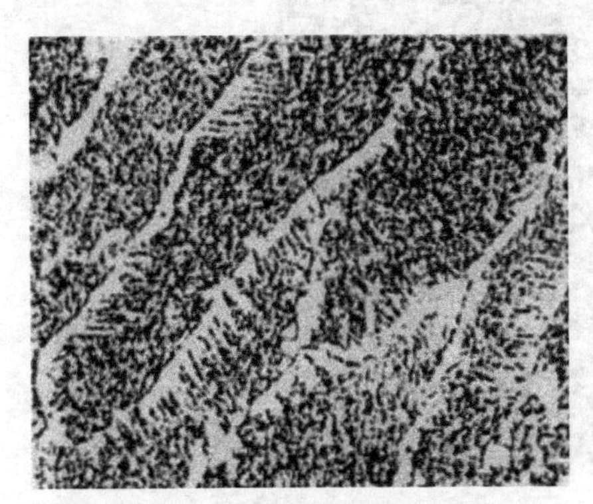

(a) 15MnVN 钢焊缝 (160×)

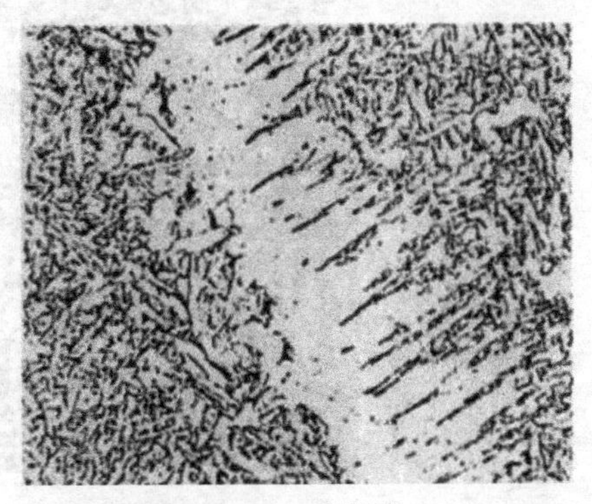

(b) 15MnVN 钢焊缝 (400×)

图 3-10 侧板条铁素体示意图

(3) 针状铁素体（Acicular Ferrite，简称 AF） 具备以下特点。

形成条件：针状铁素体是在 500℃附近的中等冷却速度下，在原奥氏体晶内以针状生长的铁素体。

形态特征：针状铁素体宽度约为 2μm，长宽比在 3～5 之间，常以某些弥散氧化物或氮化物质点为核心放射性成长，使形成的针状铁素体相互制约而不能自由成长。

性能影响：针状铁素体内部的位错密度更高，位错之间相互缠结，分布也不均匀，但对于屈服强度低于 550MPa、硬度在 175～225HV 之间的焊缝来讲，针状铁素体的增加可显著改善焊缝金属的韧性。

其组织如图 3-11 所示。

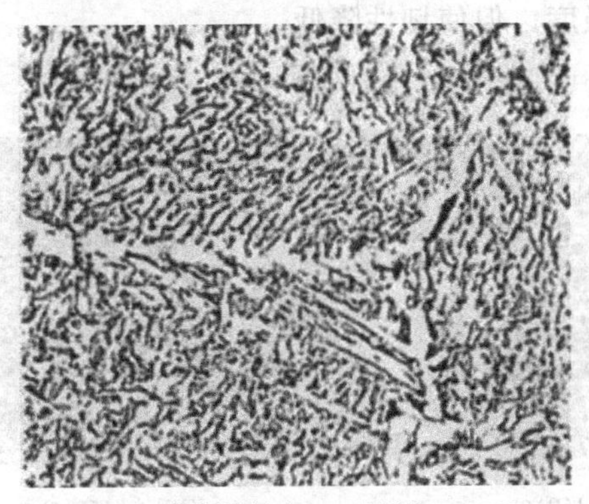

(a) 15MnVN 钢焊缝晶内 AF(晶界为 PF)(500×)

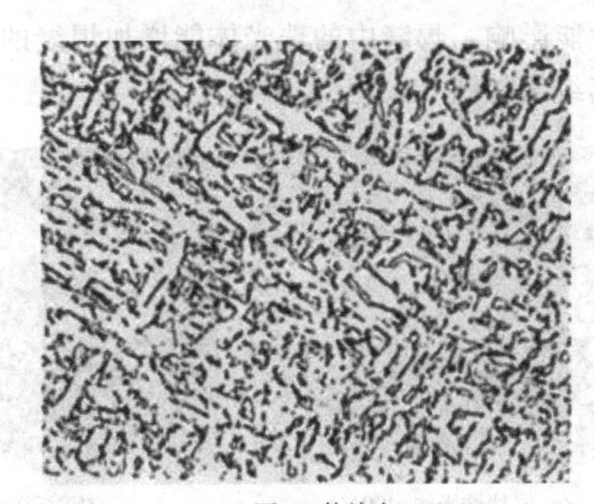

(b) (a) 图 AF 的放大 (800×)

图 3-11 针状铁素体示意图

(4) 细晶铁素体（Fine Grain Ferrite，简称 FGF） 具备以下特点。

形成条件：细晶铁素体又称贝氏铁素体，是在有细化晶粒的元素（如钛、硼等）存在且在稍低于500℃的温度下，在原奥氏体晶内形成的晶粒尺寸较小的铁素体。

形态特征：细晶铁素体是介于铁素体与贝氏体之间的转变产物，晶粒细小，且在细晶之间有珠光体和渗碳体析出。

性能影响：细晶铁素体因其晶粒细小而对焊缝的强度和韧性具有较好的作用。

其组织如图3-12所示。

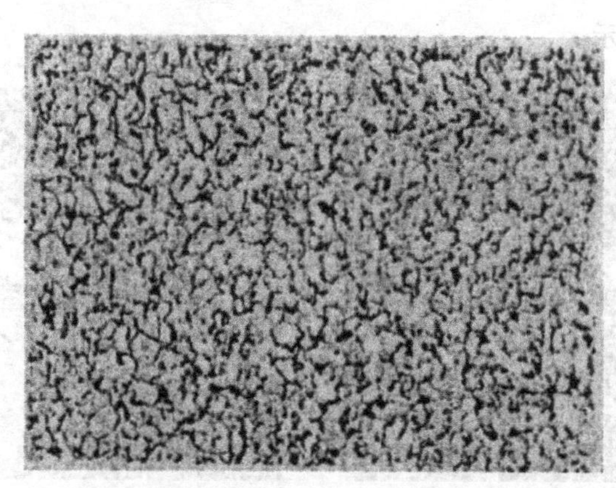

图3-12 16Mn钢焊缝中的细晶粒铁素体（有少量珠光体）(400×)

2. 珠光体转变

焊接条件下的固态相变属于非平衡相变。一般情况下，低合金钢焊缝中很少会发生珠光体转变，只有在冷却速度很低的情况下（预热、缓冷和后热），才能得到少量的珠光体。

形成条件：珠光体是低合金钢在接近平衡状态下，在 Ac_1～550℃温区内发生扩散相变的产物。在焊接的非平衡状态下，原子不能充分扩散，抑制了珠光体转变。只有在预热、缓冷及后热等使冷速变得极其缓慢的情况下，才能在焊缝中形成少量的珠光体。

形态特征：珠光体是铁素体和渗碳体的层状混合物，在不平衡的冷却条件下，随着冷却速度的提高，珠光体转变温度下降，其层状结构也越来越密。根据层片的细密程度可分为层状珠光体（P）、粒状珠光体和细珠光体。其中，粒状珠光体又称托氏体（T），而细珠光体又称索氏体（S）。

性能影响：焊缝中的珠光体能增加焊缝的强度，但使韧性降低。

其组织如图3-13所示。

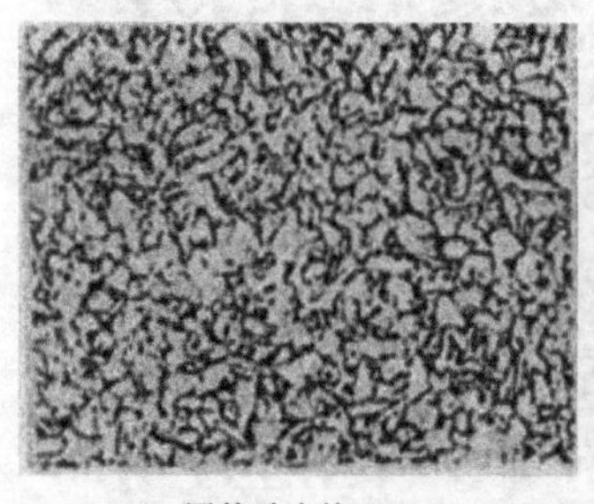

(a) 层状珠光体(400×)

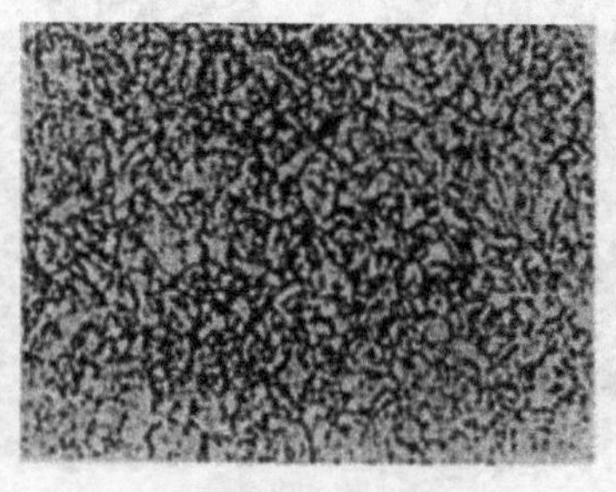

(b) 托氏体(150×)

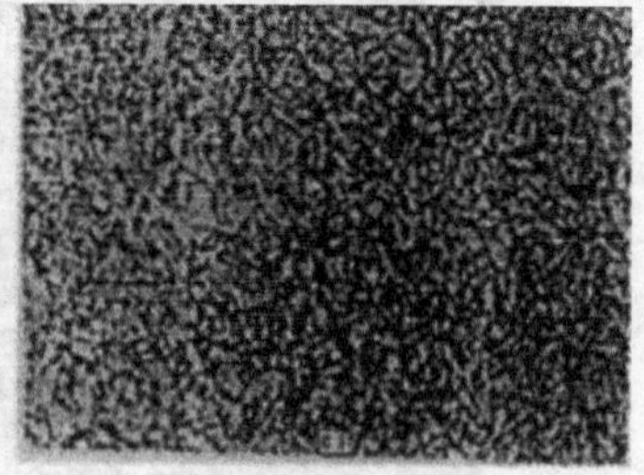

(c) 索氏体(150×)

图3-13 珠光体示意图

3. 贝氏体转变

当冷却速度较高或过冷奥氏体更为稳定时，珠光体转变被抑制而出现贝氏体转变。贝氏体转变发生在550℃～Ms之间。贝氏体组织的转变机理十分复杂，在焊接条件下，低合金钢的贝氏体转变更为复杂，会出现许多非平衡条件下的过渡组织。按贝氏体形成的温度区间及其特性来分，可分为上贝氏体和下贝氏体。

(1) 上贝氏体 $B_{上}$　其特点如下。

形成温区：550～450℃。

形态特征：呈羽毛状沿原奥氏体晶界析出，其内的平行条状铁素体间分布有渗碳体。

性能影响：强度和韧性较差，一般不希望得到。

(2) 下贝氏体 $B_{下}$　其特点如下。

形成温区：450℃～Ms左右。

形态特征：许多针状铁素体和针状渗碳体机械混合，针与针之间成一定的角度，铁素体内还分布有碳化物颗粒。

性能影响：下贝氏体中铁素体针成一定交角，碳化物弥散析出于铁素体内，使得裂纹不易穿过，因而具有良好的强度和韧性。

(3) 粒状贝氏体或条状贝氏体等　其特点如下。

形成条件：在稍高于上贝氏体转变温度且中等冷却速度下形成的。

形态特征：块状铁素体上分布有富碳的马氏体和残余奥氏体，即M-A组元。

粒状贝氏体：当M-A组元以粒状分布在块状铁素体上时对应的组织。

条状贝氏体：当M-A组元以条状分布在块状铁素体上时对应的组织。

岛状马氏体：粒状贝氏体中的M-A组元也称岛状马氏体，其硬度高，在载荷下可能开裂或在相邻铁素体薄层中引起裂纹而使焊缝韧性下降。

其组织如图3-14所示。

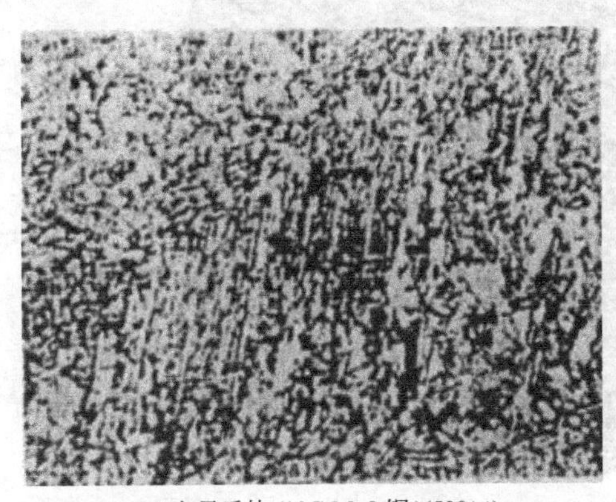

(a) 上贝氏体(10CrMo9钢)(500×)

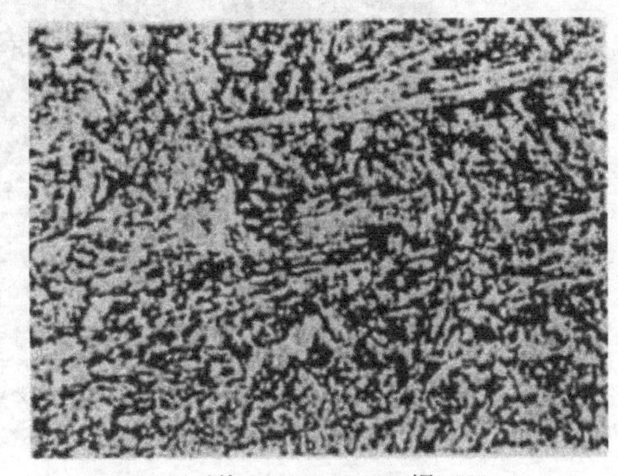

(b) 下贝氏体(12CrMoVSiTiB钢)(300×)

图3-14　贝氏体示意图

4. 马氏体转变

在快速冷却条件下，过冷奥氏体保持到Ms点以下，就会发生无扩散型的马氏体转变。马氏体实质上是碳在α-Fe中的过饱和固溶体，借助于过饱和的碳而强化，按含碳量的高低，又可分为板条马氏体和片状马氏体。

(1) 板条马氏体　具备以下特点。

形态特征：在低碳、低合金焊缝中形成，其特征是在原奥氏体晶粒内部形成具有一定交角的马氏体板条，每个马氏体板条内部是平行生长的束状细条。板条马氏体含碳量低，板条内存在许多位错，因而又称低碳马氏体或位错马氏体。

性能影响：板条马氏体具有较高的强度和良好的韧性，是综合性能最好的一种马氏体。

(2) 片状马氏体　具备以下特点。

形态特征：一般出现在含碳量较高（≥0.4%）的焊缝中，显著特点是马氏体片相互不平行，有些可能贯穿整个奥氏体晶粒。片状马氏体含碳量高，且片与片之间相互不平行，因此又称高碳马氏体或针状马氏体。

性能影响：片状马氏体具有较高的硬度，但是很脆，容易使得焊缝产生冷裂纹。因此不希望焊缝中出现这种组织。

其组织如图 3-15 和图 3-16 所示。

(a) 板条马氏体 (500×)

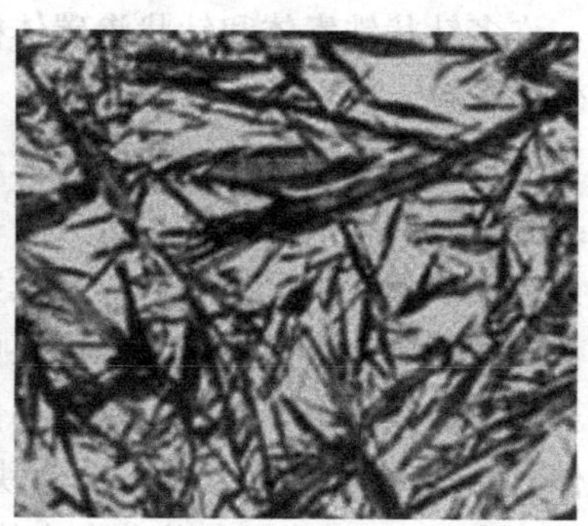
(b) 片状马氏体 (500×)

图 3-15　马氏体示意图

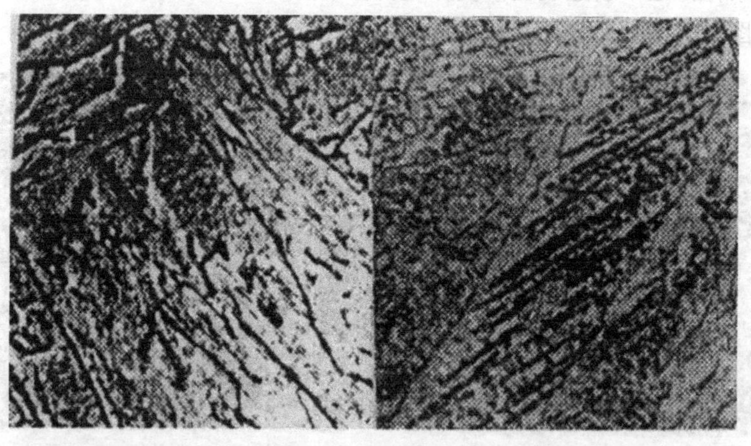
(a) 板条马氏体 (8000×)　(b) 片状马氏体 (20000×)

图 3-16　电镜下马氏体的形态

第三节　焊缝组织与性能的改善

从前面的讨论可以知道，构成焊缝金属的化学成分不同，其力学性能也不一样；具有同样化学成分的焊缝金属，由于结晶组织的不同，其性能也会有很大的差异，即焊缝的性能取决于焊缝金属的化学成分与组织形态。为此，改善焊缝的性能就应从调整焊缝金属化学成分和控制结晶组织两方面入手。

一、改善焊缝金属一次组织的方法

1. 变质处理

在液态金属中加入某些合金元素，使结晶过程发生明显变化，从而达到晶粒细化的方法称为变质处理。

变质处理是改善焊缝金属一次组织的有效方法之一。焊接时通过焊接材料（焊条、焊丝或焊剂）向金属熔池中加入少量合金元素，这些元素一部分固溶于基体组织（如铁素体）起固溶强化作用；另一部分则以难熔质点（大多为碳化物或氮化物）的形式形成结晶核心，增加晶核数量使晶粒细化，从而较大幅度的提高焊缝金属的强度和韧性，有效改善焊缝金属的力学性能。目前常用的合金元素有 Mo、V、Ti、Nb、B、Zr、Al 及稀土元素等。变质处理对改善焊缝的一次结晶组织十分有效。例如，E5015MoV 焊条，就是在原来 E5015 焊条的基础上，在药皮中再加入少量的钼铁和钒铁，它具有更高的抗裂性能。

由于微量元素在焊缝中作用的规律比较复杂，其中不仅有元素本身的作用，而且还有不同元素之间的相互影响。各种元素在不同合金系统的焊缝中都存在一个对提高韧性的最佳含量，同时多种元素共存时并不是简单的迭加关系。这些问题至今还没有一个统一的结论和理论上比较圆满的解释。因此，目前变质剂的最佳含量都是通过反复实验得出的经验数据。此外，变质剂加入的方式、减少变质剂在电弧高温下的烧损等问题，也有待于进一步解决。

2. 振动结晶

振动结晶是通过不同途径使熔池产生一定频率的振动，打乱柱状晶的方向并对熔池产生强烈的搅拌作用，从而使晶粒细化，消除气孔并改善焊缝金属的性能。常用的振动方法有机械振动、超声波振动和电磁振动。

（1）机械振动　振动频率在 10kHz 之内属于低频振动，一般都是采用机械的方式实现的（振动器加在焊丝或工件上），振幅一般在 2mm 以下。这种振动可使熔池中成长的晶粒受机械的振动力而被打碎，同时也可以对熔池金属产生强烈的搅拌作用，不仅使成分均匀，还可以使气泡和夹杂物快速逸出。

（2）超声波振动　又称高频超声振动。利用超声波发生器可得到 20kHz 以上的振动频率，但振幅只有 10^{-4}mm。这种振动对改善焊缝熔池一次结晶，消除气孔、夹杂物等比低频振动更为有效。

（3）电磁振动　这种方法是利用强磁场使合金熔池中液态金属产生强烈的搅拌，使成长着的晶粒不断地受到“冲洗”造成切应力。其一方面可使晶粒细化，另一方面可以打乱结晶方向，改善结晶形态。电磁振动可以采用交流磁场，也可以采用直流磁场，但都必须保证磁力线穿过合金熔池，一般采用交流磁场比较多。

振动结晶虽试验研究多年，但因受设备条件的限制，广泛用于生产尚有一定困难。

二、改善焊缝金属二次组织的方法

1. 锤击坡口或焊道表面

锤击坡口表面或多层焊层间金属可使金属表面的晶粒破碎，熔池以打碎的晶粒为基面形核、长大，从而使后层焊缝凝固时晶粒细化，并改善焊缝金属的组织与性能。此外，逐层锤击焊缝表面，还可以起到减少或消除残余应力的作用。

对于一般碳钢和低合金钢焊缝，多采用风铲锤击，锤头圆角以 1～1.5mm 为宜，锤痕深度为 0.5～1.0mm，锤击焊缝的方向及顺序如图 3-17 所示。

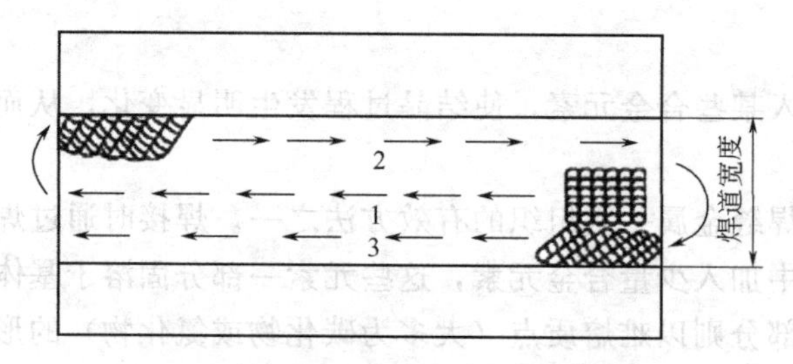

图 3-17 锤击焊缝的方向及顺序

2. 预热和焊后热处理

预热可降低焊接接头区域的温差，减小焊接热影响区的淬硬倾向。预热也有利于焊缝中氢的逸出，降低焊缝中的含氢量，防止冷裂纹的产生。

要求严格的焊接结构，焊后需进行热处理。焊后热处理是指焊后为改善焊接接头的组织与性能或消除残余应力而进行的热处理。按热处理工艺不同，焊后热处理可分别起到改善组织、性能、消除残余应力和消除扩散氢的作用。焊后热处理的方法主要有高温回火、消除应力退火、正火和调质处理。具体的选用应根据母材的成分、焊接材料、产品的技术条件及焊接方法而定。有些产品（如大型的或在工地上装焊的结构）进行整体热处理有困难，也可采用局部热处理。

3. 多层焊

多层焊一方面由于每层焊缝变小而改善了凝固结晶条件，更主要的是后一层焊缝的热量对前一层焊缝具有附加热处理（相当于正火或回火）的作用，前一层焊缝对后一层焊缝有预热作用，从而改善焊缝金属的组织与性能。

应当指出，多层焊接对于焊条电弧焊的效果较好，因为每一焊层的热作用可以达到前一焊层的整个厚度。而埋弧焊时，由于焊层厚度较厚（6～10mm），后一焊层的热作用只能达到 3～4mm 深处，而不能对整个焊层截面起到后热作用。

4. 跟踪回火

所谓跟踪回火，就是在焊完每道焊缝后用气焊火焰在焊缝表面跟踪加热，加热温度为 900～1000℃，可对焊缝表层下 3～10mm 深度范围内不同深度的金属起到不同的热处理作用。以焊条电弧焊为例，每一层焊缝的厚度平均为 3mm，跟踪回火对表层下不同深度金属的热作用分别为：最上层（0～3mm）加热温度为 900～1000℃，相当于正火处理；中间深度为 3～6mm 的一层加热温度为 750℃左右，相当于高温退火；最下层（深度为 6～9mm），则相当于进行 600℃左右的回火处理。这样，除了表面一层外，每层焊道都相当于进行了一次焊后正火及不同次数的回火，组织与性能将有明显改变。

跟踪回火使用中性焰，将焰心对准焊道作“Z”形运动，火焰横向摆动的宽度大于焊缝宽度 2～3mm，如图 3-18 所示。另外，对于大型结构或补焊件，采用跟踪回火还可以显著提高熔合区的韧性。

5. 调整焊接参数

实践证明，当功率 P 不变时，增大焊速 v 可使焊缝晶粒细化；当热输入 E 不变时同时

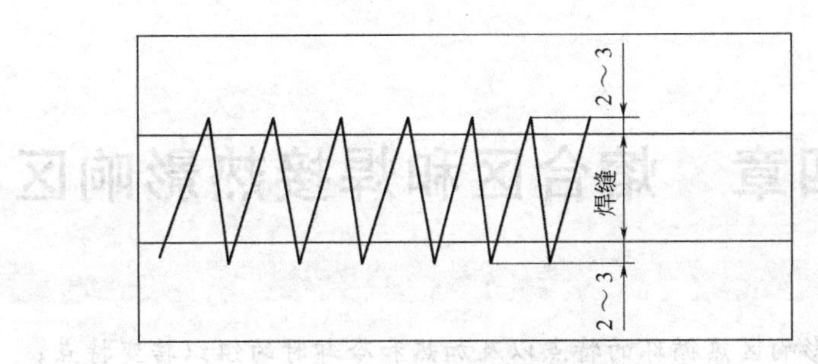

图 3-18 跟踪回火运行轨迹

提高 P 和 v，也可使焊缝晶粒细化。此外，为了减少熔池过热，在埋弧焊时可向熔池中送进附加的冷焊丝，或在坡口面预置碎焊丝。

综合训练

一、填空题

1. 焊缝金属由液态转变为固态的凝固过程称为焊缝金属的________。

2. 焊缝金属的一次结晶从________附近开始形核，以________的形式呈柱状向熔池中心长大，得到________组织，最终形成焊缝。

3. 弧坑偏析易在弧坑处引起裂纹，称为________。

4. 高温的焊缝固态金属冷却到室温还要经过一系列固态相变，称为焊缝金属的________。

5. 低碳钢焊缝的室温结晶组织一般为________。

6. 低合金钢焊缝的固态相变比较复杂，随着母材的化学成分、焊接材料和冷却条件的不同，不仅可能发生________和________转变，有些钢中还会发生________或________转变。

7. 焊缝金属一次结晶的过程是由________和________两个过程组成。

二、判断题

1. 一般情况下，合金元素的含量越低，结晶区间越大，就越容易产生显微偏析。(　　)

2. 一般来讲，先结晶的固相含溶质的浓度较低，即先结晶的固相比较纯。(　　)

3. 焊缝成形系数是熔焊时，在单道焊缝横截面上焊缝计算厚度与焊缝宽度之比值。(　　)

4. 焊缝成形系数小的焊道焊缝宽而浅，不易产生气孔、夹渣和热裂纹。(　　)

5. 熔焊时，焊缝的组织是柱状晶。(　　)

6. 气孔、夹杂、偏析等缺陷大多是在焊缝金属的二次结晶时产生的。(　　)

7. 在实际生产中，除自熔焊接和不加填充材料的焊接外，焊缝均由熔化的母材和填充金属组成。(　　)

8. 由于熔池体积小，周围又被冷金属包围，所以熔池的冷却速度很大。(　　)

9. 焊缝的一次结晶组织即为室温组织，一次结晶组织对焊缝的性能起决定性作用；而一次结晶组织主要取决于焊缝金属的化学成分和冷却速度。(　　)

10. 锤击坡口表面或多层焊层间金属可使金属表面的晶粒破碎，改善焊缝金属的二次组织与性能。(　　)

三、简答题

1. 什么叫联生结晶？它给焊接带来哪些优点？

2. 什么是偏析？焊缝的偏析有几种？它们形成的原因是什么？

3. 简述焊缝金属一次结晶的特点。

4. 改善焊缝金属一次组织和二次组织的方法有哪些？

第四章　熔合区和焊接热影响区

知识目标

1. 了解焊接热影响区热循环的特点以及加热和冷却时的组织转变特点；
2. 了解熔合区和热影响区组织与性能的特点；
3. 掌握改善焊接热影响区组织与性能的途径。

能力目标

1. 正确区分焊接热影响区的热循环与热处理的热过程；
2. 根据实际生产条件，采取合理的措施来改善焊接热影响区的组织与性能。

熔化焊时，不仅焊缝金属在焊接热源作用下会发生从熔化到固态相变等一系列变化，受焊接热传递的影响，焊缝两侧未熔化的母材以及熔合区也将发生不同的组织变化，这些均会对焊接接头的性能产生较大影响。

第一节　焊接熔合区

熔合区是焊接接头中焊缝与母材交界的过渡区。在焊接接头横截面低倍组织图中可以看到焊缝的轮廓线，如图 4-1 所示，这就是通常所说的熔合线。而在显微镜下可以发现，这个所谓的熔合线实际上是具有一定宽度的、熔化不均匀的半熔化区。

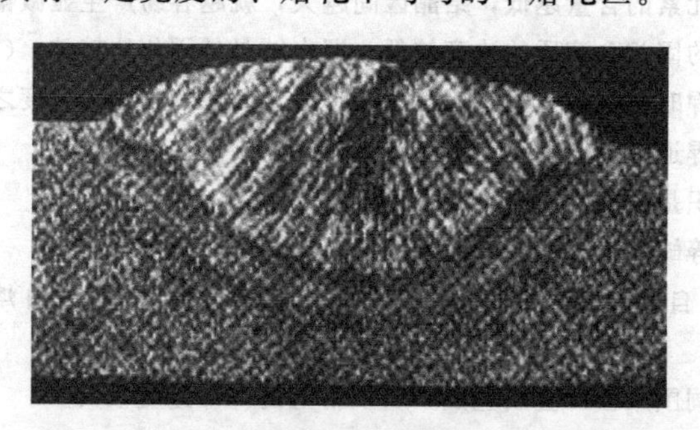

图 4-1　焊接接头的低倍组织

大量实践证明，熔合区是整个焊接接头的薄弱环节，其化学成分、微观组织和力学性能极不均匀。许多焊接结构的失效，常常是因熔合区的某些缺陷（如冷裂纹、再热裂纹等）而引起的。

一、熔合区形成的原因

熔合区是由于母材坡口表面复杂的熔化情况形成的。首先，即使焊接参数保持稳定，由于电弧吹力的变化和金属熔滴过渡，都使传播到母材表面的热量随时发生变化，造成母材熔化不均匀。其次，由于母材表面晶粒的取向各不相同而熔化程度不同，其中取向与导热方向一致的晶粒熔化较快。图 4-2 中阴影线部分代表已熔化的部分，其中 1、3、5 等晶粒的取向有利于导热而熔化较多，2、4 晶粒则熔化较少。此外，母材各点的溶质分布（即化学成分）实际上不均匀，会使各点的实际熔化温度与理论熔化温度存在不同的差值，使实际熔化温度低于熔池温度的部分熔化，高于熔池温度的部分则不熔化。最后的结果就形成了固-液两相交错并存的半熔化区，即熔合区。

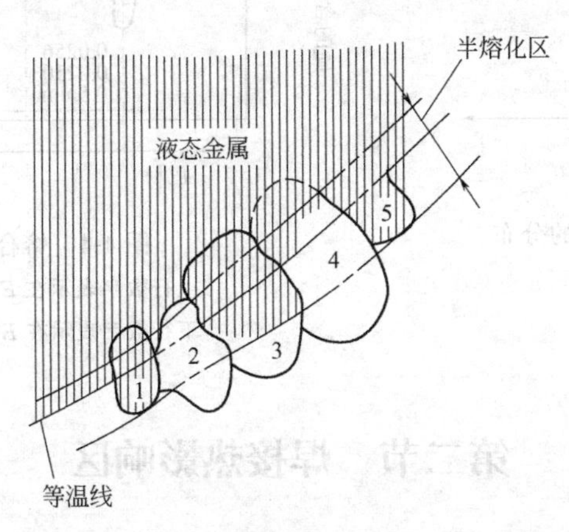

图 4-2 熔合区附近晶粒熔化的情况

熔合区范围很窄，其宽度取决于母材液相与固相之间的温度差（碳钢与低合金钢约在 40℃）、母材的热物理性质和组织状态等。在电弧焊条件下，低碳钢和低合金钢熔合区的宽度约在 0.133～0.5mm；奥氏体不锈钢的熔合区宽度约为 0.06～0.12mm。

二、熔合区的特征

焊接熔合区的主要特征是存在着严重的化学不均匀性和物理不均匀性，是造成其成为焊接接头薄弱部位的主要原因。

1. 化学不均匀性

一般来说，钢中的合金元素及杂质在液相中的溶解度都大于在固相中的溶解度。因此，在熔池凝固过程中，随着固相的增加，溶质原子必然要大量地堆积在固相前沿的液相中。特别是开始凝固时，高温析出的固相比较纯，这种堆积更加明显。这样在固-液交界的地方溶质的浓度将发生突变，如图 4-3 所示。图中实线表示固-液并存时溶质浓度的变化，虚线表示熔池完全凝固后的情况。说明了在凝固过程中堆积在固相前沿的液相中的溶质，来不及扩散到液相中心，而将不均匀的分布状态保留到凝固以后。

熔合区的这种化学不均匀性的程度与溶质原子的性质有关。在凝固后的冷却过程中，扩散能力较强的元素还有可能在浓度梯度的推动下由焊缝向母材扩散，使化学不均匀性有所缓和。如同种钢在焊接时，碳的扩散能力强，在凝固后仍可扩散而趋于均匀，完全冷却后没有明显的偏析；而硫、磷等扩散能力弱的元素，凝固后浓度变化很小，保留了较严重的偏析，熔合区硫的分布如图 4-4 所示。

2. 物理不均匀性

熔合区在不平衡加热时，还会出现位错与空位等结晶缺陷的聚集或重新分布，形成物理不均匀性。其中空位的重新分布对金属的抗裂能力将有很大影响，常常可能成为焊接接头延迟裂纹形成的主要原因。

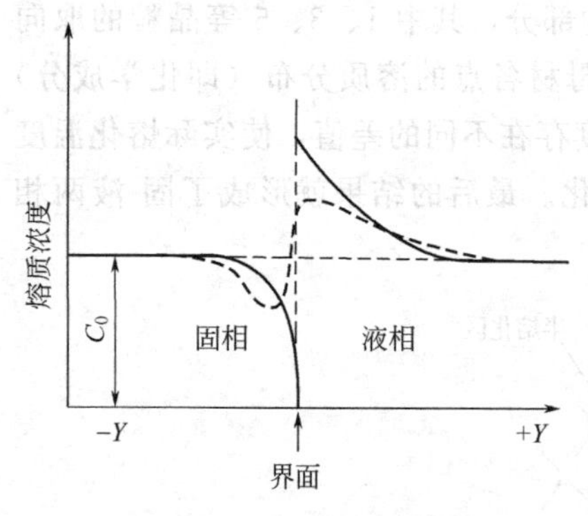

图 4-3 固液界面溶质浓度的分布

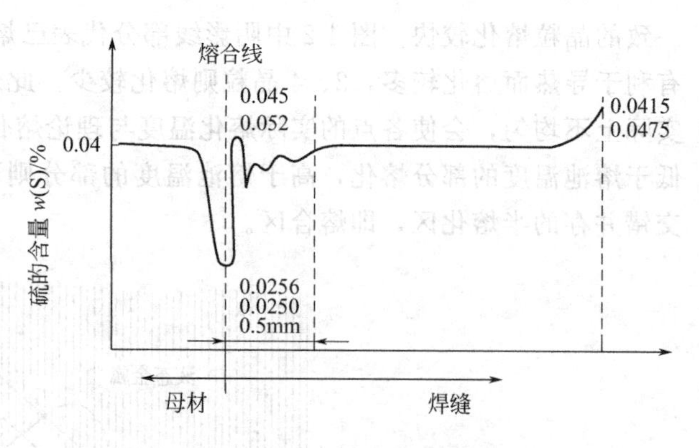

图 4-4 熔合区中硫的分布

上行数字表示在 $E=11760\text{J/cm}$ 条件下

下行数字表示在 $E=23940\text{J/cm}$ 条件下

第二节 焊接热影响区

在焊接过程中，焊缝两侧未熔化的母材受热的影响而发生组织和性能变化的区域称为焊接热影响区（英文缩写为 HAZ)。

在焊接技术发展初期，所用金属材料主要是低碳钢，焊接热影响区一般不会出现问题，因此焊接质量主要取决于焊缝质量。随着生产规模和焊接技术的发展，焊接所涉及材料的品种不断扩大，不仅大量应用了低合金高强度钢、高合金特殊钢，还用了铝、铜、钛等非铁金属及其合金。这些材料大多对加热敏感，有些化学性质还相当活泼，因此，在焊接热源作用下，热影响区的组织与性能将发生较大的变化，甚至会产生严重的缺陷。随着钢材强度与厚度的增加，热影响区脆化倾向增大，产生焊接缺陷的可能性增加。因此，焊接质量不仅决定于焊缝，而且还决定于焊接热影响区。

一、焊接热影响区组织变化的特点

1. 焊接热影响区热循环的特点

在熔化焊时，由于加热的瞬时性和局部性，使焊缝附近的母材都经历了特殊的热循环过程，从而影响到组织转变的过程及其进行的程度。焊接热影响区所经历的组织变化过程与焊缝不同，而与热处理相似，其在加热和冷却过程中都发生了组织变化。然而，热影响区的焊接热循环与热处理相比具有一定特殊性，主要表现在以下几点。

（1）加热温度高　对大多数钢材，熔合区附近的母材最高加热温度可达 1400℃左右，而热处理时，加热温度仅略高于 Ac_3。

（2）加热速度快　热处理时为了保证加热均匀，减小热应力，对加热速度作了较严格的限制。而熔化焊时，为了迅速达到局部熔化，所采用的加热速度比热处理时要快得多，往往超过几十倍，甚至几百倍。

（3）高温停留时间短　焊接时，热影响区的温度因热源移动而随时间变化。焊接热影响区在高温停留的时间很短，如焊条电弧焊时只有十几秒；埋弧焊时要长些，也仅为 20～100s。而在热处理时，可根据产品与工艺要求对保温时间加以控制。

(4) 局部加热 热处理时，工件大都是在炉中整体加热，而焊接时，只是局部加热，并且随热源的移动，被加热的区域也随之移动，造成各点的温度随时间与位置而变化。这种复杂的温度场，是热影响区组织不均匀及复杂应力状态形成的根本原因。

(5) 自然条件下的连续冷却 在热处理时，可以根据需要来控制冷却速度或在冷却过程中的不同阶段进行保温。而在焊接时，在不采取缓冷或保温措施的条件下，焊接热影响区的冷却都属于自然条件下的连续冷却。同时由于温度分布极不均匀，冷速必然很高。此外，冷却过程还要受到焊接参数、产品结构等诸多因素的影响。

热影响区组织转变的基本原理和规律与热处理时一样，但由于焊接热循环的特点，使得热影响区组织转变具有一定的特殊性。因此，必须将金属相变的普遍规律与焊接热循环的特点相结合，才能正确掌握焊接热影响区组织转变的情况。

2. 焊接加热时热影响区的组织转变特点

(1) 使相变温度升高 由金属学原理知道，加热时由珠光体、铁素体转变为奥氏体的过程属于扩散型相变，需要一定的孕育期才能完成。焊接加热过程中的组织转变不同于平衡状态，由于加热速度快，来不及完成扩散过程所需的孕育期，必然会引起实际加热相变温度（Ac_1、Ac_3）高于理论平衡相变温度（A_1、A_3），相变过程滞后。加热速度越快，Ac_1 和 Ac_3 越高，相变滞后越严重。加热速度对相变温度的影响见表 4-1，可以看出，随着加热速度提高，Ac_1 与 Ac_3 均上升，而且二者的差值增大。

表 4-1 加热速度对相变温度 Ac_1、Ac_3 的影响

钢种	相变点	平衡温度/℃	加热速度 v_H/(℃/s)				Ac_1、Ac_3 值的变化量/℃		
			6～8	40～50	250～300	1400～1700	40～50	250～300	1400～1700
45	Ac_1	730	770	775	790	840	45	60	110
	Ac_3	770	820	835	860	950	65	90	180
40Cr	Ac_1	735	735	750	770	840	15	35	105
	Ac_3	780	775	800	850	940	25	75	165
23Mn	Ac_1	735	750	770	785	830	35	50	95
	Ac_3	830	810	850	890	940	40	60	110
30CrMnSi	Ac_1	740	740	775	825	920	15	85	180
	Ac_3	790	820	835	890	980	45	100	190
18Cr2WV	Ac_1	800	800	860	930	1000	60	130	200
	Ac_3	860	860	930	1020	1120	70	160	260

当钢中含有碳化物形成元素（Cr、W、Mo、V、Ti、Nb 等）时，由于它们的扩散速度小（比碳小 1000～10000 倍），而且本身还阻止碳的扩散，因而大大减慢了奥氏体的转变过程，加热速度对相变温度的影响更大，Ac_1、Ac_3 提高更显著，如表 4-1 中 18Cr2WV 钢。

(2) 影响奥氏体均质化程度 焊接的快速加热不利于元素扩散，使得已形成的奥氏体来不及均匀化。加热速度越高，高温停留的时间越短，不均匀的程度就越严重。这种不均匀的高温组织，将影响冷却过程的组织转变。

3. 焊接冷却时热影响区的组织转变特点

(1) 使相变温度降低 在奥氏体均质化相同的情况下，随着焊接冷却速度的加快，钢铁材料的相变温度降低。也就是说，焊接冷却过程中的组织转变也不同于平衡状态的组织转变，转变过程会被推迟到更低温度。同时，在快冷的条件下，共析成分也发生变化，甚至得

到非平衡状态的伪共析组织。

这种组织转变特点也是因为奥氏体向铁素体或珠光体转变是由扩散过程控制的结果。同时，由于奥氏体均质化程度受到焊接加热过程的影响，因此，焊接加热时热影响区的组织转变特点对冷却时的转变有明显影响。即使是同一材料，尽管冷却速度相同，但因高温组织不完全相同，冷却后的室温组织并不一样。

(2) 马氏体转变临界冷速发生变化　在焊接热循环的作用下，一方面，熔合线附近的晶粒因过热而粗化，增加了奥氏体的稳定性，使淬硬倾向增大；另一方面，钢中的碳化物形成元素只有充分溶解在奥氏体的内部，才能增加奥氏体的稳定性（即增加淬硬倾向）。很显然，在热处理条件下，可以有充分的时间使碳化物形成元素溶解。而在焊接条件下，由于加热速度快、高温停留时间短，这些合金元素不能充分地溶解在奥氏体中，因此降低了奥氏体的稳定性，使淬硬倾向降低。由于这两方面的共同作用，使冷却过程中马氏体转变临界冷速发生变化，从而影响冷却后的室温组织。

受焊接热循环的影响，焊接冷却时热影响区的组织转变特点不仅与等温转变不同，也与热处理条件下连续冷却组织转变不同。焊接冷却时热影响区的组织转变，可应用焊接 CCT 图来分析。

4. 焊接 CCT 图

CCT 图最早用于热处理工艺，经多年实践已积累了丰富的图谱资料。但由于焊接热循环的特点，借用热处理的 CCT 图来研究焊接接头的固态相变，其结果往往与实际情况有较大出入，难以获得准确的结论。

焊接 CCT 图即焊接连续冷却组织转变曲线图，其测定方法有热模拟法和就地实测法。热模拟法是将一定尺寸的试件快速加热到焊接热循环的最高加热温度，然后以不同冷速冷却，记录冷却曲线及相变开始和终了点，并描绘在温度-时间坐标平面上。用模拟绘制的热影响区 CCT 图，叫做模拟 HAZ 连续冷却组织转变图（SHCCT 图）。就地实测法是在实际的焊接接头上进行测量后绘制而成。两种方法中热模拟法应用最多。

焊接 CCT 图又分为焊接热影响区 CCT 图和焊缝 CCT 图两种，其中热影响区 CCT 图应用比较广泛。

实用的焊接热影响区 CCT 图一般都是按奥氏体化温度 $t_A=1350℃$ 的条件下绘制的。这是因为加热峰值温度为 1350℃ 的部位往往是整个接头的薄弱环节。Q345（16Mn）钢焊接热影响区的 CCT 图如图 4-5 所示。图中曲线①～⑩表示不同的冷却速度，坐标平面由各个转变点的连线划分为几个区域，连线与冷却速度曲线交点处的数字表示在该冷却速度下相应组织的百分比。利用焊接热影响区 CCT 图，可以根据冷却速度比较方便地预测焊接热影响区的组织和性能，也可以根据预期的组织来确定所需的冷却速度，从而来选择焊接参数、预热条件和编制焊接工艺。因此，国内外都很重视这项工作，常在新钢种投产前就测定出该钢种的焊接热影响区 CCT 图。

二、焊接热影响区的组织

在焊接接头热影响区上各部位所经历的热循环决定了该部位的组织和性能。由于热影响区上各部位距离焊缝的远近不同，因此各部位所经历的热循环也不同，所得到的组织也就不同。此外，热影响区组织和性能的分布还取决于化学成分。根据钢种的热处理特性，把焊接用钢分为两类：一类是淬火倾向较小的钢种，如低碳钢和某些低合金钢（16Mn、15MnV、

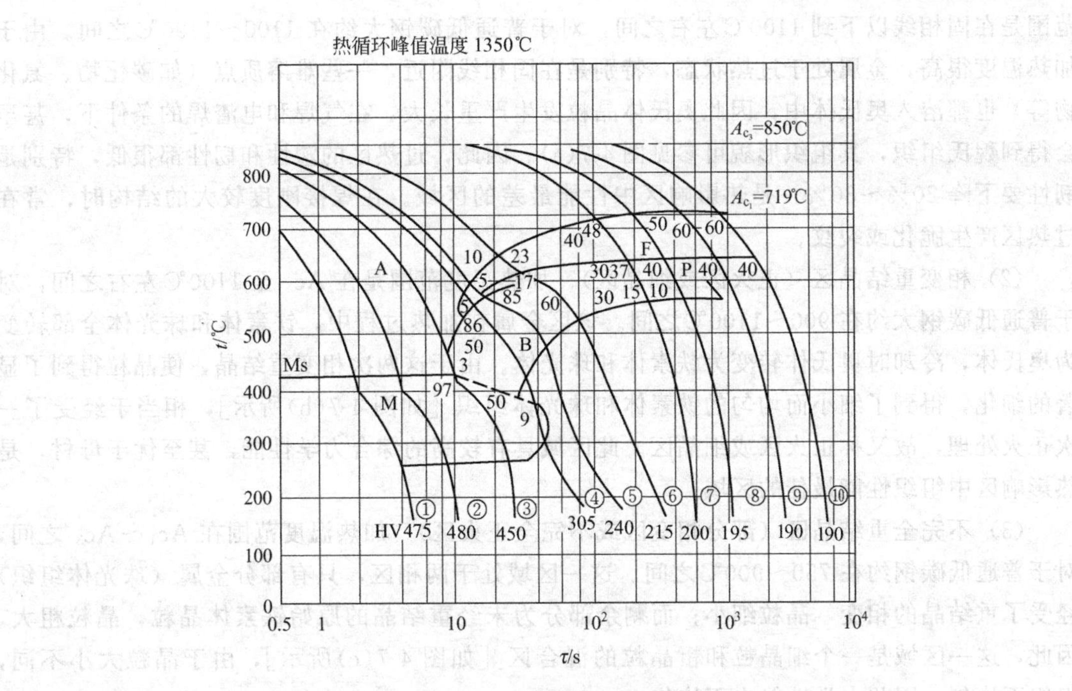

图 4-5 Q345（16Mn）钢焊接热影响区的 CCT 图

17MnTi 等），称为不易淬火钢；另一类是淬硬倾向较大的钢种，如中、高碳钢，低、中碳调质合金钢等，称为易淬火钢。由于淬火倾向不同，这两类钢焊接热影响区的组织也不同，下面分别进行讨论。

1. 不易淬火钢焊接热影响区的组织

不易淬火钢的焊接热影响区一般由过热区、相变重结晶区、不完全重结晶区和再结晶区组成，如图 4-6 所示。当母材为热轧态或退火态时，热影响区中没有再结晶区。

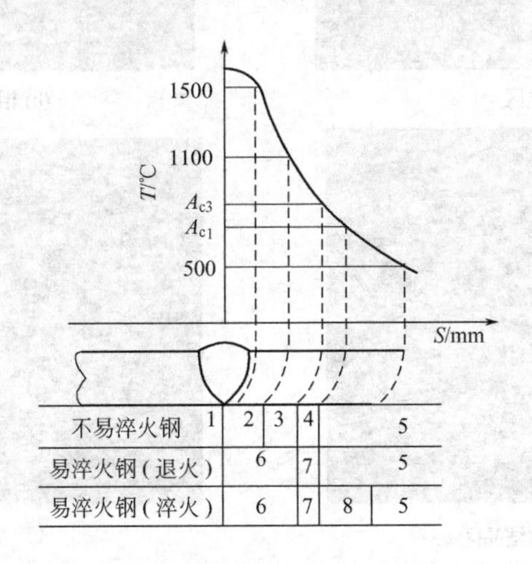

图 4-6 焊接热影响区组成示意图

1—熔合区；2—过热区；3—相变重结晶区；4—不完全重结晶区；

5—母材；6—完全淬火区；7—不完全淬火区；8—回火区

（1）过热区（粗晶区） 此区域紧邻熔合区，具有过热组织或晶粒明显粗化，加热温度范围是在固相线以下到1100℃左右之间，对于普通低碳钢大约在1100～1490℃之间。由于加热温度很高，金属处于过热状态，特别是在固相线附近，一些难溶质点（如碳化物、氮化物等）也都溶入奥氏体中，因此奥氏体晶粒发生严重长大，在气焊和电渣焊的条件下，甚至会得到魏氏组织，其组织形貌可参见图4-7(a)。因此，过热区的塑性和韧性都很低，特别是韧性要下降20%～30%，是热影响区中性能最差的区域。在焊接刚度较大的结构时，常在过热区产生脆化或裂纹。

（2）相变重结晶区（正火区或细晶区） 加热温度范围是在Ac_3至1100℃左右之间，对于普通低碳钢大约在900～1100℃之间。该区金属在加热过程中，铁素体和珠光体全部转变为奥氏体，冷却时奥氏体转变为铁素体和珠光体。由于这两次相变重结晶，使晶粒得到了显著的细化，得到了细小而均匀的铁素体和珠光体组织［如图4-7(b)所示］，相当于经受了一次正火处理，故又称正火区或细晶区。此区域具有较高的综合力学性能，甚至优于母材，是热影响区中组织性能最佳的区域。

（3）不完全重结晶区（部分相变区或不完全正火区） 加热温度范围在Ac_1～Ac_3之间，对于普通低碳钢约在750～900℃之间。这一区域处于两相区，只有部分金属（珠光体组织）经受了重结晶的相变，晶粒细小；而剩余部分为未经重结晶的原始铁素体晶粒，晶粒粗大。因此，这一区域是一个细晶粒和粗晶粒的混合区［如图4-7(c)所示］，由于晶粒大小不同，组织不均匀，因此力学性能也不均匀。

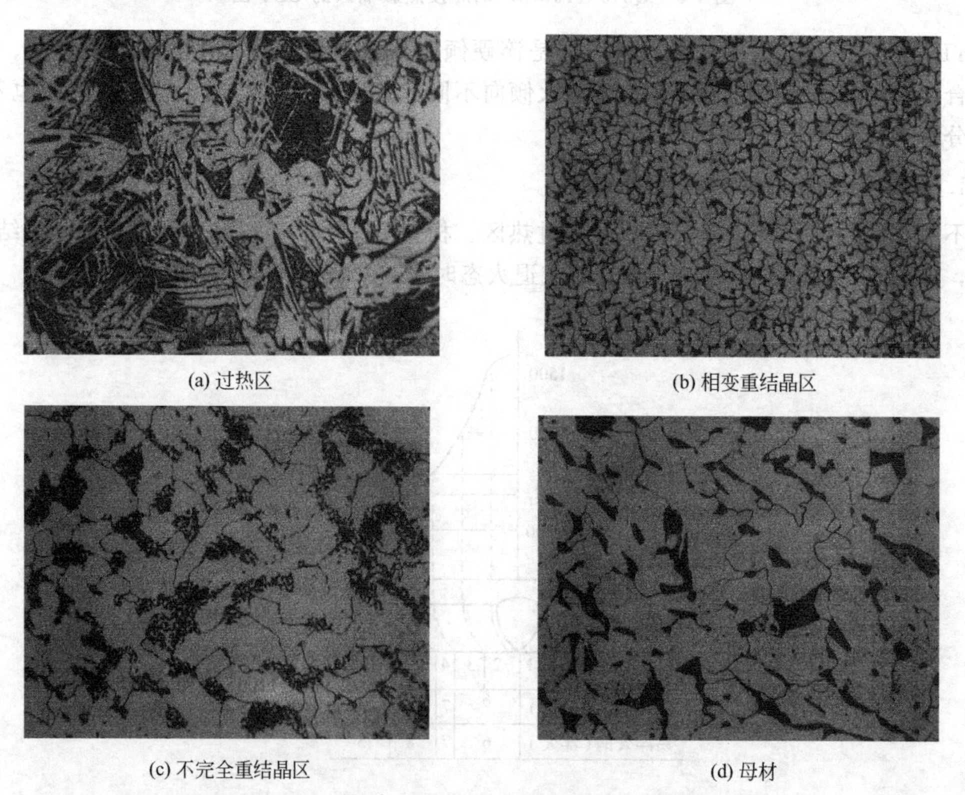

(a) 过热区　(b) 相变重结晶区　(c) 不完全重结晶区　(d) 母材

图4-7　Q235A钢焊接热影响区的金相组织（226×）

（4）再结晶区　如果母材在焊接前经过冷作塑性变形（如冷轧钢板），其内部组织沿变形方向形成拉长及破碎的晶粒，则在焊接时，加热到500℃～Ac_1之间，会出现一个明显的再结晶区。低碳钢再结晶区的组织为等轴铁素体晶粒加少量珠光体，使这一区域的力学性能恢复到冷作变形前的状态，即强度、硬度低，塑性、韧性良好。如果焊前母材为未经过冷作塑性变形的热轧态或退火态钢板，那么在热影响区内就不会出现这一区域。

2. 易淬火钢焊接热影响区的组织

易淬火钢焊接热影响区的组织分布与母材焊前的热处理状态有关，如图 4-6 所示。当母材为调质状态时，热影响区由完全淬火区、不完全淬火区和回火区组成；当母材为热轧、退火或正火状态时，热影响区只由完全淬火区和不完全淬火区组成。

(1) 完全淬火区　加热温度范围在固相线和 Ac_3 之间，与不易淬火钢的过热区和正火区相对应。加热时该区全部变为奥氏体，冷却时由于淬硬倾向较大，奥氏体转变为淬火组织(马氏体)。在靠近焊缝附近（相当于低碳钢的过热区），由于晶粒严重粗化，故得到粗大的马氏体，而在相当于正火区的部位得到细小的马氏体。此外，由于线能量和冷却速度的不同，还可能得到少量的贝氏体。因此，完全淬火区的组织特征是粗细不同的马氏体与少量贝氏体的混合组织，它们同属于马氏体类型。此区域的硬度和强度较高，塑性和韧性较低；尤其是粗晶马氏体区塑性和韧性严重下降。

(2) 不完全淬火区　加热温度范围在 Ac_1～Ac_3 之间，相当于不易淬火钢的不完全重结晶区。焊接加热时，铁素体基本不发生变化，珠光体、贝氏体等转变为奥氏体。在随后快冷时，奥氏体转变为马氏体；原铁素体保持不变，但有所长大，最后形成马氏体-铁素体的组织，故称不完全淬火区。由于这一区域的奥氏体是直接由珠光体转变而来的，故其含碳量较高，相当于共析成分，快冷后得到的马氏体是硬脆的高碳马氏体。此区域的混合组织脆性较大，韧性较低。

图 4-8 所示为 12Cr2MoWVTiB 钢氩弧焊时的热影响区组织。

(3) 回火区　对于焊前处于调质状态的易淬火钢，热影响区除了以上两个区域外，还存在一个回火区，加热温度范围在母材调质处理的回火温度至 Ac_1 之间。由于加热温度高于高温回火温度，其强度下降，又称回火软化区；对于热轧、退火或正火状态的易淬火钢，热影响区没有回火软化区。

焊接热影响区的宽度受许多因素的影响，主要有焊接方法、焊接参数、结构尺寸及施工条件等。用不同的方法焊接低碳钢时，热影响区的平均尺寸见表 4-2。

表 4-2　用不同方法焊接时低碳钢热影响区的平均尺寸

焊接方法	各区平均尺寸/mm			总尺寸/mm
	过热区	正火区	不完全重结晶区	
焊条电弧焊	2.2～3.0	1.5～2.5	2.2～3.0	6.0～8.5
埋弧焊	0.8～1.2	0.8～1.7	0.7～1.0	2.3～4.0
电渣焊	18～20	5.0～7.0	2.0～3.0	25～30
氧乙炔气焊	21	4.0	2.0	27
真空电子束焊	—	—	—	0.05～0.75

综上所述，热影响区的组织是不均匀的，因此，其性能必然也不均匀。其中过热区的晶粒粗化加之熔合区的化学不均匀性，构成整个焊接接头中的薄弱区，而此区往往就决定了焊接接头的性能。

热影响区组织与性能的不均匀程度与母材的成分有关。低碳钢和淬硬倾向不大的低合金

(a) 完全淬火区(相当于过热区部分)
为粗大的马氏体

(b) 完全淬火区(相当于正火区部分)
为细小的马氏体+少量粒状贝氏体

(c) 不完全淬火区(相当于不完全重结晶区部分)
为铁素体+马氏体+粒状贝氏体+少量铁素体+碳化物型混合组织

图 4-8 12Cr2MoWVTiB 钢氩弧焊时的热影响区组织(400×)

钢,其热影响区组织与性能的变化相对要小些。淬硬倾向较大的中碳钢和调质型的低合金钢,由于出现淬硬组织而脆化,并容易产生裂纹。至于高合金钢、铸铁和有色金属等材料,热影响区的组织更为复杂。

三、焊接热影响区的性能

如前所述,由于组织的不均匀性,决定了焊接热影响区的性能也是不均匀的,这种不均匀表现在多方面,包括力学性能、耐蚀性、耐热性等。对于一般焊接结构来讲,主要考虑热影响区的硬度、脆化、软化以及综合的力学性能等。

1. 焊接热影响区的硬度分布

硬度是反映材料的成分、组织与力学性能的一个综合指标。一般情况下,随着硬度上升,钢的塑性、韧性下降,抗裂能力减弱。因此,热影响区中硬度最高的部位往往就是接头中的薄弱环节。而且最高硬度值越高,接头的综合力学性能就越低,产生裂纹等缺陷的可能性就越大。对大多数钢来说,最高硬度值大都出现在熔合线附近的热影响区处。因此,掌握一个钢种焊接热影响区最高硬度的大小,对于预测其接头的力学性能及开裂的倾向具有重要意义。

硬度容易测定,不需要进行热循环再现。通过测定接头的显微硬度值,即可推断出接头组织与性能的分布情况。图 4-9 为成分相当于 20Mn 的低合金钢单道焊缝接头热影响区硬度分布曲线。A-A'、B-B'曲线为相应截面的硬度分布。从图中可以看出,最高硬度值在熔合

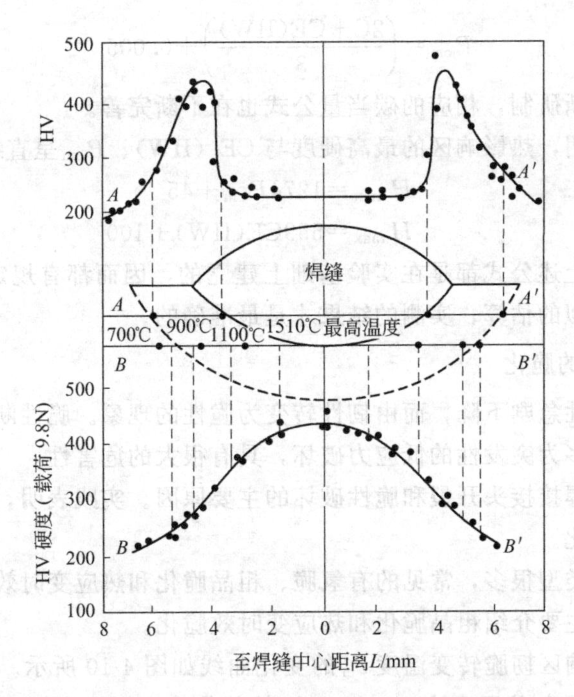

图 4-9 相当于 20Mn 成分的钢焊接热影响区硬度分布

w(C)＝0.20％，w(Mn)－1.38％，w(Si)＝0.23％，δ＝20mm，E＝15kJ/cm

线附近，远离熔合线的部位硬度值迅速下落，最后与母材趋于一致。

热影响区的最高硬度值可以通过实测确定，也可根据母材的化学成分估算。最常用的方法是利用碳当量公式进行估算。所谓碳当量，是把钢中的合金元素（包括碳）按其对淬硬（包括冷裂、脆化等）的影响程度折合成碳的相当含量。随着钢种碳当量增加，硬度呈直线增加。

碳当量的计算公式很多，早期应用最广的是国际焊接学会推荐的 CE(IIW) 和日本焊接协会的 C_{eq}(WES)。

$$CE(IIW)=C+\frac{Mn}{6}+\frac{Cu+Ni}{15}+\frac{Cr+Mo+V}{5} \tag{4-1}$$

$$C_{eq}(WES)=C+\frac{Mn}{6}+\frac{Si}{24}+\frac{Ni}{40}+\frac{Cr}{5}+\frac{Mo}{4}+\frac{V}{14} \tag{4-2}$$

上式中的元素符号，表示该元素的质量分数。式（4-1）主要适用于中等强度的非调质低合金钢（$\sigma_b=400\sim700$MPa）；式（4-2）主要适用于强度级别较高的低合金高强度钢（$\sigma_b=500\sim1000$MPa），调质与非调质钢均可。两式均适用于 w(C)＞0.18％的钢种。

20 世纪 60 年代以后，各国都发展了一些低碳微量多合金元素的高强度钢，并在实验基础上建立了一些新的公式，其中具有代表性的是日本学者在对 200 多个钢种进行试验的基础上，建立的合金元素碳当量 P_{cm} 公式。

$$P_{cm}=C+\frac{Si}{30}+\frac{Mn+Cu+Cr}{20}+\frac{Ni}{60}+\frac{Mo}{15}+\frac{V}{10}+5B \tag{4-3}$$

式（4-3）适用于 w(C)≤0.17％，$\sigma_b=400\sim900$MPa 的低合金高强度钢。P_{cm} 与 CE (IIW) 之间的关系是

$$P_{cm}=\left(\frac{2C+CE(IIW)}{3}\right)+0.005 \tag{4-4}$$

随着新钢种的不断研制，相应的碳当量公式也在不断完善。

大量试验结果表明，热影响区的最高硬度与 CE（IIW）、P_{cm} 呈直线关系，即

$$H_{max}=1274P_{cm}+45 \tag{4-5}$$

$$H_{max}=559CE(IIW)+100 \tag{4-6}$$

需要强调的是，上述公式都是在实验基础上建立的，因而都有规定的应用范围。此外，经验公式只能进行近似的估算，实测的结果才是最准确的。

2. 焊接热影响区的脆化

脆化是指材料韧性急剧下降，而由韧性转变为脆性的现象。脆性断裂往往在材料只有少量变形时发生，而且多为突发性的低应力破坏，具有很大的危害性。

脆化常常是引起焊接接头开裂和脆性破坏的主要原因。实践表明，很多焊接结构失效都起因于热影响区的脆化。

热影响区脆化的类型很多，常见的有氢脆、粗晶脆化和热应变时效脆化等。氢脆在第二章中已有介绍，这里主要介绍粗晶脆化和热应变时效脆化。

碳锰钢焊接热影响区韧脆转变温度 t_{cr} 的变化曲线如图 4-10 所示。从图中可以看出，在过热区（约 1500℃）和加热温度为 400～600℃的部位，出现两个韧脆转变温度的峰值，前者为粗晶脆化，后者为热应变时效脆化。

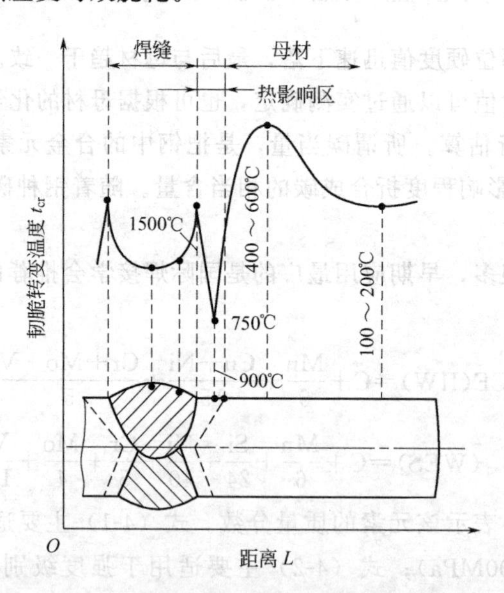

图 4-10　碳锰钢 HAZ 韧脆转变温度分布

（1）粗晶脆化　粗晶脆化主要是由于晶粒严重粗化造成的。晶粒尺寸越大，韧脆转变温度越高，脆化越严重。在焊接热循环的作用下，焊接接头的熔合线附近和过热区将发生严重的晶粒粗化，从而造成韧性明显降低。热影响区的晶粒长大与均匀加热时有所不同，它是在化学成分、组织结构不均匀的非平衡状态下进行的，往往是粗大的晶粒并伴随出现脆性组织。

粗晶脆化受到多种因素的影响，主要有钢的化学成分、组织状态、加热温度和时间等。不同的钢种导致粗晶脆化的主要因素有所不同。不易淬火钢（如低碳钢等）主要是因过热而

晶粒粗化，脆化程度不严重，在加热与冷却速度提高时还有所缓解。易淬火钢产生粗晶脆化的主要原因是马氏体相变，脆化程度取决于马氏体的数量与形态两个方面。

(2) 热应变时效脆化　热应变时效脆化主要是由制造过程中各种加工（如下料、剪切、弯曲、气割等）或焊接热应力所引起的局部塑性应变与焊接热循环的作用叠加而造成的，多发生在低碳钢和碳锰低合金钢的热影响区（加热温度低于 Ac_3 的部位），在显微镜下看不出明显的组织变化。多层焊时，在熔合区也会出现热应变时效脆化。

关于热应变时效脆化的机理，一般认为是碳、氮原子聚集在位错附近对位错产生钉扎作用而引起的。钢中含有 Cr、V、Mo、Al 等碳化物、氮化物形成元素时，可降低热应变时效脆化的程度。

热影响区的脆化对整个接头的性能影响很大。脆化后，显微裂纹很容易扩展成为宏观开裂。因此，当热影响区脆化严重时，即使母材与焊缝的韧性都很高，也没有什么实用价值。

3. 焊接热影响区的常温力学性能

焊接热影响区的常温力学性能受最高加热温度的影响。图 4-11 所示为淬硬倾向不大的钢种（相当于 Q345 钢）焊接热影响区的常温力学性能分布。横坐标表示热影响区各点的最高加热温度。从图中可以看出，在不完全重结晶区（$t_{max}=Ac_1 \sim Ac_3$），由于晶粒尺寸不均匀，σ_s 降到最低值；加热温度超过 Ac_3 的部位（相变重结晶区），随温度上升，强度、硬度上升，而塑性下降；加热温度为 1300℃ 左右（过热区）时，强度、硬度达到最大值；加热温度更高的部位，强度、塑性同时下降，这是由于晶粒严重粗化，晶界疏松而造成的。由此可以看出过热区是焊接接头的薄弱环节。

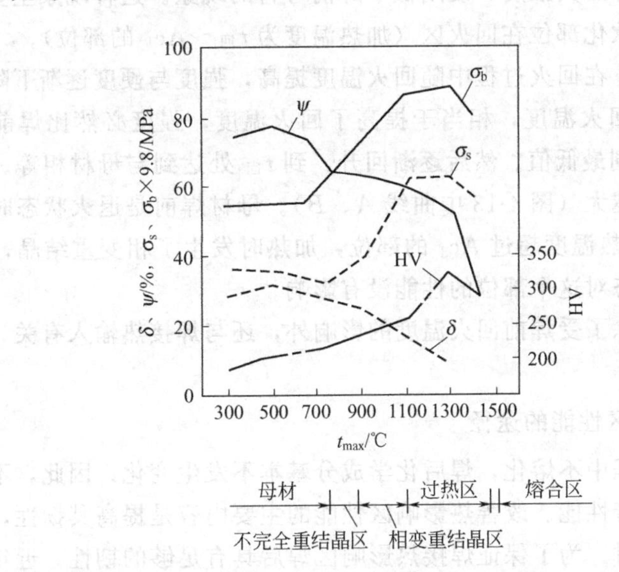

图 4-11　淬硬倾向不大的钢种焊接热影响区的力学性能

$w(C)=0.17\%$，$w(Mn)=1.28\%$，$w(Si)=0.40\%$

过热区的力学性能除了与最高加热温度有关外，还与冷却速度有关。图 4-12 为冷却速度对低碳钢和 Q345（16Mn）钢过热区力学性能的影响。由图可见，随冷却速度升高，强度和硬度上升，塑性下降，并且冷却速度对合金钢的影响更大。这是因为合金元素加入后，钢的淬透性增大，得到淬火组织所需的临界冷却速度降低所致。

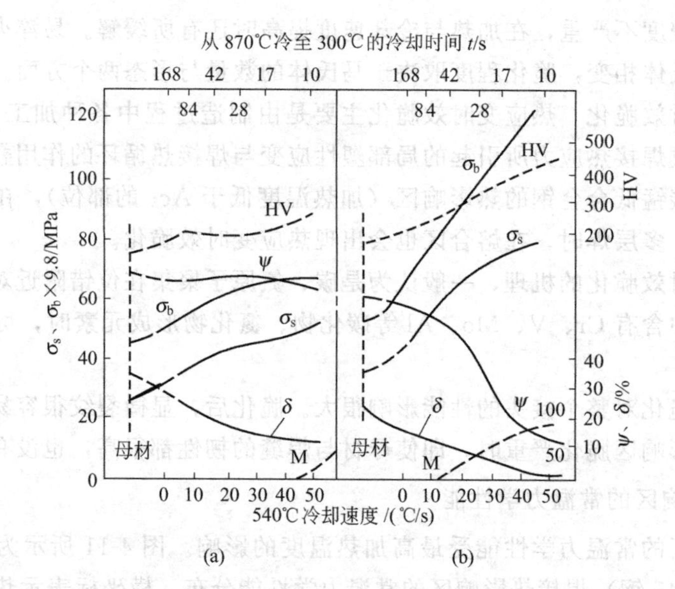

图 4-12 冷却速度对过热区力学性能的影响（t_{max}＝1300℃）

(a) 低碳钢：$w(C)=0.15\%$，$w(Mn)=0.95\%$，$w(Si)=0.08\%$；

(b) 16Mn 钢：$w(C)=0.18\%$，$w(Mn)=1.4\%$，$w(Si)=0.47\%$

4. 焊接热影响区的软化

热影响区软化是指焊后其强度、硬度低于焊前母材的现象。这种现象主要出现在焊前经过淬火＋回火的钢中。软化部位在回火区（加热温度为 $t_{回}$～Ac_1 的部位）。

钢经过淬火处理后，在回火过程中随回火温度提高，强度与硬度逐渐下降，在回火区焊接加热温度超过了焊前回火温度，相当于提高了回火温度，强度必然比焊前低。软化区从 Ac_3 开始，到 Ac_1 点达到最低值。然后逐渐回升，到 $t_{回}$ 处达到与母材相等。焊前回火温度越低，强度下降的幅度越大（图 4-13 中曲线 A、B）。母材焊前是退火状态时，不存在软化现象（图中曲线 C）。加热温度超过 Ac_3 的部位，加热时发生了相变重结晶，焊前热处理效果消失。焊前热处理状态对这个部位的性能没有影响。

回火区的软化程度除了受焊前回火温度的影响外，还与焊接热输入有关。焊接热输入越大，回火区越宽。

5. 改善焊接热影响区性能的途径

热影响区在焊接过程中不熔化，焊后化学成分基本不发生变化。因此，不能像焊缝那样通过调整化学成分来改善性能。改善热影响区性能的主要内容是提高其韧性，主要途径有：

(1) 采用高韧性母材 为了保证焊接热影响区焊后具有足够的韧性，近年来发展了一系列低碳微量多元素强化的钢种。这些钢在焊接热影响区可获得韧性较高的组织——针状铁素体、下贝氏体或低碳马氏体，同时还有弥散分布的强化质点。

随着冶炼精炼技术的飞速发展，采用炉内精炼、炉外提纯等一系列工艺，可使钢中的杂质（S、P、N、O 等）含量极低，加之微量元素的强化作用，而得到高纯度、细晶粒的高强度钢。这些钢有很高的韧性，热影响区的韧性相应也有明显的提高。

(2) 控制焊接工艺 合理的焊接工艺可以有效地改善焊接热影响区的韧性，包括焊前预热、焊后热处理、合理的焊接工艺参数等。

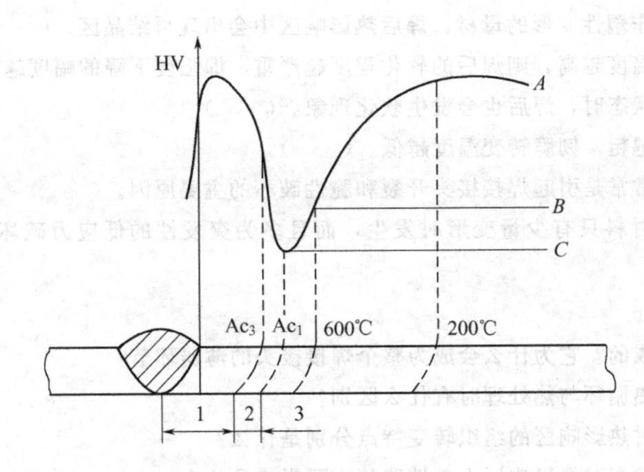

图 4-13 调质钢焊接热影响区硬度分布

A—焊前淬火＋低温回火；B—焊前淬火＋高温回火；C—焊前退火

1—完全淬火区；2—不完全淬火区；3—回火区

① 预热。对于易淬火钢，预热可以减小热影响区淬硬程度，防止产生焊接裂纹。预热还可以减小热影响区的温差，从而减小焊接应力。

② 焊后热处理。焊后热处理可以消除焊接残余应力，改善焊缝和热影响区的组织和性能，提高接头的塑性和韧性，稳定结构的尺寸，是重要产品制造中常用的一种工艺方法。

③ 焊接热输入。焊接热输入越大，高温停留时间越长，焊接热影响区越宽，过热现象越严重，因而塑性和韧性严重下降；焊接热输入过小，则焊后冷却速度增大，易产生硬脆的马氏体组织，导致塑性和韧性严重下降，甚至产生冷裂纹。因此，应根据具体钢种选择合适的热输入。

综合训练

一、填空题

1. 在焊接过程中，焊缝两侧未熔化的母材受热的影响而发生组织和性能变化的区域称为____________。

2. 根据钢种的热处理特性，把焊接用钢分为两类：一类是淬火倾向较小的钢种，称为________；另一类是淬硬倾向较大的钢种，称为________。

3. 不易淬火钢的焊接热影响区一般由________、________、________和________组成。

4. 易淬火钢焊接热影响区的组织分布与母材焊前的热处理状态有关，当母材为调质状态时，热影响区由________、________和________组成；当母材为热轧、退火或正火状态时，热影响区只由________和________组成。

5. 热影响区的最高硬度值可以根据母材的化学成分估算，最常用的方法是利用________进行估算。

6. 热影响区脆化的类型很多，常见的有________、________和________等。

7. 热影响区软化是指________________的现象。这种现象主要出现在焊前经过____________的钢中。软化部位在________。

二、判断题

1. 热影响区的组织是不均匀的，因此，其性能必然也不均匀。（　　）

2. 过热区是热影响区中性能最差的区域。在焊接刚度较大的结构时，常在过热区产生脆化或裂纹。（　　）

3. 正火区具有较高的综合力学性能，是热影响区中组织性能最佳的区域。（　　）

4. 对于焊前未经冷作塑性变形的母材，焊后热影响区中会出现再结晶区。(　　)

5. 母材焊前的回火温度越高，则焊后的软化程度越严重，即强度下降的幅度越大。(　　)

6. 母材焊前是退火状态时，焊后也会发生软化现象。(　　)

7. 一般来讲，晶粒越粗，韧脆转变温度越低。(　　)

8. 热影响区的脆化常常是引起焊接接头开裂和脆性破坏的主要原因。(　　)

9. 脆性断裂往往在材料只有少量变形时发生，而且多为突发性的低应力破坏，具有很大的危害性。(　　)

三、简答题

1. 熔合区是怎样形成的？它为什么会成为整个焊接接头的薄弱环节？
2. 焊接热影响区的热循环与热处理时有什么区别？
3. 焊接加热和冷却时热影响区的组织转变特点分别是什么？
4. 母材焊前热处理状态对热影响区力学性能的主要影响是什么？
5. 简述焊接热影响区的性能变化。
6. 改善焊接热影响区性能的途径有哪些？

第五章 焊接材料

知识目标

1. 掌握焊条、焊丝、焊剂的性能特点及应用范围；
2. 掌握焊条的选用及使用方法；
3. 熟悉焊条、焊丝、焊剂等焊接材料的型号与牌号的编制方法；
4. 了解焊接用气体、钨极、气焊熔剂等其他焊接材料的性能特点及应用范围。

能力目标

1. 正确识别各种焊接材料的型号与牌号；
2. 根据实际生产条件正确选择和使用焊接材料。

焊接材料是焊接时所消耗材料的统称，包括焊条、焊丝、焊剂、气体等。焊接材料种类繁多，性能与用途各异，其选用是否合理，不仅直接影响焊接接头的质量，还会影响焊接生产率、成本及劳动条件。高质量的焊接结构，必须有优质的焊接材料来保证。因此，必须对焊接材料的性能特点有比较全面的了解，才能针对不同的焊接结构合理选用焊接材料，主动控制焊缝金属的成分与性能，从而获得优质的焊接接头。

第一节 焊　条

焊条是指涂有药皮的供焊条电弧焊用的熔化电极。焊接时，焊条既作电极，又作填充金属，熔化后与母材熔合形成焊缝。因此，焊条的质量不仅影响焊接过程的稳定性，而且直接决定焊缝金属的成分与性能，对焊接质量有重要影响。

一、焊条的组成及作用

焊条由焊芯和药皮两部分组成，如图 5-1 所示。焊条前端药皮有 45°左右的倒角，以便于引弧；尾部有段裸焊芯，长 10～35mm，便于焊钳夹持和导电。焊条长度一般在 250～450mm 之间。焊条直径是以焊芯直径来表示的，常用的有 $\phi 2$、$\phi 2.5$、$\phi 3.2$、$\phi 4$、$\phi 5$、$\phi 6$ 等几种规格。

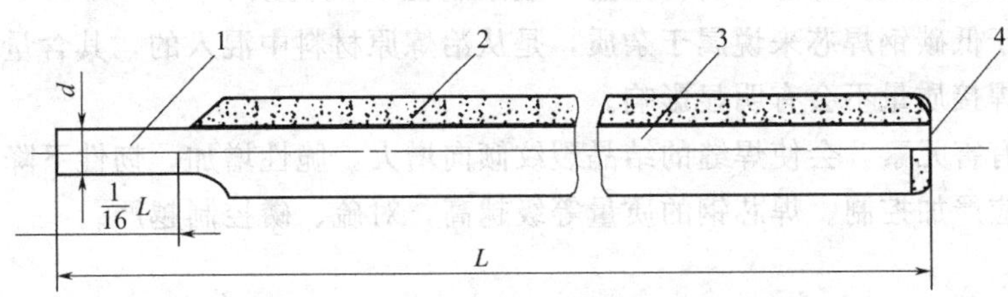

图 5-1　焊条的组成

1—夹持端；2—药皮；3—焊芯；4—引弧端

1. 焊芯

焊条中被药皮包覆的金属芯称为焊芯。为了保证焊缝的质量，焊芯应由专用的焊条钢盘条经拔丝、切断等工序后制成。

（1）焊芯的作用　焊接时，焊芯可起以下几方面作用。

① 作为电极，在焊接回路中传导焊接电流，并与工件形成电弧，从而把电能转换成热能。

② 作为焊接填充材料，与熔化的母材金属熔合后共同组成焊缝金属。焊条电弧焊时，焊芯金属约占整个焊缝金属的50%～70%。

③ 向焊缝过渡合金元素。当焊芯材料是合金钢时，即可通过焊芯熔化，向焊缝过渡合金元素。

（2）焊芯的牌号　焊芯应符合国家标准 GB/T 14957—1994《熔化焊用钢丝》及 YB/T 5092—2005《焊接用不锈钢焊丝》，用于焊芯的专用钢丝可分为碳素结构钢、合金结构钢、不锈钢等。

焊芯的牌号前用“焊”字注明，以表示焊接用钢丝，代号是“H”，后面用化学元素符号及数字表示，表示方法与钢号一样。质量不同的焊芯在最后标以一定符号以示区别：A 表示高级优质钢；E 表示特级优质钢。

一般碳钢和低合金钢焊条选用低碳钢焊芯，焊芯由碳素焊条钢盘条加工而成。常用的低碳钢焊芯有 H08A 和 H08E 两个牌号，其化学成分见表 5-1。

表 5-1　低碳钢焊芯的化学成分（质量分数）　%

牌号＼成分	C	Si	Mn	P	S	Ni	Cr	Cu
H08A	≤0.10	≤0.030	0.30～0.55	≤0.030	≤0.030	≤0.30	≤0.20	≤0.20
H08E	≤0.10	≤0.030	0.30～0.55	≤0.020	≤0.020	≤0.30	≤0.20	≤0.20

（3）焊芯化学成分对焊接质量的影响　碳是一种良好的脱氧剂，在高温时与氧化合生成 CO 和 CO_2 气体，能将电弧区和熔池周围空气排除，减少焊缝金属中氧和氮的含量。但含碳量过高，还原作用剧烈，会使焊缝的气孔与裂纹倾向加大，同时会增加飞溅，破坏焊接过程的稳定性。因此，低碳钢焊芯中的含碳量，应在保证焊缝与母材等强度的条件下越低越好。焊芯中的含碳量一般不大于0.1%。

锰是有益元素，可以脱氧、脱硫，一般要求低碳钢焊芯中含锰量为0.30%～0.55%。

硅虽然可以脱氧，但在焊接过程中极易生成 SiO_2，会在焊缝中形成硅酸盐夹杂物，甚至会引起热裂纹。因此，焊芯中的含硅量一般限制在0.03%以下。

铬、镍对于低碳钢焊芯来说属于杂质，是从冶炼原材料中混入的，其含量控制在规定范围以内时，对焊接质量不会有明显影响。

硫、磷是有害元素，会使焊缝的结晶裂纹倾向增大，脆性增加，韧性下降。因此，焊芯中硫、磷含量应严加控制。焊芯钢的质量等级越高，对硫、磷控制越严。

2. 药皮

压涂在焊芯表面上的涂料层称为药皮。焊条药皮在焊接过程中起着极为重要的作用，是决定焊缝金属质量的主要因素之一。生产实践证明，焊芯和药皮之间要有一个适当的比例，这个比例就是焊条药皮与焊芯（不包括夹持端）的重量比，称为药皮的重量系数，用 K_b 表示。K_b 值一般在 40%～60%之间。

（1）焊条药皮的作用　焊接时，焊条药皮的作用主要有以下几点。

① 机械保护作用。焊接时，焊条药皮熔化后产生大量的气体笼罩着电弧区和熔池，并且形成熔渣覆盖在熔滴和熔池金属表面，防止空气中的氧、氮侵入熔池，起到气-渣联合保护作用。

② 冶金处理作用。在焊接过程中，通过药皮的组成物质进行冶金反应，可以去除有害杂质（如氧、氢、硫、磷等），并保护或添加有益的合金元素，使焊缝金属的性能满足要求。

③ 改善焊接工艺性能。焊条药皮可以使电弧容易引燃并能稳定地连续燃烧，焊接飞溅小，焊缝成形美观，焊缝易于脱渣以及可适用于各种空间位置焊接等。

（2）焊条药皮的组成　焊条药皮是由各种矿物类、铁合金和金属粉类、有机物类及化工产品类等原料组成。药皮组成物的成分相当复杂，按其在焊条制造和焊接中所起的作用，可分为以下几种。

① 稳弧剂。其主要作用是改善焊条引弧性能和提高焊接电弧的稳定性。一般含低电离电位元素的物质都有不同程度的稳弧作用，如碳酸钾、碳酸钠、水玻璃等。

② 造气剂。在焊接时能产生气体而起到保护熔池和熔滴金属的作用。主要的造气剂有大理石、白云石、菱苦土、淀粉、木粉等。

③ 造渣剂。在焊接时能形成熔渣，对液态金属起保护作用和冶金作用。主要的造渣剂有大理石、白云石、菱苦土、萤石（氟石）、硅砂、长石、白泥、云母、钛白粉、金红石等。

④ 脱氧剂。焊接时对熔化金属起脱氧作用。脱氧剂与氧的亲和力应比铁大，在焊接过程中保护金属不被氧化。常用的脱氧剂有锰铁、钛铁、硅铁、铝粉等。

⑤ 合金剂。焊接时可以补偿焊接过程中的合金烧损和向焊缝过渡合金元素。常用的合金剂多为纯金属粉末或铁合金，如硅铁、锰铁、钼铁等。

⑥ 稀释剂。其主要作用是降低熔渣的黏度，增加熔渣的流动性。主要有萤石、钛铁矿等。

⑦ 黏结剂。其主要作用是把药皮黏结在焊芯上，并使药皮具有一定的强度。最常用的黏结剂是水玻璃。

⑧ 成形剂。其主要作用是使药皮具有一定的塑性、弹性和流动性，以便于挤压并使药皮具有表面光滑而不开裂的能力。主要有钛白粉、白泥、云母、水玻璃及木粉等。

应该指出，各种药皮原材料的作用往往不是单一的，而是同时起到几种作用。例如，大理石既有稳弧作用，又是造气剂和造渣剂。某些铁合金（如锰铁、硅铁）既可作脱氧剂，又可作合金剂。水玻璃虽然主要作为黏结剂，但实际上也是稳弧剂和造渣剂。各种原材料的作用如表 5-2 所示。在选用药皮原材料时，一般以主要作用为根据，同时还必须注意某些原材料的副作用，如氧化、增氢、增硫和增磷等。

（3）焊条药皮的类型　根据药皮材料中主要成分的不同，可将焊条药皮分为以下类型：

① 金红石型　药皮中含有大量的二氧化钛（金红石）。随药皮中钠、钾等含量变化，分为高钛钠型、高钛钾型等。高钛钠型药皮的柔软电弧特性适合用于在简单装配条件下对大的根部间隙进行焊接。高钛钾型药皮由于含有增强电弧稳定性的钾，与高钛钠型药皮相比能在低电流条件下产生稳定电弧，特别适于金属薄板的焊接。

② 碱性药皮　药皮碱度较高，含有大量的氧化钙和萤石，可以得到低氢含量、高冶金

表 5-2 各种药皮原材料的作用

材料	主要成分	造气	造渣	脱氧	合金化	稳弧	黏结	成形	增氢	增硫	增磷	氧化
金红石	TiO_2		A			B						
钛白粉	TiO_2		A			B		A				
钛铁矿	TiO_2,FeO		A			B						B
赤铁矿	Fe_2O_3		A			B				B	B	B
锰矿	MnO_2		A								B	B
大理石	$CaCO_3$	A	A			B						B
菱苦土	$MgCO_3$	A	A			B						B
白云石	$CaCO_3+MnCO_3$	A	A			B						B
硅砂	SiO_2		A									
长石	SiO_2,Al_2O_3,K_2O+Na_2O		A			B						
白泥	SiO_2,Al_2O_3,H_2O		A					A	B			
云母	SiO_2,Al_2O_3,H_2O,K_2O		A			B		A	B			
滑石	SiO_2,Al_2O_3,MgO		A					B				
氟石	CaF_2		A									
碳酸钠	Na_2CO_3		B			B		A				
碳酸钾	K_2CO_3		B			A						
锰铁	Mn,Fe		B	A	A						B	
硅铁	Si,Fe		B	A	A							
钛铁	Ti,Fe		B	A	B							
铝粉	Al		B	A								
钼铁	Mo,Fe		B	B	A							
木粉		A		B		B		B	B			
淀粉		A		B		B		B	B			
糊精		A		B		B		B	B			
水玻璃	K_2O,Na_2O,SiO_2		B			A	A					

注：A—主要作用；B—附带作用。

性能的焊缝。随药皮中稳弧剂、黏结剂含量变化，分为低氢钠型和低氢钾型。低氢钠型药皮中，由于钠影响电弧的稳定性，只适用于直流反接。低氢钾型药皮中，由于钾增强电弧的稳定性，适用于交流焊接。

③ 钛型　此药皮类型包含二氧化钛和碳酸钙的混合物，所以同时具有金红石焊条和碱性焊条的某些性能。

④ 钛铁矿型　此药皮类型包含钛和铁的氧化物，通常在钛铁矿获取。虽然它们不属于碱性药皮类型焊条，但是可以制造出高韧性的焊缝金属。

⑤ 纤维素型　药皮中含有大量的可燃有机物，尤其是纤维素，由于其强电弧特性特别适用于向下立焊。随药皮中稳弧剂、黏结剂含量变化，分为高纤维素钠型和高纤维素钾型。高纤维素钠型药皮中，由于钠影响电弧的稳定性，因而焊条主要适用于直流焊接，通常使用直流反接。高纤维素钾型药皮中，由于钾增强电弧的稳定性，因而适用于交直流两用焊接，

直流焊接时使用直流反接。

⑥ 氧化铁型　此药皮类型包含大量的铁氧化物。熔渣流动性好，所以通常只在平焊和横焊中使用。主要用于角焊缝和搭接焊缝。

此外，在上述药皮中加入一定比例的铁粉，可构成不同类型的铁粉焊条，如铁粉金红石型、铁粉氧化铁型、铁粉碱性药皮等。加入铁粉后，在保留原配方特点的基础上，可以提高焊条的电流承载能力和熔敷效率，从而大大提高了焊接生产率。

二、焊条的分类

焊条的分类方法很多，常用的焊条分类方法有以下几种：

1. 按焊条的用途分类

按照用途焊条的分类见表 5-3。

表 5-3　焊条的分类

序号	焊条分类	国家标准或说明
1	非合金钢及细晶粒钢焊条	GB/T 5117—2012
2	热强钢焊条	GB/T 5118—2012
3	不锈钢焊条	GB/T 983—2012
4	堆焊焊条	GB/T 984—2001
5	铸铁焊条	GB/T 10044—2006
6	镍及镍合金焊条	GB/T 13814—2008
7	铜及铜合金焊条	GB/T 3670—1995
8	铝及铝合金焊条	GB/T 3669—2001
9	钼和铬钼耐热钢焊条	国家标准中多数属于热强钢焊条，小部分属于不锈钢焊条
10	低温钢焊条	大部分属于非合金钢及细晶粒钢焊条
11	特殊用途焊条	主要用于特殊环境或特殊材料的焊接，如水下、铁锰铝合金焊接及堆焊高硫滑动摩擦面等

2. 按熔渣的碱度分类

(1) 酸性焊条　药皮中含有大量的 TiO_2、SiO_2 等酸性造渣物，熔渣氧化性强，施焊后熔渣呈酸性。保护气氛主要是 CO 和 H_2。酸性焊条焊接工艺性好，电弧稳定，可交、直流两用，焊接时飞溅小，熔渣流动性好，熔渣呈玻璃状，容易脱渣，焊缝成形美观。但其氧化性较强，合金元素烧损较多，焊缝金属中的含氧量和含氢量较高，因此焊缝金属塑性和韧性较差。

(2) 碱性焊条　药皮中含有大量的碱性造渣物（大理石、氟石等），施焊后熔渣呈碱性。保护气氛主要为 CO_2 和 CO，H_2 的质量分数很低（$<5\%$），故又称低氢型焊条。焊缝金属的力学性能和抗裂能力都高于酸性焊条。但碱性焊条电弧稳定性差，对铁锈、水分等比较敏感，熔渣为结晶状，不易脱渣，焊接过程中烟尘较大，表面成形较粗糙。

3. 按药皮的主要成分分类

按照药皮的主要成分可以确定焊条的药皮类型，如前所述。不同药皮类型的焊条，具有不同的焊接工艺性能和适用范围。

三、焊条的型号和牌号

1. 焊条的型号

焊条型号是在国家标准及国际权威组织的有关法规中，根据焊条特性指标而明确规定的代号。代号内容所规定的焊条质量标准，是焊条生产、使用、管理及研究等有关单位必须遵照执行的。

(1) 非合金钢及细晶粒钢焊条（旧国标为碳钢焊条）型号　按国家标准 GB/T 5117—2012《非合金钢及细晶粒钢焊条》规定，非合金钢及细晶粒钢焊条的型号是按熔敷金属力学性能、药皮类型、焊接位置、电流类型、熔敷金属化学成分和焊后状态等进行划分。

焊条型号由五部分组成：

① 第一部分用字母“E”表示焊条；

② 第二部分为字母“E”后面的紧邻两位数字，表示熔敷金属的最小抗拉强度代号，见表 5-4；

表 5-4　熔敷金属抗拉强度代号

抗拉强度代号	最小抗拉强度值/MPa	抗拉强度代号	最小抗拉强度值/MPa
43	430	55	550
50	490	57	570

③ 第三部分为字母“E”后面的第三和第四两位数字，表示药皮类型、焊接位置和电流类型，见表 5-5；

表 5-5　药皮类型代号

代号	药皮类型	焊接位置①	电流类型
03	钛型	全位置②	交流和直流正、反接
10	纤维素	全位置	直流反接
11	纤维素	全位置	交流和直流反接
12	金红石	全位置②	交流和直流正接
13	金红石	全位置②	交流和直流正、反接
14	金红石+铁粉	全位置②	交流和直流正、反接
15	碱性	全位置②	直流反接
16	碱性	全位置②	交流和直流反接
18	碱性+铁粉	全位置②	交流和直流反接
19	钛铁矿	全位置②	交流和直流正、反接
20	氧化铁	PA、PB	交流和直流正接
24	金红石+铁粉	PA、PB	交流和直流正、反接
27	氧化铁+铁粉	PA、PB	交流和直流正、反接
28	碱性+铁粉	PA、PB、PC	交流和直流反接
40	不做规定	由制造商确定	
45	碱性	全位置	直流反接
48	碱性	全位置	交流和直流反接

① 焊接位置见 GB/T 16672，其中 PA=平焊、PB=平角焊、PC=横焊；

② 此处“全位置”并不一定包含向下立焊，由制造商确定。

④ 第四部分为熔敷金属的化学成分分类代号，可为“无标记”或短划“-”后的字母、数字或字母和数字的组合，见表 5-6；

表 5-6 熔敷金属化学成分分类代号

分类代号	主要化学成分的名义含量(质量分数)/%				
	Mn	Ni	Cr	Mo	Cu
无标记、-1、-P1、-P2	1.0				
-1M3	—	—	—	0.5	—
-3M2	1.5	—	—	0.4	—
-3M3	1.5	—	—	0.5	—
-N1	—	0.5	—	—	—
-N2	—	1.0	—	—	—
-N3	—	1.5	—	—	—
-3N3	1.5	1.5	—	—	—
-N5	—	2.5	—	—	—
-N7	—	3.5	—	—	—
-N13	—	6.5	—	—	—
-N2M3	—	1.0	—	0.5	—
-NC	—	0.5	—	—	0.4
-CC	—	—	0.5	—	0.4
-NCC	—	0.2	0.6	—	0.5
-NCC1	—	0.6	0.6	—	0.5
-NCC2	—	0.3	0.2	—	0.5
-G	其他成分				

⑤ 第五部分为熔敷金属的化学成分代号之后的焊后状态代号，其中“无标记”表示焊态，“P”表示热处理状态，“AP”表示焊态和焊后热处理两种状态均可。

除以上强制分类代号外，根据供需双方协商，可在型号后依次附加可选代号：

① 字母“U”，表示在规定试验温度下，冲击吸收能量可以达到 47J 以上；

② 扩散氢代号“HX”，其中 X 代表 15、10 或 5，分别表示每 100g 熔敷金属中扩散氢含量的最大值（mL）。

焊条型号举例如下：

示例 1：

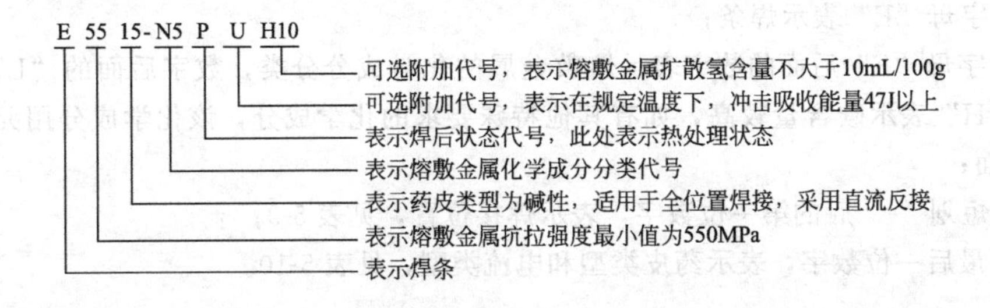

示例 2：

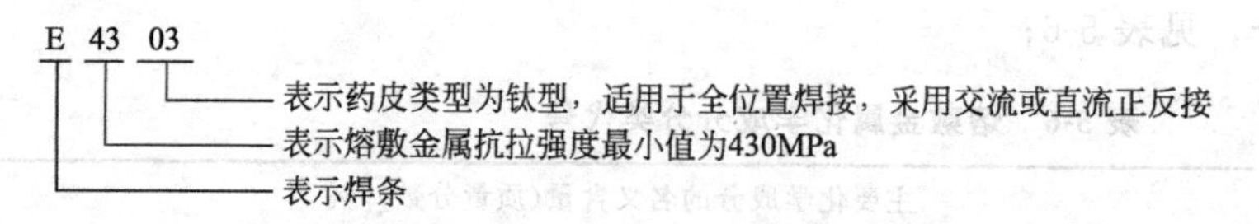

（2）热强钢焊条（旧国标为低合金钢焊条）型号　按国家标准 GB/T 5118—2012《热强钢焊条》规定，热强钢焊条的型号是按熔敷金属力学性能、药皮类型、焊接位置、电流类型、熔敷金属化学成分等进行划分。

热强钢焊条型号由四部分组成，与非合金钢及细晶粒钢焊条型号的前四部分表达含义基本相同，其熔敷金属抗拉强度代号见表 5-7，熔敷金属化学成分分类代号见表 5-8。热强钢焊条型号后可附加扩散氢代号“HX”，其含义参见非合金钢及细晶粒钢焊条型号。例如

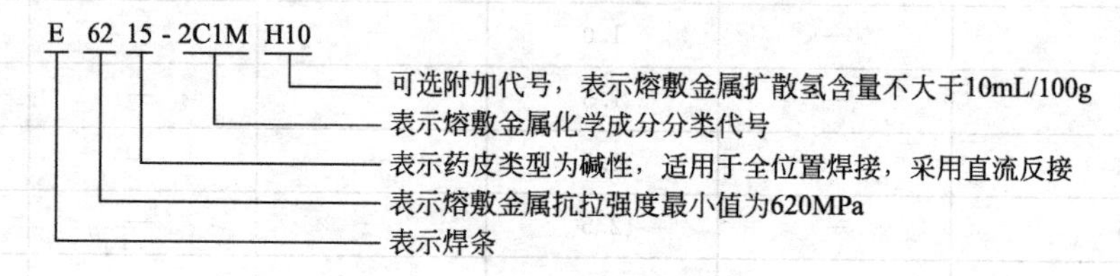

表 5-7　熔敷金属抗拉强度代号

抗拉强度代号	最小抗拉强度值/MPa	抗拉强度代号	最小抗拉强度值/MPa
50	490	55	550
52	520	62	620

表 5-8　熔敷金属化学成分分类代号

分类代号	主要化学成分的名义含量
-1M3	此类焊条中含有 Mo，Mo 是在非合金钢焊条基础上的唯一添加合金元素。数字 1 约等于名义上 Mn 含量两倍的整数，字母“M”表示 Mo，数字 3 表示 Mo 的名义含量，大约 0.5%
-×C×M×	对于含铬-钼的热强钢，标识“C”前的整数表示 Cr 的名义含量，“M”前的整数表示 Mo 的名义含量。对于 Cr 或者 Mo，如果名义含量少于 1%，则字母前不标记数字。如果在 Cr 和 Mo 之外还加入了 W、V、B、Nb 等合金成分，则按照此顺序，加于铬和钼标记之后。标识末尾的“L”表示含碳量较低。最后一个字母后的数字表示成分有所改变
-G	其他成分

（3）不锈钢焊条型号　按国家标准 GB/T 983—2012《不锈钢焊条》规定，不锈钢焊条型号是根据熔敷金属化学成分、焊接位置和药皮类型等进行划分。

焊条型号由四部分组成：

a）第一部分用字母“E”表示焊条；

b）第二部分为字母“E”后面的数字表示熔敷金属的化学成分分类，数字后面的“L”表示碳含量较低，“H”表示碳含量较高，如有其他特殊要求的化学成分，该化学成分用元素符号表示放在后面；

c）第三部分为短划“-”后的第一位数字，表示焊接位置，见表 5-9；

d）第四部分为最后一位数字，表示药皮类型和电流类型，见表 5-10。

表 5-9 焊接位置代号

代号	焊接位置[①]
-1	PA、PB、PD、PF
-2	PA、PB
-4	PA、PB、PD、PF、PG

① 焊接位置见 GB/T 16672，其中 PA＝平焊、PB＝平角焊、PD＝仰角焊、PF＝向上立焊、PG＝向下立焊。

表 5-10 药皮类型代号

代号	药皮类型	电流类型
5	碱性	直流
6	金红石	交流和直流[①]
7	钛酸型	交流和直流[②]

① 46 型采用直流焊接；
② 47 型采用直流焊接。

焊条型号举例如下：

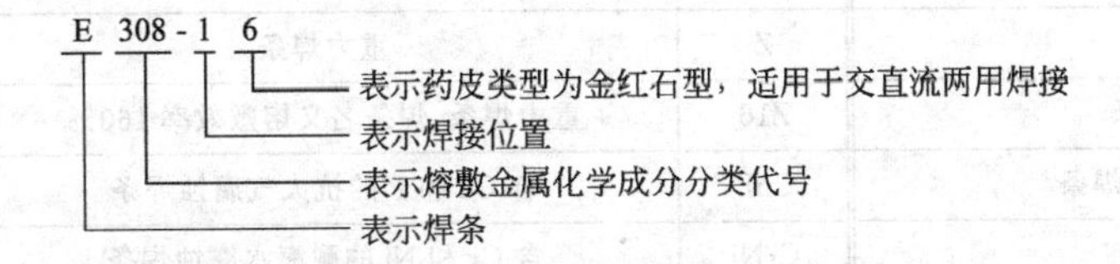

2. 焊条的牌号

焊条牌号是焊条生产厂家对焊条产品规定的代号。由于各生产厂家编排规律不尽相同，因此容易造成同一型号焊条出现不同生产厂家的若干牌号。我国焊条制造厂在原机械电子工业部组织下，编写了《焊接材料产品样本》以实行统一牌号制度。近年来，各种焊条的国家标准已经参照国际标准作了较大的修改，造成了《焊接材料产品样本》中的焊条牌号与国家标准的焊条型号不能完全一一对应。虽然焊条牌号不是国家标准，但考虑到多年使用已成习惯，现在生产中仍得到广泛应用。

焊条牌号由一个字母及后缀三位数字组成，字母表示焊条类别；第一、二位数字表示各大类焊条中的若干小类；第三位数字表示焊条药皮类型和焊接电源种类。常用的焊条牌号代表字母见表 5-11。焊条牌号中第三位数字的含义见表 5-12。

表 5-11 焊条牌号代表字母

焊条类别		代表字母	焊条类别	代表字母
结构钢焊条	碳钢焊条	J(结)	低温钢焊条	W(温)
	低合金钢焊条		铸铁焊条	Z(铸)
钼和铬钼耐热钢焊条		R(热)	镍及镍合金焊条	Ni(镍)
不锈钢焊条	铬不锈钢焊条	G(铬)	铜及铜合金焊条	T(铜)
	铬镍不锈钢焊条	A(奥)	铝及铝合金焊条	L(铝)
堆焊焊条		D(堆)	特殊用途焊条	TS(特殊)

表 5-12 焊条牌号中第三位数字的含义

焊条牌号	药皮类型	焊接电源种类	焊条牌号	药皮类型	焊接电源种类
××0	未作规定	未作规定	××5	纤维素型	直流或交流
××1	金红石型	直流或交流	××6	碱性(低氢钾型)	直流或交流
××2	钛型	直流或交流	××7	碱性(低氢钠型)	直流
××3	钛铁矿型	直流或交流	××8	石墨型	直流或交流
××4	氧化铁型	直流或交流	××9	盐基型	直流

对于某些具有特殊性能的焊条，可以在焊条牌号后面加注字母，如压力容器用焊条为J506R；向下立焊用焊条为J506X等。表示特殊性能字母的含义见表5-13。

表 5-13 附加字母的含义

字母	表示的含义	字母	表示的含义
D	底层焊条	RH	高韧性超低氢焊条
DF	低尘焊条	LMA	低吸潮焊条
Fe	高效铁粉焊条	SL	渗铝钢焊条
Fe15	高效铁粉焊条，焊条名义熔敷效率150％	X	向下立焊用焊条
G	高韧性焊条	XG	管子用向下立焊焊条
GM	盖面焊条	Z	重力焊条
R	压力容器用焊条	Z16	重力焊条，焊条名义熔敷效率160％
GR	高韧性压力容器用焊条	CuP	含Cu和P的抗大气腐蚀焊条
H	超低氢焊条	CrNi	含Cr和Ni的耐海水腐蚀焊条

(1) 结构钢焊条牌号　牌号中字母“J”表示结构钢焊条；第一、二位数字表示熔敷金属抗拉强度等级；第三位数字表示药皮类型和焊接电源种类。例如，焊条牌号“J507”(符合GB/T 5117—2012 E5015型)，其含义如下：

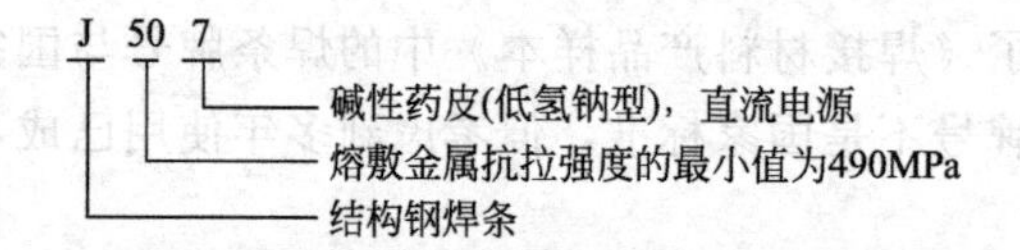

(2) 钼和铬钼耐热钢焊条牌号　牌号中字母“R”表示钼和铬钼耐热钢焊条；第一位数字表示熔敷金属主要化学成分组成等级，见表5-14；第二位数字表示同一熔敷金属主要化学成分组成等级中的不同牌号。对于同一组成等级的焊条，可有10个牌号，按0、1、2、…、9顺序排列；第三位数字表示药皮类型和焊接电源种类。例如：

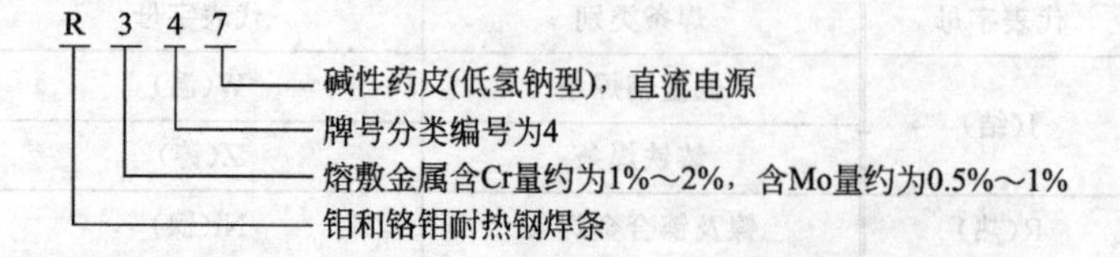

(3) 不锈钢焊条牌号　不锈钢焊条包括铬不锈钢焊条和铬镍不锈钢焊条。牌号中字母“G”表示铬不锈钢焊条，“A”表示铬镍不锈钢焊条；第一位数字表示熔敷金属主要化学成分组成等级，见表5-15；第二位数字表示同一熔敷金属主要化学成分组成等级中的不同牌号。

表 5-14 钼和铬钼耐热钢焊条熔敷金属主要化学成分组成等级

焊条牌号	熔敷金属主要化学成分组成等级	焊条牌号	熔敷金属主要化学成分组成等级
R1××	含 Mo 量约为 0.5%	R5××	含 Cr 量约为 5%，含 Mo 量约为 0.5%
R2××	含 Cr 量约为 0.5%，含 Mo 量约为 0.5%	R6××	含 Cr 量约为 7%，含 Mo 量约为 1%
R3××	含 Cr 量约为 1%～2%，含 Mo 量约为 0.5%～1%	R7××	含 Cr 量约为 9%，含 Mo 量约为 1%
R4××	含 Cr 量约为 2.5%，含 Mo 量约为 1%	R8××	含 Cr 量约为 11%，含 Mo 量约为 1%

表 5-15 不锈钢焊条熔敷金属主要化学成分组成等级

焊条牌号	熔敷金属主要化学成分组成等级	焊条牌号	熔敷金属主要化学成分组成等级
G2××	含 Cr 量约为 13%	A4××	含 Cr 量约为 26%，含 Ni 量约为 21%
G3××	含 Cr 量约为 17%	A5××	含 Cr 量约为 16%，含 Ni 量约为 25%
A0××	含碳量≤0.04%(超低碳)	A6××	含 Cr 量约为 16%，含 Ni 量约为 35%
A1××	含 Cr 量约为 19%，含 Ni 量约为 10%	A7××	铬锰氮不锈钢
A2××	含 Cr 量约为 18%，含 Ni 量约为 12%	A8××	含 Cr 量约为 18%，含 Ni 量约为 18%
A3××	含 Cr 量约为 23%，含 Ni 量约为 13%	A9××	待发展

对同一组成等级的焊条，可有 10 个牌号，按 0、1、2、…、9 顺序排列；第三位数字表示药皮类型和焊接电源种类。例如：

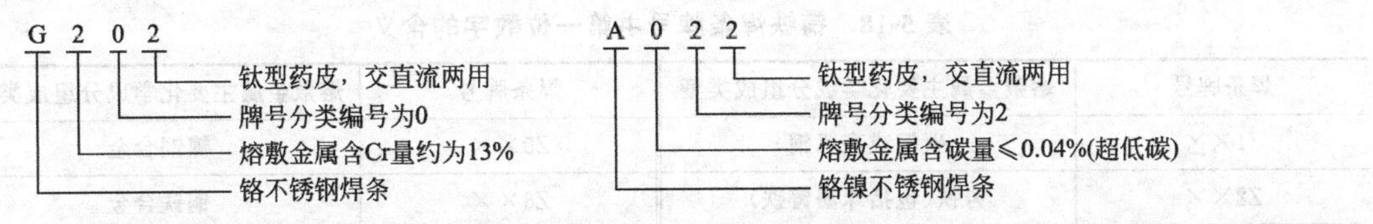

(4) 低温钢焊条牌号　牌号中字母“W”表示低温钢焊条；第一、二位数字表示低温钢焊条工作温度等级，见表 5-16；第三位数字表示药皮类型和焊接电源种类。例如：

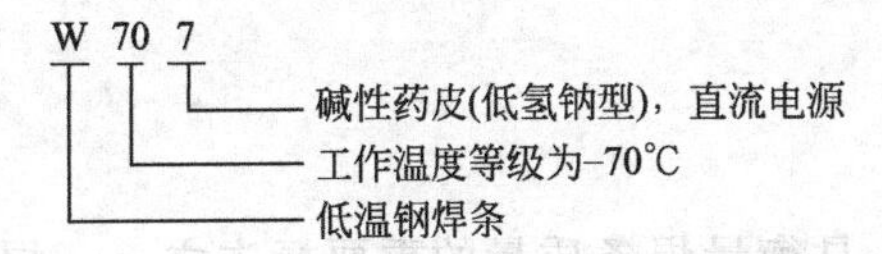

表 5-16 低温钢焊条工作温度等级

焊条牌号	工作温度等级/℃	焊条牌号	工作温度等级/℃
W60×	−60	W10×	−100
W70×	−70	W19×	−196
W80×	−80	W25×	−253
W90×	−90		

(5) 堆焊焊条牌号　牌号中字母“D”表示堆焊焊条；第一、二位数字表示堆焊焊条的用途或熔敷金属的主要成分类型等，见表 5-17；第三位数字表示药皮类型和焊接电源种类。例如：

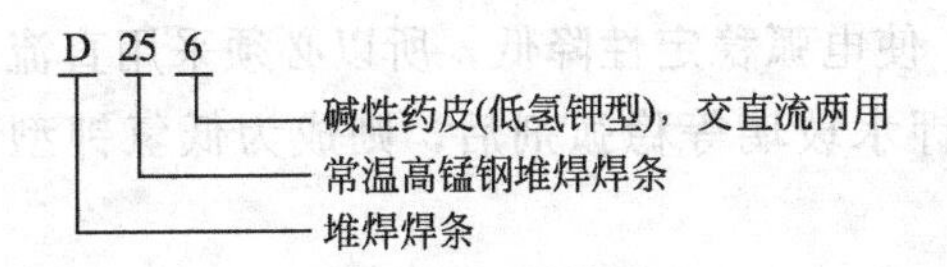

表 5-17 堆焊焊条牌号中前两位数字的含义

前两位数字	主要用途或主要成分类型	前两位数字	主要用途或主要成分类型
00～09	不规定	60～69	合金铸铁堆焊焊条
10～24	不同硬度的常温堆焊焊条	70～79	碳化钨堆焊焊条
25～29	常温高锰钢堆焊焊条	80～89	钴基合金堆焊焊条
30～49	刀具工具用堆焊焊条	90～99	待发展的堆焊焊条
50～59	阀门堆焊焊条		

(6) 铸铁焊条　牌号中字母“Z”表示铸铁焊条；第一位数字表示熔敷金属主要化学成分组成类型，见表 5-18；第二位数字表示同一熔敷金属主要化学成分组成类型中的不同牌号。对同一成分组成类型焊条，可有 10 个牌号，按 0、1、2、…、9 顺序排列；第三位数字表示药皮类型和焊接电源种类。例如：

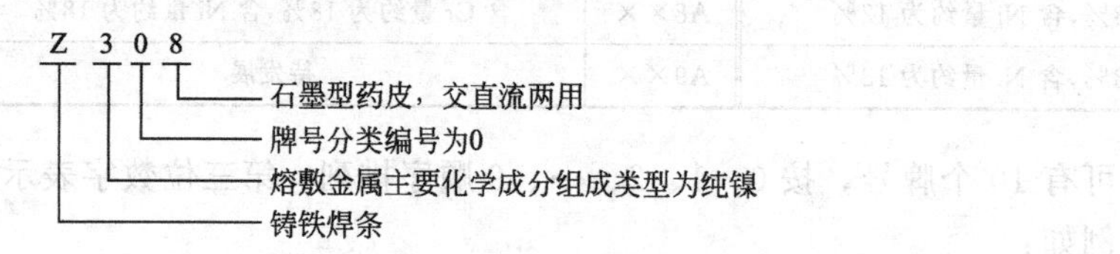

表 5-18 铸铁焊条牌号中第一位数字的含义

焊条牌号	熔敷金属主要化学成分组成类型	焊条牌号	熔敷金属主要化学成分组成类型
Z1××	碳钢或高钒钢	Z5××	镍铜合金
Z2××	铸铁(包括球墨铸铁)	Z6××	铜铁合金
Z3××	纯镍	Z7××	待发展
Z4××	镍铁合金		

四、焊条的工艺性能

焊条的工艺性能是指焊条在焊接操作时的性能，是衡量焊条质量的重要标志之一。焊条的工艺性能包括：焊接电弧的稳定性、焊缝成形性、对各种位置焊接的适应性、脱渣性、飞溅程度、焊条的熔化效率、药皮发红程度以及焊条发尘量等。

1. 焊接电弧的稳定性

焊接电弧的稳定性就是保持电弧持续而稳定燃烧的能力。它对焊接过程能否顺利进行和焊缝质量都有显著的影响。

电弧稳定性与很多因素有关，焊条药皮的组成则是其中的主要因素。焊条药皮组成决定了电弧气氛的有效电离电压。有效电离电压越低，电弧燃烧就越稳定。焊条药皮中加入少量的低电离电位物质，即可有效地提高电弧稳定性。

酸性焊条药皮中含有钾、钠等低电离电位物质，因而用交、直流电源焊接时电弧都能稳定燃烧。而低氢钠型焊条药皮中含有较多的氟石，使电弧稳定性降低，所以必须采用直流电源。为提高电弧稳定性，在药皮中另加碳酸钾、钾水玻璃等稳弧剂后，则成为低氢钾型药皮，可采用交流或直流电源。

2. 焊缝成形性

良好的焊缝成形，应该是表面波纹细致、美观、几何形状正确、焊缝余高量适中、焊缝与母材间过渡平滑、无咬边缺陷。焊缝成形性与熔渣的物理性能有关。熔渣的熔点和黏度太高或太低，都会使焊缝的成形变坏。熔渣的表面张力对焊缝成形也有影响，熔渣的表面张力越小，对焊缝覆盖就越好。

3. 各种位置焊接的适应性

实际生产中常需要进行平焊、横焊、立焊、仰焊等各种位置的焊接。几乎所有的焊条都能适用于平焊，但有些焊条进行横焊、立焊或仰焊时有困难，其主要困难是重力的作用使熔池金属和熔渣下流，并妨碍熔滴过渡而不易形成正常的焊缝。因此，一方面应适当提高电弧和气流的吹力，以便把熔滴送进熔池，并阻止液体金属和熔渣下流；另一方面熔渣应具有合适的熔点和黏度，使之能在较高的温度和较短时间内凝固；还有，熔渣应具有适当的表面张力，以阻止熔滴金属下流。

调整药皮的熔点和厚度，使焊接时焊条端部的套筒长度适当，从而可提高电弧和气流的吹力。为保证足够的气体，药皮中应加入一定量的造气物质。

近年来，我国的焊条生产单位通过调整熔渣的熔点和黏度、提高药皮中造气剂的含量等措施，成功地研制了立向下焊条、管接头全位置下行焊条等专用焊条，其中立向下焊条已列入国家标准。

4. 脱渣性

脱渣性是指焊渣从焊缝表面脱落的难易程度。脱渣性差会显著降低生产率，尤其是多层焊时；另外，还易造成夹渣缺陷。

影响脱渣性的因素有熔渣的线膨胀系数、氧化性、疏松度和表面张力等，其中熔渣的线膨胀系数是影响脱渣性的主要因素。焊缝金属与熔渣的线膨胀系数之差越大，脱渣越容易。钛型焊条熔渣与低碳钢焊缝的线膨胀系数相差最大，脱渣性较好；而低氢型焊条熔渣与焊缝金属线膨胀系数相差最少，脱渣性较差。

熔渣氧化性的影响在于当氧化性较强时会在焊缝表面生成一层以 FeO 为主的氧化膜。FeO 的晶格是体心立方晶格，要搭建在焊缝金属的 α-Fe 晶格上。氧化膜牢固地“粘”在焊缝金属表面，而熔渣中其他具有体心立方晶格的氧化物又搭建在氧化铁晶格上。这样，中间的氧化物起到了“黏结剂”的作用，使脱渣性变坏。在这种情况下，加强熔渣的脱氧能力，则有助于改善脱渣性。

熔渣的疏松度和脆性对角焊缝和深坡口的底层焊缝的脱渣有较明显的影响。在上述情况下，熔渣夹在两个被焊表面之间，若熔渣结构致密、结实，则难以清除。如钛型焊条在平板堆焊时脱渣性很好，但在深坡口中就比较困难，主要就是由于熔渣比较致密的缘故。

5. 飞溅

飞溅是指在熔焊过程中液体金属颗粒向周围飞散的现象。飞溅太多会影响焊接过程的稳定性，增加金属的损失等。

影响飞溅大小的因素很多，熔渣黏度增大，焊接电流过大，药皮中水分过多，电弧过长，焊条偏心等都能引起飞溅的增加。此外，在用直流电源时极性选择不当飞溅也会增大，如低氢钠型焊条焊接时正接比反接飞溅大；交流焊比直流焊时飞溅大。熔滴过渡形态、电弧的稳定性对飞溅也有很大影响。钛型焊条电弧燃烧稳定，熔滴以细颗粒过渡为主，飞溅较小。低氢型焊条电弧稳定性差，熔滴以大颗粒短路过渡为主，飞溅较大。

6. 焊条的熔化速度

影响焊条熔化速度的因素，主要有焊条药皮的组成及厚度、电弧电压、焊接电流、焊芯成分及直径等。其中焊条药皮的组成对焊条的熔化速度影响最明显。

在药皮中加入较多的铁粉，由于药皮导电、导热性的提高，允许在焊接时使用较大的电流，不仅焊条的熔化速度有所提高，工艺性能也得到改善，同时熔敷效率大幅提高，如J421Fe焊条的熔敷效率达到180%。

7. 药皮发红

药皮发红是指焊条焊到后半段时，由于焊条药皮温升过高而导致发红、开裂或脱落的现象。这将使药皮失掉保护作用，引起焊条工艺性能恶化，严重影响焊接质量。这个问题在不锈钢焊条的应用中显得更为突出。经研究测试发现，通过提高电弧能量来提高焊条熔化系数，缩短熔化时间等，可以减少焊芯的电阻热和降低焊条药皮表面的温度，从而解决药皮发红的问题。目前，国内从熔滴过渡形式对熔化系数的影响着手，调整了药皮成分，使熔滴由短路过渡为主变成以细颗粒过渡为主，使熔化系数提高了10%以上，缩短了熔化时间，基本解决了药皮发红的问题。

8. 焊接发尘量

在电弧高温作用下，焊条端部、熔滴和熔池表面的液体金属及熔渣被激烈蒸发，产生的蒸气排出电弧区外即迅速被氧化或冷却，变成细小颗粒飘浮于空气中，而形成焊接烟尘。如钛型焊条每公斤发尘量为6～8g，钛铁矿型为8～10g，低氢型为10～20g。

焊接烟尘污染环境并影响焊工健康。为了改善焊接工作环境的卫生状况，许多国家先后制定了工业卫生的有关标准，以控制焊接烟尘的含量和毒性。

五、焊条的冶金性能

焊条的冶金性能主要是指其脱氧、去氢、脱硫、脱磷、掺合金、抗气孔及抗裂纹的能力等，它最终反映在焊缝金属的化学成分、力学性能和焊接缺陷的形成等方面。因此，要想获得性能良好的焊缝，焊条必须要有良好的冶金性能。现以钛型和低氢型焊条为例来分析冶金性能。

1. 钛型焊条的冶金性能

典型的钛型焊条的型号为E4303，牌号为J422。这种焊条工艺性好，应用广泛。

钛型焊条药皮中含有大量酸性造渣物，如金红石、硅酸盐及一定数量的碱性造渣物碳酸盐等，有时也添加少量有机物。此外，在药皮中添加10%左右锰铁，用以脱氧和补充焊缝里的锰。

表5-19是E4303型焊条药皮配方。表5-20是上述配方焊条涂料和熔渣的化学成分。表5-21是焊芯和熔敷金属的化学成分。表5-22是熔敷金属的力学性能。

表5-19 E4303型焊条药皮配方（质量分数） %

金红石	钛白粉	白泥	云母	长石	大理石	钛铁矿	中碳锰铁	水玻璃占干料百分比
11	7	14	8	8	19	19	14	18～21

表 5-20 E4303 型焊条涂料和熔渣的化学成分（质量分数） %

成分	TiO_2	SiO_2	Al_2O_3	FeO	MnO	CaO	MgO	K_2O+Na_2O	Mn	碱度 B_1
涂料	28.1	26.5	6.7	7.3		10.6	痕迹	5.06	10.6	
熔渣	28.5	25.6	6.3	13.6	13.7	10.0		3.7		0.76
差值	0.4	−0.9	−0.4	6.3	13.7	−0.6		−1.36	−10.6	

表 5-21 E4303 型焊条焊芯和熔敷金属化学成分（质量分数） %

成分	C	Mn	Si	S	P
焊芯	0.077	0.41	0.02	0.017	0.019
熔敷金属	0.072	0.35	0.1	0.019	0.035
差值	−0.005	−0.06	0.08	0.002	0.016

表 5-22 E4303 型焊条熔敷金属的力学性能

σ_b/MPa	σ_s/MPa	δ_5/%	$\alpha=180°$	a_K/J·cm^{-2}
478.2	434.1	28	无裂	140.1

从表 5-20 和表 5-21 看出，涂料与熔渣、焊芯与熔敷金属相比，它们的化学成分发生了较大的变化，这说明了焊接过程中确实进行了一系列的化学冶金反应。

(1) 氧化和脱氧能力　熔敷金属中合金元素含量的变化情况，往往可以代表熔渣的脱氧能力。①从表 5-20 和表 5-21 中看到，焊接前药皮里 FeO 含量较少，只有 7.3%，焊接后熔渣中 FeO 增加到 13.6%，这是由于铁的氧化引起的。②在熔敷金属中碳含量比焊芯中低 0.005%，说明焊芯中的碳没有完全过渡到焊缝中去，而是有一小部分被氧化，形成了 CO 气体。③焊后熔敷金属中锰含量较焊芯低 0.06%，而熔渣中 MnO 增到 13.7%，这是因为 Mn 在焊接过程中作为脱氧剂，与 O_2 或与熔滴和熔池内 FeO 发生脱氧反应，脱氧产物 MnO 进入熔渣中，从而使熔渣和焊缝里锰减少，而渣中 MnO 增加。④焊接后熔敷金属中硅含量增加了 0.08%，主要原因是：焊条药皮中虽然没有加入硅铁，焊芯里含硅量也很少，但由于熔渣中含有较多的 SiO_2，在高温时与液态铁发生置换反应，使铁氧化而向熔化金属中过渡了硅，在降温时硅与 FeO 进行沉淀脱氧。因为置换反应产生的 Si 并未全部被氧化，因此，熔敷金属中的 Si 有所增加。

经上述分析可知，E4303 型焊条的熔渣氧化性较强，因而焊缝中含氧量比母材和焊丝高。

(2) 合金化　由于熔渣中含有较多 SiO_2 和 TiO_2 等酸性氧化物，熔渣的酸度较大，与液态铁发生置换反应，生成的硅向焊缝里过渡。其次由于药皮里加入了较多的锰铁，与熔渣中的 SiO_2 发生反应，生成的硅也转移到焊缝里去。

可见，钛型焊条具有相当强地由熔渣向焊缝过渡硅的能力，保证焊缝所必须的硅。但由于熔渣酸度大，氧化性强，故锰的过渡系数很小。

(3) 去氢　钛型焊条熔敷金属中扩散氢含量一般在 20～30mL/100g。含氢量较高的原因是：有些焊条药皮材料，如云母、长石、白泥等含有较多的结晶水，在烘焙时不易去掉；同时药皮里含的碳酸盐较低氢型焊条少，电弧气氛的氧化性较弱，不利于去氢。熔池中的氧可以起到去氢的作用，但这种作用是很有限的。

（4）脱硫、脱磷 从表 5-21 可以看出，熔敷金属中硫、磷含量均比焊芯中高。这是由于熔渣是酸性的，熔渣里 CaO 和 MnO 的活度小，虽然药皮中含有锰铁，但因过渡系数小，熔池中含锰量低，故钛型焊条脱硫、脱磷能力不强。因此，必须严格限制药皮材料和焊芯中的硫、磷含量，才能把硫、磷控制在规定范围以内。

（5）抗气孔能力 钛型焊条熔渣中酸性氧化物较多，除与碱性氧化物结合外，尚存在足够的自由酸性氧化物，可与 FeO 结合生成 $FeSiO_3$ 或 $FeTiO_3$ 等复合盐。在这种情况下 FeO 易向熔渣中分配，所以钛型焊条对 FeO 不敏感，抗锈能力强。此外，熔敷金属中含硅量较低，而含氧量较高，在熔池金属中进行较激烈的 CO“沸腾”，有利于液态金属中的 H_2 和 N_2 等气体逸出；又因为熔渣与熔池金属之间润湿性好，气渣联合保护的效果较好，故钛型焊条抗气孔的能力较强。但用钛型焊条焊接含硅量较高或其他强脱氧元素较多的钢材时，由于脱氧能力过强，熔池趋向平静，不利于气体逸出，也会产生气孔。

（6）抗裂纹能力 钛型焊条熔渣脱硫、脱磷能力较差，熔敷金属中含硫、磷量及扩散氢含量均较高，故抗结晶裂纹和冷裂纹的能力不如低氢型焊条。因此，这类焊条不宜焊接含硫或碳较高的钢材或偏析严重的钢材。

总之，钛型焊条的冶金性能，是由其药皮和焊芯的成分决定的。而冶金反应的结果决定了熔敷金属的化学成分。除低氢型焊条外，与其他类型焊条相比，钛型焊条熔敷金属含氮、氧等杂质还是较少的，因而具有较好的力学性能。

2. 低氢型焊条的冶金性能

典型的低氢钠型焊条的型号为 E5015，牌号为 J507。这类焊条因焊缝中含氢量低而得名。焊缝金属具有较高的冲击韧度值，一般用在制造承受动载荷的焊件或者是刚性较大的重要构件。

低氢型焊条药皮组成物是以碳酸盐和氟石为主，并加入一定量的脱氧剂、合金剂及少量酸性造渣剂。为了防止焊缝增氢，低氢型焊条药皮中不用有机物造气。

表 5-23 是 E5015 型焊条药皮配方。表 5-24 是焊芯和熔敷金属的化学成分。表 5-25 是熔渣的化学成分。表 5-26 是熔敷金属的力学性能。

表 5-23 E5015 型焊条药皮配方（质量分数） %

大理石	氟石	硅砂	钛白粉	白土子	中碳锰铁	低硅铁	钛铁	纯碱	红矾钾
48	18	5	2	5	5	10	6	0.5	0.5

表 5-24 E5015 型焊条焊芯及熔敷金属的化学成分（质量分数） %

成分	C	Mn	Si	S	P	O	N
焊芯	0.085	0.45	痕迹	0.020	0.010	0.020	0.003～0.004
熔敷金属	0.065	1.04	0.56	0.011	0.021	0.030	0.0119
差值	−0.020	0.59	0.56	−0.009	0.011	0.010	约 0.009

表 5-25 E5015 型焊条焊接熔渣的化学成分（质量分数） %

CaO	CaF_2	SiO_2	FeO	TiO_2	Al_2O_3	MnO	K_2O+Na_2O	碱度 B_1
41.94	28.34	23.76	5.78	7.23	3.57	3.74	4.25	1.89

表 5-26 E5015 型焊条熔敷金属的力学性能

σ_b/MPa	σ_s/MPa	δ_5/%	ψ/%	$\alpha=180°$	a_K/J·cm^{-2}
517.4	413.3	31.53	74.5	无裂	240

低氢钠型焊条的焊芯与钛型基本相同，但药皮成分有很大差别。熔渣呈碱性，因而冶金性能与钛型焊条也不一样。

低氢钠型焊条药皮以大理石和氟石为主，在焊接时分解出大量 CO_2 气体，在药皮套筒中形成很强的保护气流，可将空气排开，所以焊缝金属的含氮量略低于钛型焊条。

(1) 脱氧　低氢钠型焊条药皮中加入了脱氧剂钛铁、硅铁、锰铁，可以进行先期脱氧和沉淀脱氧。同时，由于熔渣中碱性氧化物 CaO 多，熔渣中 SiO_2 和 TiO_2 的活度很小，因此熔渣的氧化性弱。熔渣中 FeO 含量较低，熔敷金属中的含氧量也比其他焊条低得多，如表 5-24 和表 5-25 所示。由此可见，这种焊条脱氧能力较强，对提高焊缝金属力学性能很有利。

(2) 合金化　由于低氢钠型焊条熔渣碱度大，有利于向焊缝金属中过渡形成碱性氧化物的锰。又因熔渣的氧化性小，合金元素的过渡系数高，故熔敷金属中锰和硅的含量有较大幅度提高，如表 5-24 所示。

(3) 去氢　低氢钠型焊条熔敷金属中含扩散氢量很低。按焊条国家标准规定，E5015 焊条熔敷金属中［H］＜8mL/100g。这是因为：①药皮中不含有机物和其他含氢物质，焊条经 400℃烘焙后施焊，消除了氢的主要来源；②药皮中大理石被加热分解，能增强电弧气氛的氧化性，降低电弧气氛里氢的分压；③氟石也有降低焊接区气体中氢分压的作用。

(4) 脱硫、脱磷　由于低氢型焊条熔渣属于碱性渣，有利于向焊缝金属过渡锰，且熔渣中又含有较多的 CaO，所以脱硫能力比钛型焊条强，熔敷金属中含硫量低于焊芯。但由于熔渣中 FeO 含量低，因而脱磷能力较差，熔敷金属中含磷量比焊芯约高一倍。

(5) 抗气孔能力　由于熔渣中 SiO_2 和 TiO_2 等酸性氧化物较少，FeO 不易形成复合盐而呈自由状态。根据分配定律，渣中（FeO）增加，熔池中［FeO］必然增加。［FeO］在熔池凝固后期与 C 作用，使 CO 气孔倾向增大。又由于熔池脱氧比较完全，不易发生 CO “沸腾”反应，因而氮或氢一旦溶入熔池就很难析出，而形成气孔。此外，低氢型焊条熔渣表面张力较大，对液体金属的润湿性较差，覆盖性较差，在电弧较长时空气中的氮很容易进入熔池。因此，低氢型焊条对各种气孔都比较敏感，抗气孔能力较低。在用低氢型焊条焊接时，焊前应严格清理焊接区，按规定烘焙焊条，并用短弧施焊。

(6) 抗裂纹能力　由于低氢钠型焊条熔敷金属中含硫量、含氢量均比其他焊条低，故低氢钠型焊条抗热裂纹、冷裂纹能力较强。

总之，由于低氢焊条的熔敷金属中氧、氢、硫、磷、氮等杂质的含量均比钛型焊条低，故熔敷金属的力学性能比钛型焊条更好（表 5-26），特别是冲击韧度远远超过钛型焊条。

六、焊条的设计与制造

焊条设计与制造应满足焊条的技术条件，遵守相应的国家标准和行业标准。设计中还应考虑制造工艺的可行性及生产成本问题。

1. 焊条的设计

(1) 对焊条的要求　主要有以下几点：

① 必须满足对焊接接头的技术要求。

② 具有良好的冶金性能及工艺性能。

③ 药皮压涂性好，易成形，压制后表面光滑无裂纹，并具有一定的强度和耐潮能力。

(2) 设计步骤　焊条的设计步骤如下：

① 设计焊缝成分。焊缝的化学成分既要满足接头使用性能的要求，又要考虑对焊接性的影响，常用的方法是经验法。

② 确定焊缝金属的合金化方式。焊缝金属的化学成分确定后，应该考虑通过何种途径将合金元素过渡到焊缝中。可选择的途径有：通过焊芯过渡、药皮直接过渡和经过熔渣与液态金属的置换反应过渡。

③ 确定焊条药皮类型。一般的原则是：焊接重要结构或低合金高强钢时，多选用低氢型药皮；对于焊接不太重要的碳钢或强度较低的低合金钢结构，可选用钛型或钛铁矿型药皮。

④ 初步确定药皮配方。一般是以经验为主，以计算为辅，参考目前成熟的配方，初步确定各物质的用量。

⑤ 试验调整。焊条药皮配方初步确定后，即可按配方制造出焊条进行试焊。如果发现焊缝成分或焊条性能不符合要求，则应调整配方，直到满意为止。

2. 焊条的制造

焊条的制造过程包括以下几个部分：

(1) 焊芯加工　焊芯一般以直径较大的盘圆供货，在涂敷药皮前经过拔丝、校直、切断、清理和检验等一系列工序。

(2) 药皮原材料制粉　制粉就是将块料原材料加工成颗粒度符合焊条制造要求的粉末，其中包括洗选、烘干、破碎、球磨和筛分等工序。

(3) 铁合金的钝化　钝化是用人工的方法使铁合金颗粒表面产生一层氧化膜，以防止与水玻璃中的碱溶液发生化学反应而造成药皮表面发泡。药皮中常用的铁合金，如硅铁、锰铁，必须经过钝化后才能在焊条制造中使用。钝化通常采用焙烧或用高锰酸钾浸泡的方法进行。

(4) 涂料的制备　主要过程如下：

① 配干粉与混拌。将处理好的各种粉料按照配方规定的比例均匀的混拌在一起。干粉混合时所用的设备是搅拌机。

② 液体水玻璃的制备。液体水玻璃是固体水玻璃的水溶液，水玻璃中含水量决定其密度。水分越多，水玻璃的密度越小。焊条制造中要求水玻璃的相对密度为1.39～1.56。

③ 湿混拌。在配好的干粉中，徐徐倒入液体水玻璃，并进行湿混拌，直至混拌均匀没有大的湿块和干粉时，便成了焊条涂料。

(5) 焊条药皮的涂敷　在焊条涂料机上，将合格的焊条涂料涂敷到焊芯上。

(6) 焊条的烘干　焊条烘干的目的是排除药皮中的水分。一般都采用先低温（40℃左右保温3～10h）烘干，然后进行较高温度烘焙的方法。烘焙温度取决于焊条药皮类型。

(7) 焊条的质量检验　主要包括：

① 跌落检验。将焊条平举1m高，自由落到光滑的厚钢板上，如药皮无脱落现象，即证明药皮的强度合乎质量要求。

② 外表检验。药皮表面应光滑、无气孔和机械损伤，焊芯无锈蚀，药皮不偏心。

③ 焊接检验。通过施焊来检验焊条质量是否满足设计要求。

经上述质量检验合格后，即可包装出厂。

七、焊条的选用与管理

1. 焊条的选用

焊条的选用要根据被焊材料的化学成分、力学性能、焊接结构特点、使用条件、施工条件和经济效益等综合考虑，必要时还需进行焊接性试验。焊条的选用原则如下：

(1) 焊缝金属力学性能和化学成分　对于普通结构钢，通常要求焊缝金属与母材等强度，应选用熔敷金属抗拉强度与母材相等或相近的焊条，称为等强匹配原则。对于合金结构钢，有时还要求合金成分与母材相同或接近，应选用焊条熔敷金属化学成分与母材相同或相近的焊条，称为等成分匹配原则。在焊接结构刚性大、接头应力高、焊缝易产生裂纹的不利情况下，应考虑选用比母材强度低的焊条。当母材中碳、硫、磷等元素的含量偏高时，焊缝中容易产生裂纹，应选用抗裂性能好的碱性低氢型焊条。

(2) 考虑焊接构件使用性能和工作条件　对承受冲击载荷的焊件，除满足强度要求外，主要应保证焊缝金属具有较高的冲击韧性和塑性，可选用塑性、韧性指标较高的低氢型焊条。接触腐蚀介质的焊件，应根据介质的性质及腐蚀特征选用不锈钢类焊条或其他耐腐蚀焊条。在高温、低温、耐磨或其他特殊条件下工作的焊件，应选用相应的耐热钢、低温钢、堆焊或其他特殊用途焊条。

(3) 考虑焊接结构特点及受力条件　对结构形状复杂、刚性大的厚大焊件，由于焊接过程中产生很大的内应力，易使焊缝产生裂纹，应选用抗裂性能好的碱性低氢焊条。对受力不大、焊接部位难以清理干净的焊件，应选用对铁锈、氧化皮、油污不敏感的酸性焊条。对受条件限制不能翻转的焊件，应选用适于全位置焊接的焊条。

(4) 考虑施工条件和经济效益　在满足产品使用性能要求的情况下，应选用工艺性能好的酸性焊条。在狭小或通风条件差的场合，应选用酸性焊条或低尘焊条。对焊接工作量大的结构，有条件时应尽量采用高效率焊条，如铁粉焊条、高效率重力焊条等，或选用底层焊条、立向下焊条之类的专用焊条，以提高焊接生产率。

(5) 对于强度级别不同的碳钢之间、低合金钢之间以及碳钢与低合金钢之间等异种钢的焊接，一般要求焊缝金属或接头的强度、塑性和韧性都不能低于两种被焊金属的最低值，因此，一般根据强度级别较低的钢材来选用焊条。但是，为了防止焊接裂纹，应按强度级别较高、焊接性较差的钢种确定焊接工艺，包括焊接规范、预热温度及焊后热处理等。对于碳钢、低合金钢与奥氏体钢异种钢的焊接，应选用铬、镍量较高的奥氏体钢焊条。

2. 焊条的管理

焊条（包括其他焊接材料）的管理包括验收、烘干、保管领用等方面，焊条管理程序控制简图如图 5-2 所示。

(1) 焊条的验收　对于制造锅炉、压力容器等重要焊件的焊条，焊前必须进行焊条的验收，也称复验。复验前要对焊条的质量证明书进行审查，正确齐全符合要求者方可复验。复验时，应对每批焊条编“复验编号”按照其标准和技术条件进行外观、理化试验等检验，复验合格后，焊条方可入一级库，否则应退货或降级使用。

另外，为了防止焊条在使用过程中混用、错用，同时也便于为万一出现的焊接质量问题分析找出原因，焊条的“复验编号”不但要登记在一级库、二级库台账上，而且在烘烤记录

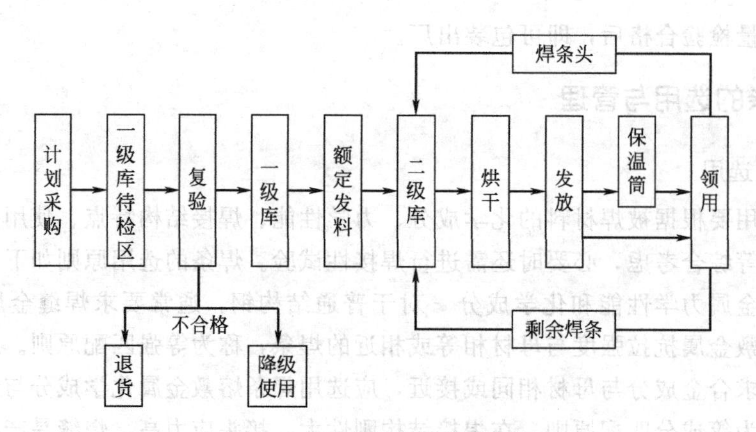

图 5-2 焊条管理程序控制简图

单、发放领料单上，甚至焊接施工卡也要登记，从而保证焊条使用时的追踪性。

(2) 焊条保管、领用、发放 焊条实行三级管理：一级库管理、二级库管理、焊工焊接时管理。一级库、二级库内的焊条要按其型号牌号、规格分门别类堆放在离地面、离墙面300mm以上的木架上。

一级库内应配有空调设备和去湿机，保证室温在5～25℃之间，相对湿度低于60%。

二级库应有焊条烘烤设备，焊工施焊时也需要妥善保管好焊条，焊条要放入保温筒内，随取随用，不可随意乱丢、乱放。

焊条领用发放要建立严格的限额领料制度，“焊接材料领料单”应由焊工填写，二级库保管人员凭焊接工艺要求和焊材领料单发放，并审核其型号牌号、规格是否相符，同时还要按发放焊条根数收回焊条头。

(3) 焊条烘干 焊条烘干时间、温度应严格按标准要求进行，并作好温度时间记录，烘干温度不宜过高或过低。温度过高，会使焊条中一些成分发生氧化，过早分解，从而失去保护等作用；温度过低，焊条中的水分就不能完全蒸发掉，焊接时就可能形成气孔、裂纹等缺陷。

此外，还要注意温度、时间配合问题，据有关资料介绍，烘干温度和时间相比，温度较为重要，如果烘干温度过低，即使延长烘干时间其烘烤效果也不佳。焊条累计烘干次数一般不宜超过三次。

第二节 焊 丝

焊丝是焊接时作为填充金属或同时用来导电的金属丝。它是埋弧焊、气体保护焊、自保护焊和电渣焊等多种焊接方法的主要焊接材料。随着这些焊接方法的迅速发展，近年来在很多方面取代了焊条电弧焊。因此，在焊接生产中，对焊丝的需求量逐年增加。

一、焊丝的分类

焊丝的分类方法很多，通常有以下几种：

1. 按用途分

可分为碳钢焊丝、低合金钢焊丝、不锈钢焊丝、硬质合金堆焊焊丝、铜及铜合金焊丝、铝及铝合金焊丝以及铸铁气焊焊丝等。

2. 按其适用的焊接方法分

可分为埋弧焊用焊丝、气体保护焊用焊丝、气焊用焊丝以及电渣焊用焊丝等。

3. 按其截面形状及结构分

可分为实芯焊丝和药芯焊丝。

二、实芯焊丝

实芯焊丝是目前最常用的焊丝，由热轧线材经拉拔加工而成，为了防止焊丝生锈，须对焊丝（除不锈钢焊丝外）表面进行特殊处理。目前主要是镀铜处理，包括电镀、浸铜及化学镀铜处理等方法。

钢焊丝适用于埋弧焊、电渣焊、氩弧焊、CO_2 焊及气焊等焊接方法，用于低碳钢、低合金钢、不锈钢等材料的焊接。对于低碳钢、低合金高强钢，主要按等强匹配的原则选择焊丝；对于不锈钢、耐热钢等，主要按等成分匹配的原则选择焊丝。

1. 埋弧焊、电渣焊及气焊用焊丝

埋弧焊、电渣焊及气焊用焊丝应符合 GB/T 14957—1994《熔化焊用钢丝》、YB/T 5092—2005《焊接用不锈钢丝》规定。焊丝的牌号与焊芯的牌号相同，例如：

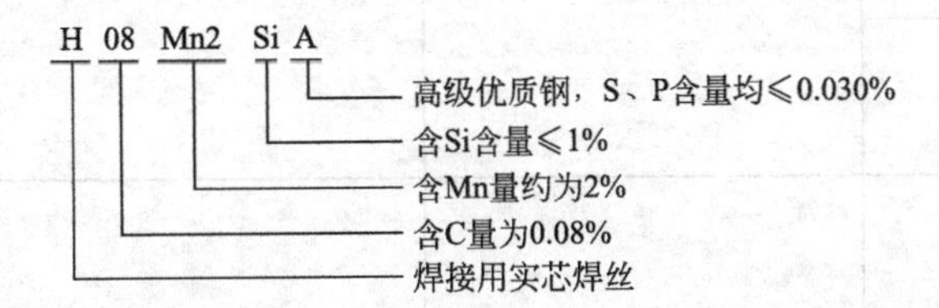

2. 气体保护焊用焊丝

GB/T 8110—2008《气体保护电弧焊用碳钢、低合金钢焊丝》规定了碳钢、低合金钢气体保护电弧焊所用焊丝的化学成分和力学性能，适用于熔化极气体保护电弧焊（MIG 焊、MAG 焊及 CO_2 焊）、TIG 焊及等离子弧焊。不锈钢钨极惰性气体保护电弧焊及熔化极惰性气体保护电弧焊用焊丝按 YB/T 5091-1993《惰性气体保护焊接用不锈钢棒及钢丝》选用。

GB/T 8110—2008《气体保护电弧焊用碳钢、低合金钢焊丝》规定，焊丝型号由三部分组成。ER 表示焊丝；ER 后面的两位数字表示熔敷金属的最低抗拉强度；短划“-”后面的字母或数字表示焊丝化学成分分类代号；如还附加其他元素时，直接用元素符号表示，并以短划“-”与前面数字分开。型号最后加字母 L 表示含碳量低的焊丝（$w_C \leqslant 0.05\%$）。根据供需双方协商，可在型号后附加扩散氢代号 H×，×为 5、10、15，分别代表熔敷金属扩散氢含量不大于 5mL/100g、10mL/100g、15mL/100g。例如：

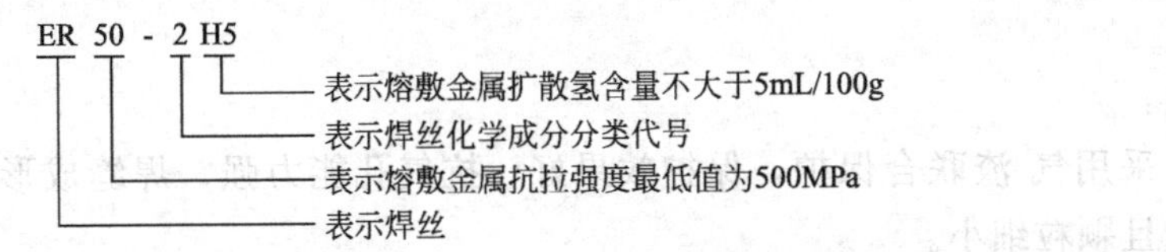

化学成分分类代号的内容为：碳钢焊丝用一位数字表示，有 1、2、3、4、6、7 共 6 个型号；碳钼钢焊丝用字母 A 表示；铬钼钢焊丝用字母 B 表示；镍钢焊丝用字母 C 表示；锰

钼钢焊丝用字母 D 表示，它们后面数字表示同一合金系统的不同编号。其他低合金钢焊丝在抗拉强度后用短划“-”后缀表示编号的一位数，如 ER69-1、ER76-1 等。

目前在我国 CO_2 焊已得到广泛应用，主要用于碳钢、低合金钢的焊接，最常用的焊丝是 ER49-1 和 ER50-6。ER49-1 对应的牌号为 H08Mn2SiA，ER50-6 对应的牌号为 H11Mn2SiA。

常用低碳钢、低合金钢埋弧焊、电渣焊、CO_2 焊实芯焊丝选用见表 5-27。

表 5-27 常用低碳钢、低合金钢埋弧焊、电渣焊、CO_2 焊焊丝选用

钢号	埋弧焊焊丝	电渣焊焊丝	CO_2 气体保护焊焊丝
Q235、Q255、 20g、25、30	H08A H08MnA	H08MnA H10MnSi	ER49-1 ER50-6
Q295(09Mn2) Q295(09MnV) 09Mn2Si	H08A H08MnA	H10Mn2 H10MnSi	ER49-1 ER50-6
Q345(16Mn) Q345(14MnNb) 16MnCu	薄板：H08A H08MnA	H08MnMoA	ER49-1 ER50-6
	不开坡口对接 H08A 中板开坡口对接 H08MnA H10Mn2		
	厚板深坡口 H10Mn2 H08MnMoA		
Q390(15MnV) Q390(16MnNb) 15MnVCu	不开坡口对接 H08MnA 中板开坡口对接 H10Mn2 H10MnSi	H10MnMoA H08Mn2MoVA	ER49-1 ER50-6
	厚板深坡口 H08MnMoA		
Q420(15MnVN) 15MnVNCu 15MnVTiRE	H10Mn2	H10MnMoA H08Mn2MoVA	ER49-1 ER50-6
	H08MnMoA H08Mn2MoA		

三、药芯焊丝

由薄钢带卷成圆形或异形钢管的同时，填进一定成分的药粉料，经拉制而成的焊丝叫做药芯焊丝，芯部药粉的成分与焊条的药皮类似。药芯焊丝可用于气体保护焊、埋弧焊等，在气体保护电弧焊中应用最多。

1. 药芯焊丝的特点

药芯焊丝具有以下优点：

(1) 焊接工艺性能好　采用气-渣联合保护，保护效果好，抗气孔能力强，焊缝成形美观，电弧稳定性好，飞溅少且颗粒细小。

(2) 焊丝熔敷速度快，生产率高　熔敷速度明显高于焊条，并略高于实芯焊丝，熔敷效率和生产率都较高，生产率比焊条电弧焊高 3～4 倍，经济效益显著。且可用大电流进行全位置焊。

(3) 焊接适应性强　通过调整药粉的成分与比例，可焊接和堆焊不同成分的钢材。且由于药粉改变了电弧特性，对焊接电源无特殊要求，交、直流，平缓外特性电源均可。

(4) 综合成本低　焊接相同厚度的钢板，使用药芯焊丝焊接时，单位长度焊缝的综合成本明显低于焊条，且略低于实芯焊丝。

药芯焊丝的缺点是：焊丝制造过程复杂；送丝较实芯焊丝困难，需要采用降低送丝压力的送丝机构；焊丝外表易锈蚀，药粉易吸潮，故使用前应对焊丝外表进行清理和250～300℃的烘烤。

2. 药芯焊丝的分类

(1) 根据外层结构分　主要有：

① 有缝药芯焊丝。通常由冷轧薄钢带首先轧成U形，加入药芯后再轧成O形，折叠后轧成E形。

② 无缝药芯焊丝。通常用焊成的钢管或无缝钢管加药芯制成。这种焊丝的优点是密封性好，焊芯不易因受潮而变质，在制造中可对表面镀铜，改进了送丝性能，同时又具有成本相对较低的特点，因而已成为药芯焊丝的发展方向。

(2) 根据熔渣的碱度分　主要有：

① 钛型药芯焊丝（酸性渣）。这种焊丝具有焊道成形美观、工艺性好、适用于全位置焊接的优点，缺点是焊缝的韧性不足，抗裂性稍差。

② 钙型药芯焊丝（碱性渣）。与钛型药芯焊丝相反，钙型药芯焊丝的焊缝韧性和抗裂性能优良，而焊缝成形与焊接工艺性能稍差。

③ 钛钙型药芯焊丝（中性或弱碱性渣）。钛钙型药芯焊丝性能适中，介于上述二者之间。

(3) 根据焊接过程中外加的保护方式分

① 气体保护焊用药芯焊丝。根据保护气体的种类可细分为二氧化碳气体保护焊、熔化极惰性气体保护焊、混合气体保护焊以及钨极惰性气体保护焊用药芯焊丝。其中二氧化碳气体保护焊药芯焊丝应用最广。

② 埋弧焊用药芯焊丝。这种焊丝主要应用于表面堆焊。

③ 自保护药芯焊丝。主要指在焊接过程中不需要外加保护气体或焊剂的焊丝。通过焊丝芯部药粉中造渣剂、造气剂在电弧高温作用下产生的气、渣对熔滴和熔池进行保护。

3. 碳钢药芯焊丝的型号与牌号

(1) 药芯焊丝的型号　碳钢药芯焊丝的型号遵从GB/T 10045—2001《碳钢药芯焊丝》。例如：

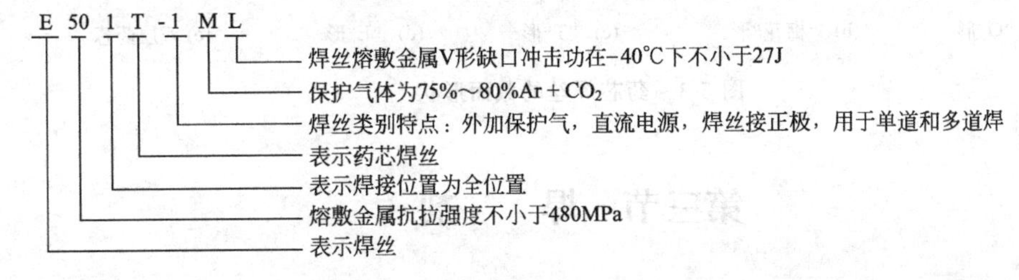

药芯焊丝型号中字母“E”表示焊丝、字母“T”表示药芯焊丝。字母“E”后面的前

两位数字表示熔敷金属的力学性能。第三位数字表示推荐的焊接位置，其中“0”表示平焊和横焊位置，“1”表示全位置。短划“-”后面的数字表示焊丝的类别特点。字母“M”表示保护气体为75%～80%Ar+CO_2，当无字母“M”时，表示保护气体为CO_2或为自保护类型。字母“L”表示焊丝熔敷金属的冲击性能在-40℃时，其V形缺口冲击功不小于27J，无“L”时，表示焊丝熔敷金属的冲击性能符合一般要求。

(2) 药芯焊丝的牌号 牌号举例：

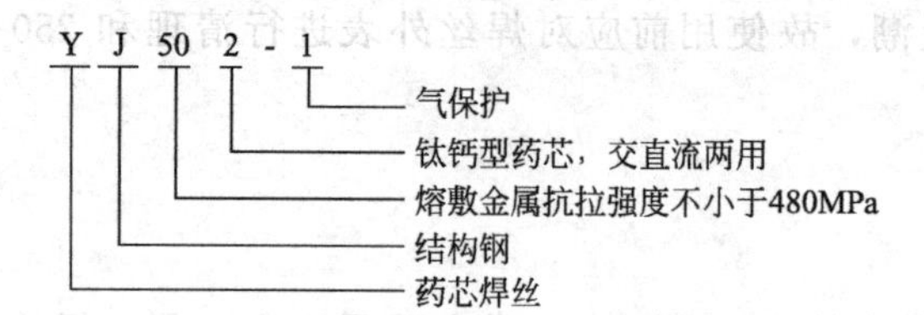

药芯焊丝牌号的含义：

① 牌号的第一个字母“Y”表示药芯焊丝。第二个字母与随后的三位数字的含义与焊条牌号的编制方法相同，如YJ×××为结构钢药芯焊丝，YR×××为耐热钢药芯焊丝，YG×××为铬不锈钢药芯焊丝，YA×××为铬镍不锈钢药芯焊丝。

② 牌号中短划“-”后的数字表示焊接时的保护方法：“1”为气保护，“2”为自保护，“3”为气保护与自保护两用，“4”为其他保护形式。

③ 药芯焊丝有特殊性能和用途时，则在牌号后面加注起主要作用的元素和主要用途的字母。

4. 药芯焊丝的截面形状

常见药芯焊丝的截面形状如图5-3所示。药芯焊丝的截面形状对其焊接工艺性能与冶金性能都有很大的影响。其中最简单的为O形［图5-3(a)］，又称管状焊丝。由于中间芯部的粉剂不导电，电弧容易沿四周外皮旋转，使得电弧稳定性较差。E形截面［图5-3(d)］药芯焊丝，由于折叠的钢带偏向截面的一侧，当焊丝与母材之间的角度比较小时，容易发生电弧偏吹现象。双层药芯焊丝［图5-3(e)］可以把密度相差悬殊的粉末分开，把密度大的金属粉末加在内层，把密度较小的矿石粉加在外层，这样可以保持粉末成分的均匀性，使焊丝的性能稳定。由于它的截面比较对称，并且金属粉居于截面中心，所以电弧比较稳定，其缺点是当焊丝反复烘干时容易造成截面变形、漏粉以及导致送丝困难。

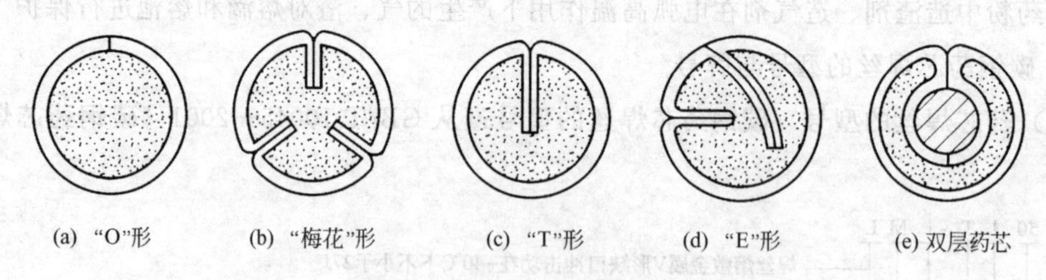

图5-3 药芯焊丝的截面形状

第三节 焊 剂

焊剂是指焊接时能够熔化形成熔渣和气体，对熔化金属起保护和冶金处理作用的一种颗粒状物质。它是埋弧焊、电渣焊中所用的焊接材料，其作用相当于焊条中的药皮，在焊接过程中起到隔离空气、保护焊接区金属使其不受空气的侵害，以及进行冶金处理的作用。因此，焊剂与焊丝配合使用是决定焊缝金属化学成分和力学性能的重要因素。

一、焊剂的分类

焊剂的分类方法很多，如图 5-4 所示。

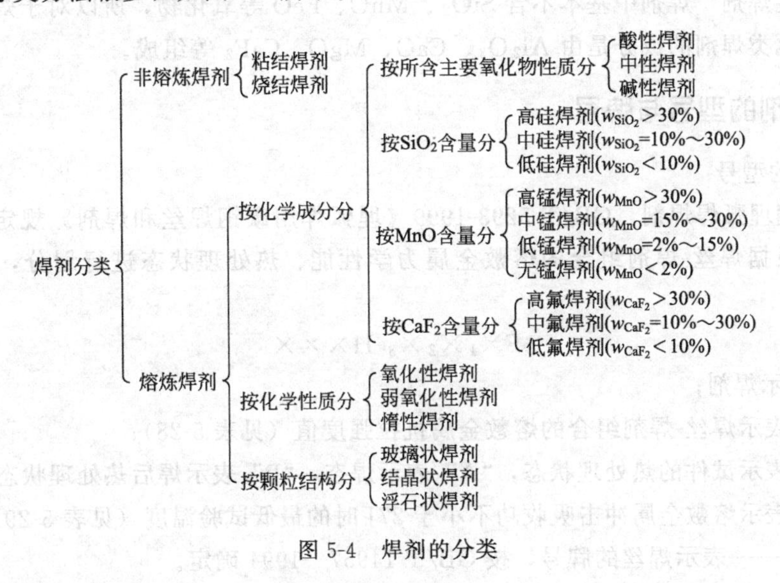

图 5-4 焊剂的分类

1. 按焊剂制造方法分类

(1) 熔炼焊剂 按照配方将一定比例的各种配料放在炉内熔炼，然后经过水冷粒化、烘干、筛选而制成。熔炼焊剂的主要优点是颗粒强度高，化学成分均匀，可以获得性能均匀的焊缝。但由于焊剂在制造过程中有高温熔炼过程，合金元素烧损严重，不能依靠焊剂向焊缝金属大量过渡合金元素。熔炼焊剂是目前应用最多的一类焊剂。

(2) 非熔炼焊剂 将一定比例的配料粉末，混合均匀并加入适量的黏结剂后经过烘焙而成。根据烘焙温度不同，又分为以下两种：

① 黏结焊剂。将一定比例的各种粉末配料加入适量黏结剂，经混合搅拌、粒化后，在400℃以下的低温烘焙而成。

② 烧结焊剂。将一定比例的各种粉末配料加入适量黏结剂，混合搅拌后在400～1000℃高温下烧结成块，然后粉碎、筛选而成。其中烧结温度为400～600℃的叫做低温烧结焊剂，烧结温度高于700℃的叫做高温烧结焊剂。前者可以渗合金，后者则只有造渣和保护作用。

非熔炼焊剂没有熔炼过程，化学成分不均匀，焊缝性能不均匀，但可以在焊剂中添加铁合金，增大焊缝金属合金化。

2. 按焊剂化学成分分类

(1) 按所含主要氧化物性质 可分为酸性焊剂、中性焊剂和碱性焊剂。

(2) 按 SiO_2 含量 可分为高硅焊剂、中硅焊剂和低硅焊剂。

(3) 按 MnO 含量 可分为高锰焊剂、中锰焊剂、低锰焊剂和无锰焊剂。

(4) 按 CaF_2 含量 可分为高氟焊剂、中氟焊剂和低氟焊剂。

3. 按焊剂化学性质分类

（1）氧化性焊剂　焊剂对焊缝金属具有较强的氧化作用。可分为两种：一种是含有大量 SiO_2、MnO 的焊剂；另一种是含较多 FeO 的焊剂。

（2）弱氧化性焊剂　焊剂含 SiO_2、MnO、FeO 等氧化物较少，对金属有较弱的氧化作用，焊缝含氧量较低。

（3）惰性焊剂　焊剂中基本不含 SiO_2、MnO、FeO 等氧化物，所以对于焊接金属没有氧化作用。此类焊剂的成分是由 Al_2O_3、CaO、MgO、CaF_2 等组成。

二、焊剂的型号与牌号

1. 焊剂的型号

（1）碳钢埋弧焊焊剂　GB/T 5293-1999《埋弧焊用碳钢焊丝和焊剂》规定，碳钢埋弧焊焊剂型号根据焊丝-焊剂组合的熔敷金属力学性能、热处理状态进行划分，其表示方法如下：

$$F\times_1\times_2\times_3\text{-}H\times\times\times$$

F——表示焊剂；

$\times_1$——表示焊丝-焊剂组合的熔敷金属抗拉强度值（见表 5-28）；

$\times_2$——表示试件的热处理状态，“A”表示焊态，“P”表示焊后热处理状态；

$\times_3$——表示熔敷金属冲击吸收功不小于 27J 时的最低试验温度（见表 5-29）；

H×××——表示焊丝的牌号，按 GB/T 14957—1994 确定。

表 5-28　熔敷金属的拉伸性能

焊剂型号	抗拉强度 σ_b/MPa	屈服强度 σ_s/MPa	伸长率 δ_5/%
F4××-H×××	415～550	≥330	≥22
F5××-H×××	480～650	≥400	≥22

表 5-29　V 形缺口熔敷金属冲击试验

焊剂型号	冲击吸收功/J	试验温度/℃	焊剂型号	冲击吸收功/J	试验温度/℃
F××0-H×××		0	F××4-H×××		−40
F××2-H×××	≥27	−20	F××5-H×××	≥27	−50
F××3-H×××		−30	F××6-H×××		−60

例如

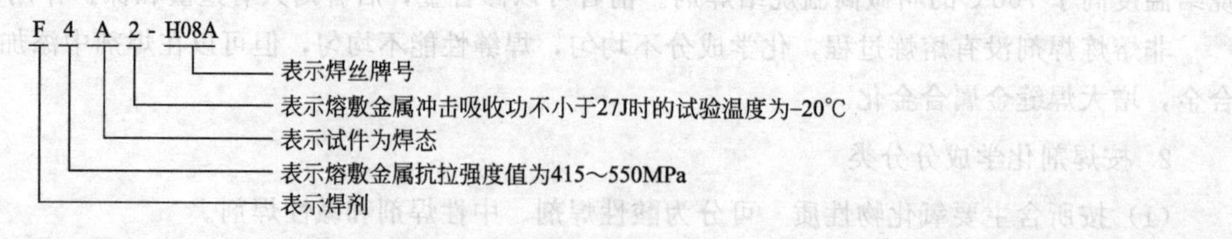

（2）低合金钢埋弧焊焊剂　GB/T 12470—2003《埋弧焊用低合金钢焊丝和焊剂》规定，低合金钢埋弧焊焊剂型号根据焊丝-焊剂组合的熔敷金属力学性能、热处理状态及焊剂渣系进行划分，其表示方法如下：

F×$_1$×$_2$×$_3$×$_4$-H×××

F——表示焊剂；

×$_1$——表示熔敷金属抗拉强度值（见表 5-30）；

×$_2$——表示试件的热处理状态，“0”表示焊态，“1”表示焊后热处理状态；

×$_3$——表示熔敷金属冲击吸收功不小于 27J 时的最低试验温度（见表 5-31）；

×$_4$——表示焊剂渣系类别代号（见表 5-32）；

H×××——表示焊丝的牌号，按 GB/T 14957—1994 确定。

表 5-30 熔敷金属的拉伸性能

焊剂型号	抗拉强度 σ_b/MPa	屈服强度 σ_s/MPa	伸长率 δ_5/%
F5×××-H×××	480～650	≥380	≥22.0
F6×××-H×××	550～690	≥460	≥20.0
F7×××-H×××	480～650	≥540	≥17.0
F8×××-H×××	690～820	≥610	≥16.0
F9×××-H×××	760～900	≥680	≥15.0
F10×××-H×××	820～970	≥750	≥14.0

表 5-31 V 形缺口熔敷金属冲击试验

焊剂型号	冲击吸收功/J	试验温度/℃	焊剂型号	冲击吸收功/J	试验温度/℃
F××0×-H×××	≥27	无要求	F××5×-H×××	≥27	−50
F××1×-H×××		0	F××6×-H×××		−60
F××2×-H×××		−20	F××8×-H×××		−80
F××3×-H×××		−30	F××10×-H×××		−100
F××4×-H×××		−40			

表 5-32 焊剂渣系分类及组分

焊剂型号	主要组分(质量分数)	渣系
F×××1-H×××	$(CaO+MgO+MnO+CaF_2)>50\%$ $SiO_2\leqslant20\%$ $CaF_2>15\%$	氟碱型
F×××2-H×××	$(Al_2O_3+CaO+MgO)>45\%$ $Al_2O_3>20\%$	高铝型
F×××3-H×××	$(CaO+MgO+SiO_2)>60\%$	硅钙型
F×××4-H×××	$(MnO+SiO_2)>50\%$	硅锰型
F×××5-H×××	$(Al_2O_3+TiO_2)>45\%$	铝钛型
F×××6-H×××	不作规定	其他型

例如

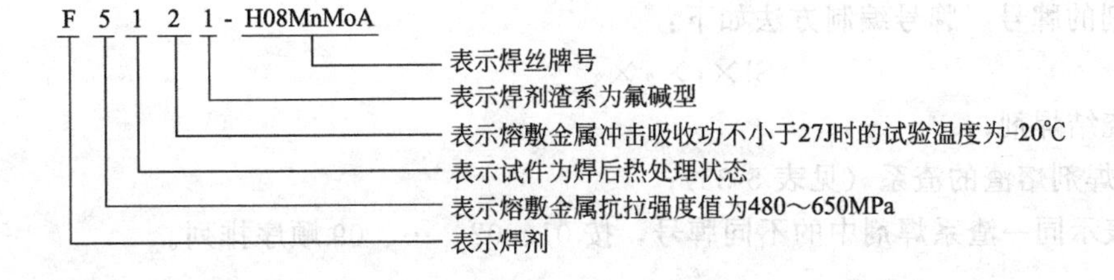

2. 焊剂的牌号

(1) 熔炼焊剂的牌号　牌号编制方法如下：

$$HJ\times_1\times_2\times_3$$

HJ——表示熔炼焊剂；

$\times_1$——表示焊剂中氧化锰的含量（见表5-33）；

$\times_2$——表示焊剂中二氧化硅、氟化钙的含量（见表5-34）；

$\times_3$——表示同一类型焊剂的不同牌号，按0、1、2、…、9顺序排列。

同一牌号焊剂生产两种颗粒度时，在细颗粒焊剂牌号后加“X”。

表5-33　熔炼焊剂牌号第一位数字的意义

焊剂牌号	焊剂类型	氧化锰含量(质量分数)
HJ1××	无锰	MnO<2%
HJ2××	低锰	MnO≈2%～15%
HJ3××	中锰	MnO≈2%～30%
HJ4××	高锰	MnO>30%

表5-34　熔炼焊剂牌号第二位数字的意义

焊剂牌号	焊剂类型	二氧化硅、氟化钙含量(质量分数)
HJ×1×	低硅低氟	SiO_2<10%,CaF_2<10%
HJ×2×	中硅低氟	SiO_2≈10%～30%,CaF_2<10%
HJ×3×	高硅低氟	SiO_2>30%,CaF_2<10%
HJ×4×	低硅中氟	SiO_2<10%,CaF_2≈10%～30%
HJ×5×	中硅中氟	SiO_2≈10%～30%,CaF_2≈10%～30%
HJ×6×	高硅中氟	SiO_2>30%,CaF_2≈10%～30%
HJ×7×	低硅高氟	SiO_2<10%,CaF_2>30%
HJ×8×	中硅高氟	SiO_2≈10%～30%,CaF_2>30%
HJ×9×	其他	—

例如

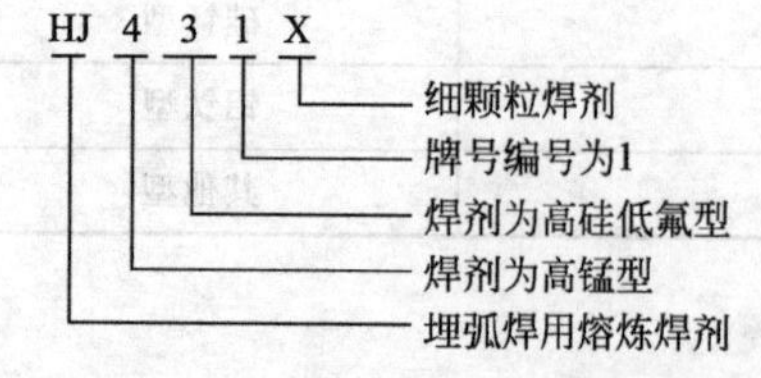

(2) 烧结焊剂的牌号　牌号编制方法如下：

$$SJ\times_1\times_2\times_3$$

SJ——表示烧结焊剂；

$\times_1$——表示焊剂熔渣的渣系（见表5-35）；

$\times_2\times_3$——表示同一渣系焊剂中的不同牌号，按01、02、…、09顺序排列。

表 5-35 烧结焊剂牌号第一位数字的意义

焊剂牌号	熔渣渣系类型	主要组分范围(质量分数)
SJ1××	氟碱型	CaF_2≥15%,($CaO+MgO+CaF_2$)>50%,SiO_2≤20%
SJ2××	高铝型	Al_2O_3≥20%,($Al_2O_3+CaO+MgO$)>45%
SJ3××	硅钙型	($CaO+MgO+SiO_2$)>60%
SJ4××	硅锰型	($MnO+SiO_2$)>50%
SJ5××	铝钛型	($Al_2O_3+TiO_2$)>45%
SJ6××	其他型	

例如

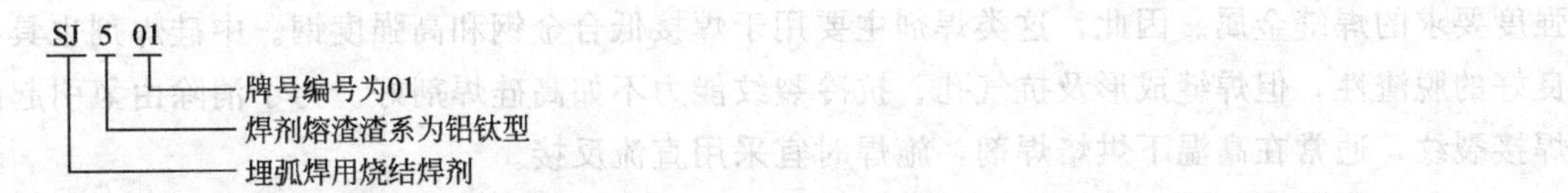

三、对焊剂的要求

1. 焊剂应具有良好的冶金性能

在焊接时，配以适当的焊丝和合理的焊接工艺，焊缝金属应能得到符合要求的化学成分和力学性能，并有较强的抗气孔、抗裂纹的能力。

2. 焊剂应具有良好的工艺性能

焊接时电弧燃烧稳定，熔渣具有适宜的熔点、黏度和表面张力，焊缝成形良好，脱渣容易，焊接中产生的有毒气体要少。

3. 焊剂的颗粒度应符合要求

每种焊剂均由不同颗粒度的粉末组成，普通颗粒度的焊剂粒度为 40～8 目（0.42～2mm），而细颗粒度焊剂的粒度要求为 60～14 目（0.28～1.2mm）。

4. 焊剂含水量和杂质应符合要求

要求焊剂含水量 w_{H_2O}≤0.10%，机械夹杂物的质量分数不超过 0.30%，w_S≤0.060%，w_P≤0.080%。

四、常用焊剂的性能及用途

1. 熔炼焊剂

（1）高硅焊剂　焊剂中 SiO_2 的质量分数大于 30%，以硅酸盐为主，有向焊缝里过渡硅的作用。焊剂中 SiO_2 含量越高，熔敷金属的含硅量就越多。

根据焊剂含 MnO 量不同，高硅焊剂又可分为高硅高锰焊剂、高硅中锰焊剂、高硅低锰焊剂及高硅无锰焊剂四种。含 MnO 高的焊剂，有通过焊剂向焊缝里过渡锰的作用。锰的过渡与焊丝的含锰量有很大关系，焊丝中含锰量越低，通过焊剂向熔敷金属过渡锰的效果就越好。

用高硅焊剂焊接时，焊缝金属的硅一般是通过焊剂过渡，不必选含硅量高的焊丝。高硅焊剂应按下列原则选配焊丝焊接低碳钢或某些低合金钢结构。

① 高硅无锰或低锰焊剂应配合高锰焊丝。

② 高硅中锰焊剂应配合中锰焊丝。

③ 高硅高锰焊剂应配合低碳钢焊丝或含锰焊丝，这是国内目前应用最广泛的一种配合方式，多用于焊接低碳钢结构。

高硅焊剂具有良好的焊接工艺性能，适用于交流电源，电弧稳定，脱渣容易，焊缝成形美观，对铁锈的敏感性小，焊缝的扩散氢含量低，抗裂性能好。

(2) 中硅焊剂　由于这类焊剂含 SiO_2 量较少，含 CaO 和 MgO 较多，故焊剂的碱度较高。大多数中硅焊剂属于弱氧化性焊剂，焊缝金属含氧量较低，与高硅焊剂相比，焊缝金属的低温韧性有一定程度提高。焊接过程中合金元素烧损较少，与适当的焊丝配合可获得满足强度要求的焊缝金属。因此，这类焊剂主要用于焊接低合金钢和高强度钢。中硅焊剂也具有良好的脱渣性，但焊缝成形及抗气孔、抗冷裂纹能力不如高硅焊剂好。为了消除由氢引起的焊接裂纹，通常在高温下烘焙焊剂，施焊时宜采用直流反接。

在中硅弱氧化性焊剂里加入适当数量的 FeO，可提高焊剂的氧化性，减少焊缝金属的含氢量，这种焊剂属于中硅氧化性焊剂，是焊接低合金高强度钢的新型焊剂。它与普通的中硅焊剂相比，提高了抗气孔及抗冷裂纹的能力；另外，焊缝中非金属夹杂物及有害杂质的含量低，因此焊缝金属的塑性及冲击韧度较高。但是，采用这类焊剂施焊时，合金元素烧损较多，焊缝强度会有所下降，故应选用合金元素含量较高的焊丝相匹配，焊接时一般采用直流反接。

(3) 低硅焊剂　主要由 CaO、Al_2O_3、MgO、CaF_2 等组成。这类焊剂中 SiO_2 含量很少，焊接时合金元素几乎不被氧化，焊缝中氧的含量低，配合不同成分的焊丝焊接高强度钢时，可以得到强度高、塑性好、低温下具有良好冲击韧度的焊缝金属。这种焊剂的缺点是：焊接工艺性能不太好，焊缝中扩散氢含量高，抗冷裂纹能力较差。为了降低焊缝中的含氢量，必须在高温下长时间烘焙焊剂。为了改善焊接工艺性能，可在焊剂中加入钛、锰和硅的氧化物。但是，随着这些氧化物的加入，焊剂的氧化性也随之提高。采用此种焊剂焊接时须用直流电源。

2. 烧结焊剂

(1) 氟碱型烧结焊剂　属于碱性焊剂，其特点是 SiO_2 含量低，可以限制硅向焊缝中过渡，能得到冲击韧性高的焊缝金属。配合适当的焊丝，可以焊接低合金结构钢，可用于多丝埋弧焊，特别适用于大直径容器的双面单道焊。焊接时可交、直流两用。

(2) 硅钙型烧结焊剂　属于中性焊剂，由于焊剂中含有较多的 SiO_2，即使采用含硅量低的焊丝，仍可得到含硅量较高的焊缝金属。该焊剂适用于多丝快速焊，特别适用于双面单道焊。焊接大直径钢管时，焊道平滑过渡。由于是“短渣”，也可在小直径管线上进行全位置焊接。配合适当焊丝，可焊接普通结构钢、锅炉用钢、管线用钢。

(3) 硅锰型烧结焊剂　属于酸性焊剂，主要由 MnO 和 SiO_2 组成。此焊剂焊接工艺性能良好，具有较高的抗气孔能力。配合适当焊丝，可焊接低碳钢及某些低合金钢。

(4) 铝钛型烧结焊剂　属于酸性焊剂，具有较强的抗气孔能力，对于少量的铁锈膜及高温氧化膜不敏感。这类焊剂配合适当焊丝，可焊接低碳钢及某些低合金钢结构。此焊剂可用于多丝快速焊，特别适用于双面单道焊。

(5) 高铝型烧结焊剂 其性能介于铝钛型与氟碱型焊剂之间。

3. 焊剂的选用及保管

焊剂的选用必须与焊丝同时进行，因为它们的不同组合可获得不同性能的焊缝金属。实际生产中，可根据被焊工件性质、质量要求及生产条件来选择不同的焊剂、焊丝配合方案。常用焊剂的用途及配用焊丝见表 5-36。

表 5-36 常用焊剂的用途及配用焊丝

焊剂牌号	焊剂类型	配用焊丝	焊剂用途
HJ130	无锰高硅低氟	H10Mn2	低碳钢及低合金钢
HJ131	无锰高硅低氟	Ni 基焊丝	镍基合金
HJ150	无锰中硅中氟	2Cr13、3Cr2W8	轧辊堆焊
HJ151	无锰中硅中氟	相应钢种焊丝	奥氏体不锈钢
HJ172	无锰低硅高氟	相应钢种焊丝	高铬铁素体钢
HJ250	低锰中硅中氟	相应钢种焊丝	低合金高强钢
HJ251	低锰中硅中氟	Cr-Mo 钢焊丝	珠光体耐热钢
HJ260	低锰高硅中氟	不锈钢焊丝	不锈钢、轧辊堆焊
HJ350	中锰中硅中氟	相应钢种焊丝	锰钼、锰硅及含镍低合金高强钢
HJ430	高锰高硅低氟	H08A、H10Mn2A、H10MnSiA	低碳钢及低合金钢
HJ431	高锰高硅低氟	H08A、H08MnA、H08MnSiA	低碳钢及低合金钢
HJ432	高锰高硅低氟	H08A	低碳钢及低合金钢
HJ433	高锰高硅低氟	H08A	低碳钢
SJ101	氟碱型	H08MnA、H08MnMoA、H08Mn2MoA、H10Mn2	低合金钢
SJ301	硅钙型	H08MnA、H08MnMoA、H10Mn2	结构钢
SJ401	硅锰型	H08A	低碳钢及低合金钢
SJ501	铝钛型	H08A、H08MnA	低碳钢及低合金钢

为保证焊接质量，焊剂应正确保管和使用，应存放在干燥库房内，防止受潮；使用前应对焊剂进行烘干。使用回收的焊剂，应清除其中的渣壳、碎粉及其他杂物，并与新焊剂混匀后使用。

第四节 其他焊接材料

其他焊接材料包括焊接用气体、钨极以及气焊熔剂等。

一、焊接用气体

焊接用气体主要是指气体保护焊时所用的保护气体和气焊、切割时用的气体，包括二氧化碳 (CO_2)、氩气 (Ar)、氦气 (He)、氧气 (O_2)、可燃气体、混合气体等。焊接时保护气体既是焊接区域的保护介质，也是产生电弧的气体介质。气焊和切割主要是依靠气体燃烧时产生的高温火焰完成，因此气体的特性不仅影响保护效果，也影响焊接、切割过程的稳定性。

1. 焊接用气体的特性

(1) 二氧化碳 CO_2 气体是无色、无味和无毒气体。在常温下它的密度为 $1.98kg/m^3$，约为空气的 1.5 倍。在常温时很稳定，但在高温时发生分解，至 5000K 时几乎能全部分解。CO_2 有三种形态：固态、液态和气态。焊接用的 CO_2 一般是将其压缩成液态储存于钢瓶内。液态 CO_2 在常温下可以气化。在 0℃和 101.3kPa（1 个大气压）下，1kg 液态 CO_2 可以气化成 509L 的气态 CO_2。通常容量为 40L 的标准钢瓶内，可以灌入 25kg 的液态 CO_2，约占钢瓶容积的 80%，其余 20%左右的空间则充满气化了的 CO_2。一瓶液态 CO_2 可以气化成 12725L 气体，若焊接时气体流量为 15L/min 时，可以连续使用 14h 左右。

气瓶内气化的 CO_2 气体中的含水量，与瓶中气体压力有关，当压力低于 0.98MPa 时，水气分解压相对增大，水分挥发量增多，CO_2 气体的含水量急剧增加，这将引起在焊缝中形成气孔，所以低于该压力时不得再继续使用。二氧化碳的纯度是影响焊接质量的重要因素，焊接用 CO_2 气体的纯度应大于 99.5%，含水量不超过 0.05%。如果 CO_2 气体的纯度达不到标准，可进行提纯处理。

CO_2 气瓶涂色标记为铝白色，并标有黑色“液化二氧化碳”的字样。

(2) 氩气　氩气是无色、无味的惰性气体，在高温下不分解吸热、不与金属发生化学反应，也不溶解于金属中。氩气比空气重 25%，使用时气流不易漂浮散失，比热容和热导率比空气低，这些性能使氩气在焊接时能起到良好的保护作用，电弧燃烧非常稳定。

由于氩气的沸点介于氧气和氮气之间且差值小，因此氩气制造过程中会含有一定数量的氧、氮等气体及水分，从而削弱氩气的保护作用，影响焊接质量。因此，氩弧焊对氩气的纯度要求很高，按我国现行标准规定，其纯度应达到 99.99%。

氩气钢瓶外表涂灰色，并标有深绿色“氩气”的字样。

(3) 氦气　氦气是无色无味的惰性气体，在焊接过程中不会发生合金元素的氧化与烧损。和氩气相比，氦气的电离电压高，热导率高，所以在相同的焊接电流和弧长条件下，氦气的电弧电压比氩气的高，使电弧具有较大的功率，对母材热输入也较大，但是焊接时引弧较困难。氦气密度比空气小，要有效地保护焊接区，需要的流量应比氩气约高 2～3 倍。氦气的成本也比氩气高，所以目前应用不是很多。

(4) 氧气　氧气是一种无色、无味、无毒的气体，比空气略重。氧气本身并不能燃烧，但它是一种化学性质极为活泼的助燃气体，能与很多元素化合生成氧化物。通常情况下把激烈的氧化反应称为燃烧。气焊和气割正是利用可燃气体和氧气燃烧所放出的热量作为热源的。

气焊和气割用的工业用氧气一般分为两级，一级纯度氧气含量不低于 99.2%，二级纯度氧气含量不低于 98.5%。对于质量要求较高的气焊应采用一级纯度的氧气。气割时，氧气纯度不应低于 98.5%。通常，由氧气厂和氧气站供应的氧气可以满足气焊与气割的要求。

储存和运输氧气的氧气瓶外表涂天蓝色，瓶体上用黑漆标注“氧气”字样。

(5) 乙炔　乙炔是一种无色而带有特殊臭味的碳氢化合物，由电石（碳化钙）和水相互作用分解而得到，其分子式为 C_2H_2，比空气轻，稍溶于水，能溶于酒精，大量溶于丙酮。乙炔与氧气混合燃烧时的火焰温度为 3000～3300℃，是目前在气焊和气割中应用最为广泛的一种可燃性气体。

乙炔是一种易燃易爆的气体，使用时必须注意安全。乙炔与铜或银长期接触后会生成爆炸性的化合物乙炔铜和乙炔银，所以凡是与乙炔接触的器具设备禁止用银或含铜量超过 70%的铜合金制造。

由于乙炔受压时容易引起爆炸，因此不能采取加压直接装瓶的方法来储存。工业上通常利用其在丙酮中溶解度大的特性，将乙炔灌装在盛有丙酮或多孔物质的容器中。储存和运输乙炔的乙炔瓶外表涂白色，并用红漆标注“乙炔”字样。

(6) 氢气 氢气是所有元素中最轻的气体，是无色无味的可燃性气体。氢气具有最大的扩散速度和很高的导热性，其热导率比空气大7倍，极易泄漏，点火能量低，是一种最危险的易燃易爆气体。氢气具有很强的还原性，在常温下不活泼，高温下十分活泼，可作为金属矿和金属氧化物的还原剂。

氢气常被用于等离子弧的切割和焊接，有时也用于铅的焊接。在熔化极气体保护焊时在氩气中加入适量氢气，可增大母材的热输入，提高焊接速度和效率。

(7) 氮气 氮气是一种无色无味的气体，既不能燃烧，也不能助燃，化学性质很不活泼。氮气可用作焊接时的保护气体。由于氮气导热及携热性较好，也常用作等离子弧切割的工作气体。氮气在高温时能与金属发生反应。

(8) 混合气体 在单一气体的基础上加入一定比例的某些气体形成混合气体，在焊接及切割过程中具有一系列的优点，可以改变电弧形态、提高电弧能量、改善焊缝成形及力学性能、提高焊接生产率。应用最广的是在氩气中加入少量的氧化性气体（CO_2、O_2 或其混合气体），用这种气体作为保护气体的焊接方法称为熔化极活性气体保护焊，英文简称为MAG焊。由于混合气体中氩气所占比例大，故常称为富氩混合气体保护焊，常用于焊接碳钢、低合金钢及不锈钢。

2. 焊接用气体的选用

焊接用气体的选择主要取决于焊接、切割方法，除此之外，还与被焊金属的性质、焊接接头质量要求、焊件厚度和焊接位置及工艺方法等因素有关。焊接方法与焊接用气体的选用见表5-37。不同材料焊接用保护气体见表5-38。

表5-37 焊接方法与焊接用气体的选用

<table>
<tr><th colspan="2">焊接方法</th><th colspan="5">焊接气体</th></tr>
<tr><td colspan="2">气焊</td><td colspan="2">$C_2H_2+O_2$</td><td colspan="3">H_2</td></tr>
<tr><td colspan="2">气割</td><td>$C_2H_2+O_2$</td><td>液化石油气$+O_2$</td><td>煤气$+O_2$</td><td colspan="2">天然气$+O_2$</td></tr>
<tr><td colspan="2">等离子弧切割</td><td>空气</td><td>N_2</td><td>$Ar+N_2$</td><td>$Ar+H_2$</td><td>N_2+H_2</td></tr>
<tr><td colspan="2">钨极惰性气体保护焊(TIG)</td><td>Ar</td><td>He</td><td colspan="3">Ar+He</td></tr>
<tr><td rowspan="3">实芯焊丝</td><td>熔化极惰性气体保护焊(MIG)</td><td>Ar</td><td>He</td><td colspan="3">Ar+He</td></tr>
<tr><td>熔化极活性气体保护焊(MAG)</td><td>$Ar+O_2$</td><td>$Ar+CO_2$</td><td colspan="3">$Ar+CO_2+O_2$</td></tr>
<tr><td>CO_2 气体保护焊</td><td colspan="2">CO_2</td><td colspan="3">CO_2+O_2</td></tr>
<tr><td colspan="2">药芯焊丝</td><td>CO_2</td><td>$Ar+O_2$</td><td colspan="3">$Ar+CO_2$</td></tr>
</table>

二、钨极

由钨金属棒作为钨极氩弧焊或等离子弧焊的电极称为钨电极，简称钨极，属于非熔化电极的一种。焊接过程中对非熔化电极的基本要求是：耐高温，焊接过程中不易损耗；电子发射能力强，利于引弧及稳弧；电流容量大等。金属钨的熔点和沸点比其他金属都高，电子逸出功为4.5eV，与铁相当，在高温时有强烈的电子发射能力。因此，金属钨最适合作为非熔化电极材料。

表 5-38　不同材料焊接用保护气体

被焊材料	保护气体	混合比/%	化学性质	焊接方法
铝及铝合金	Ar		惰性	熔化极和钨极
	Ar+He	He　10		
铜及铜合金	Ar		惰性	熔化极和钨极
	Ar+N_2	N_2　20		熔化极
	N_2		还原性	
不锈钢	Ar		惰性	钨极
	Ar+O_2	O_2　1～2	氧化性	熔化极
	Ar+O_2+CO_2	O_2　2，CO_2　5		
碳钢及低合金钢	CO_2		氧化性	熔化极
	Ar+CO_2	CO_2　20～30		
	CO_2+O_2	O_2　10～15		
钛、锆及其合金	Ar		惰性	熔化极和钨极
	Ar+He	He　25		
镍基合金	Ar+He	He　15	惰性	熔化极和钨极
	Ar+N_2	N_2　6	还原性	钨极

钨极氩弧焊用的电极材料与等离子弧焊相同，常用的钨极主要有纯钨、钍钨和铈钨等。

纯钨的熔点约为3400℃，沸点约为5900℃，在电弧热作用下不易熔化与蒸发，但电子发射能力较其他钨极差，不利于电弧稳定燃烧。电流承载能力低，空载电压高，目前已很少使用。

钍钨极是在纯钨中加入1%～2%的氧化钍（ThO_2）。钍钨极的电子发射能力强，电子逸出功为2.7eV，允许的电流密度大，电弧燃烧较稳定，寿命较长。但是钍元素具有一定的放射性，必须加强劳动防护。

铈钨极是在纯钨中加入2%的氧化铈（CeO）。它比钍钨极具有更多的优点，引弧容易，电弧稳定性好，许用电流密度大，电极烧损小，使用寿命长，且几乎没有放射性，是目前国内普遍采用的一种非熔化电极材料。

常用钨极的化学成分及牌号见表5-39。

表 5-39　常用钨极的化学成分及牌号

钨极类别	牌号	化学成分(质量分数)/%						
		W	ThO_2	CeO	SiO_2	Fe_2O_3+Al_2O_3	Mo	CaO
纯钨极	W1	99.92	—	—	0.03	0.03	0.01	0.01
纯钨极	W2	99.85	—	—	—	总的质量分数不大于0.15		
钍钨极	WTh-7	余量	0.7～0.99	—	0.06	0.02	0.01	0.01
钍钨极	WTh-10	余量	1.0～1.49	—	0.06	0.02	0.01	0.01
钍钨极	WTh-15	余量	1.5～2.0	—	0.06	0.02	0.01	0.01
铈钨极	WCe-20	余量	—	1.8～2.2	0.06	0.02	0.01	0.01

为了使用方便，钨极一端常涂有颜色，以便识别。钍钨极为红色，铈钨极为灰色，纯钨极为绿色。常用的钨极直径有0.5、1.0、1.6、2.0、2.5、3.0、4.0等规格。

三、气焊熔剂

气焊熔剂（又称气剂或焊粉）是气焊时的助熔剂，主要作用是去除焊接过程中生成的氧化物，并形成熔渣覆盖在熔池表面，使熔池与空气隔离，防止熔池金属的氧化。此外，气焊熔剂还具有改善润湿性能和精炼作用，促使获得致密的焊缝组织。

气焊低碳钢时，由于气体火焰能充分保护焊接区，一般不需使用熔剂。但在气焊有色金属（如铝、铜及其合金等）、铸铁和不锈钢等材料时，必须使用熔剂。气焊熔剂可以在焊前直接撒在焊件坡口上或者蘸在焊丝上加入到熔池内。

1. 对气焊熔剂的要求

(1) 应具有较强的化学反应能力，能迅速溶解某些氧化物或与某些高熔点化合物作用后生成新的低熔点和易挥发的化合物。

(2) 熔剂熔化后黏度要小、流动性好，产生的熔渣熔点低、密度小、容易浮于熔池表面。

(3) 能减少熔化金属的表面张力，使熔化的填充金属与焊件更容易熔合。

(4) 气焊熔剂不应对焊件有腐蚀作用，生成的焊渣要易于清除。

2. 气焊熔剂的牌号

气焊熔剂牌号的编制方法为：CJ××。其中，CJ 表示气焊熔剂；第一位数字表示气焊熔剂的用途类型："1" 表示不锈钢及耐热钢气焊熔剂，"2" 表示铸铁气焊熔剂，"3" 表示铜及铜合金气焊熔剂，"4" 表示铝及铝合金气焊熔剂；第二、三位数字表示同一类型气焊熔剂的不同牌号。例如，CJ201 表示铸铁气焊熔剂。

综合训练

一、填空题

1. 焊条由______和______两部分组成，焊条直径是以______来表示的。

2. 焊芯的作用主要有：______、______、______。

3. 焊条药皮的作用主要有：______、______、______。

4. E4315 中 E 表示____，43 表示____________；15 表示____________。

5. E4303 焊条药皮类型是______。

6. J507 中 J 表示______，50 表示____________，7 表示____________。

7. 焊条按熔渣的碱度分为______和______。

8. 使用低氢钠型碱性焊条，必须采用直流电源，这是因为焊条药皮中含有较多的______。

9. 在满足产品使用性能要求的情况下，应选用工艺性能好的______焊条。

10. 在狭小或通风条件差的场合，应选用______焊条或______焊条。

11. 对结构形状复杂、刚性大的厚大焊件，由于焊接过程中产生很大的内应力，易使焊缝产生裂纹，应选用抗裂性能好的______焊条。

12. 焊丝按其截面形状及结构可分为______和______。

13. 对于低碳钢、低合金高强钢，主要按______的原则选择焊丝；对于不锈钢、耐热钢等，主要按______的原则选择焊丝。

14. 由薄钢带卷成圆形或异形钢管的同时，填进一定成分的药粉料，经拉制而成的焊丝叫做________，芯部药粉的成分与__________类似。

15. 焊剂按其制造方法可分为__________和__________。

16. HJ431是__________焊剂，属于__________类型。

17. 当CO_2气瓶压力低于__________时，CO_2气体的含水量急剧增加，因此不能再继续使用。

18. 焊接用CO_2气体的纯度应大于__________，含水量不超过__________。

19. CO_2气瓶涂色标记为________，并标有________"液化二氧化碳"的字样。

20. 氩气钢瓶外表涂________，并标有________"氩气"的字样。

21. 氧气瓶外表涂________，瓶体上用________标注"氧气"字样。

22. 乙炔瓶外表涂________，并用________标注"乙炔"字样。

23. 目前在气焊和气割中应用最为广泛的一种可燃性气体是________。

24. 目前国内普遍采用的一种非熔化电极材料是________。

二、判断题

1. 稳弧剂的主要作用是改善焊条引弧性能和提高焊接电弧的稳定性。常用的稳弧剂有钛铁矿、金红石、长石、大理石和萤石等。(　)

2. 为了提高电弧的稳定性，一般多采用电离电位较高的碱金属及碱土金属的化合物作为稳弧剂。(　)

3. 稀释剂的主要作用是降低熔渣的黏度，增加熔渣的流动性，主要有萤石、钛铁矿等。(　)

4. 低氢钠型和低氢钾型药皮焊条的熔敷金属都具有良好的抗裂性能和力学性能。(　)

5. 焊条药皮的组成物中，金红石（主要成分为TiO_2）的主要作用是造气。(　)

6. 水玻璃虽然主要作为黏结剂，但实际上也是稳弧剂和造渣剂。(　)

7. 锰铁、硅铁在药皮中既可作脱氧剂，又可作合金剂。(　)

8. 熔渣的表面张力影响焊缝成形，表面张力越大，对焊缝覆盖就越好。(　)

9. 碱性焊条的工艺性能以及熔敷金属的力学性能都比酸性焊条好，因此生产中经常使用碱性焊条。(　)

10. 低氢型药皮的焊条使用时，只能用直流电源。(　)

11. 在焊接结构刚性大、接头应力高、焊缝易产生裂纹的不利情况下，应考虑选用比母材强度低的焊条。(　)

12. 碳具有较强的脱氧效果，所以原材料中的碳是作为脱氧剂加入的。(　)

13. 焊条烘干时间、温度应严格按标准要求进行，烘干温度不宜过高或过低。焊条可以经过多次烘干使用。(　)

14. E5515焊条中的"55"表示熔敷金属抗拉强度最小值为55MPa。(　)

15. 焊条牌号W707中，"W"表示低温钢焊条。(　)

16. 熔炼焊剂化学成分均匀，焊缝性能均匀，是目前应用最多的一类焊剂。(　)

17. 高硅高锰焊剂应配合低碳钢焊丝或含锰焊丝，这是国内目前应用最广泛的一种配合方式，多用于焊接低碳钢结构。(　)

18. 氩气比空气轻，使用时易漂浮散失，因此焊接时必须加大氩气流量。(　)

19. 焊接用CO_2气体和氩气一样，瓶里装的都是气态。(　)

20. 为了使用方便，钨极的一端常涂有颜色，以便识别，铈钨极为灰色。(　)

21. 气焊低碳钢、铸铁和不锈钢时，必须使用熔剂。(　)

三、简答题

1. 焊条的工艺性能包括哪些内容？

2. 焊条药皮的类型主要有哪些？

3. 焊条的选用原则主要有哪些？

4. 低氢型焊条在工艺性能方面有何不足？为什么这种焊条主要用于焊接重要的结构？

5. 烧结焊剂与熔炼焊剂相比有什么优缺点？

6. 生产中对焊剂有何要求？

7. 与实芯焊丝相比，药芯焊丝有何优缺点？

8. 说明下列焊接材料型号及牌号的意义：E5515-N5 P U H10、E6215-2ClM H10、E308-16、R347、A022、Z308、H08Mn2SiA、ER50-6、SJ501。

第六章　焊接缺陷及其控制

知识目标

1. 熟悉焊接缺陷的分类与特征；
2. 掌握焊接冶金过程中常见缺陷的特征、产生条件及影响因素。

能力目标

1. 正确认识各种焊接缺陷；
2. 根据生产实际条件分析缺陷产生的原因，并提出防止措施。

焊接缺陷的存在，将直接影响焊接结构的安全运行和使用。分析焊接结构发生事故的原因，归纳起来都是由于焊接结构中的缺陷所引起的，因此，必须了解焊接缺陷的性质，产生的原因和预防措施，以便能及时消除各种缺陷，从而保证焊接质量。

第一节　焊接缺陷的分类与特征

一、焊接缺陷的分类

1. 焊接缺欠与焊接缺陷

在焊接接头中存在的不连续性、不均匀性以及其他不健全的缺损，称为焊接缺欠。在焊接缺欠中，根据产品设计或工艺文件的要求，凡是不符合焊接产品使用性能要求的焊接缺欠称为焊接缺陷，即焊接过程中所形成的焊缝不足、不致密或者连接不良的现象也可以说是焊缝本身的缺损或损伤。焊接缺陷是焊接缺欠中不可接受的、不合格的缺欠，必须经过返修合格后才能使用，否则此焊接产品就是废品。

焊接缺欠是绝对的，是焊接接头中客观存在的某种间断或不完整，而焊接缺陷是相对的。同一类型、同一尺寸的焊接缺欠，出现在制造要求高的产品中，可能被认为是焊接缺陷，必须返修，但出现在制造要求低的产品中，可能认为是可接受的、合格的焊接缺欠，不需要返修。因此，判别焊接缺欠是否是焊接缺陷要根据产品相应的法规、标准和制造技术要求进行评定。在这些法规、标准和制造技术条件中，依据焊接产品使用性能，从焊接质量、可靠性和经济性之间的平衡综合考虑，规定什么焊接缺欠相对制造技术条件的产品是可能接受的，什么焊接缺欠是对产品运行构成危险的、不可接受的焊接缺陷。

例如：0.4mm 深度的咬边，如果出现在“不允许有任何咬边存在”的高压容器焊接接头中，可判断为焊接缺陷；如果出现在技术条件规定“咬边深度不得超过 0.5mm”的普通容器焊接接头中，则被认为是可以接受的焊接缺欠，而不是焊接缺陷。

2. 焊接缺陷的分类

焊接缺陷的分类方法较多且不统一，主要有以下几种分类方法。

(1) 按其在焊缝中的位置：外部缺陷和内部缺陷。焊接缺陷位于焊缝外表面的称为外部缺陷，用肉眼或者低倍放大镜就可以看到。如焊缝形状尺寸不符合要求、咬边、焊瘤、烧穿、凹坑与弧坑、表面气孔和表面裂纹等。

位于焊缝内部的称为内部缺陷，这类缺陷可用无损探伤检验或者破坏性检验方法来发现。如未熔合与未焊透、夹渣、内部气孔和内部裂纹等。

(2) 按照焊接缺陷的性质：国家标准 GB 6417《金属熔焊焊缝缺陷分类及说明》根据缺陷分布或影响断裂机制，即按照缺陷的性质可分为六类，第一类为裂纹，第二类为孔穴（气孔、缩孔），第三类为固体夹杂，第四类为未熔合与未焊透，第五类为形状缺陷（咬边、下塌、焊瘤等）和第六类为其他缺陷（电弧擦伤、飞溅等）。具体见表 6-1。

表 6-1 熔焊焊接接头中常见缺陷名称

分类	缺陷名称
裂纹	横向裂纹、纵向裂纹、弧坑裂纹、放射状裂纹、枝状裂纹、间断裂纹、微观裂纹
孔穴	球形气孔、均布气孔、局部密集气孔、链状气孔、条形气孔、虫形气孔、表面气孔
固体夹杂	夹渣、焊剂或溶剂夹渣、氧化物夹杂、褶皱、金属夹杂
未熔合与未焊透	未熔合、未焊透
形状缺陷	咬边、焊瘤、下塌、下垂、烧穿、未焊满、角焊缝凸度过大、角变形、错边、焊脚不对称、焊缝超高、焊缝宽度不齐、焊缝表面粗糙、不平滑
其他缺陷	电弧擦伤、飞溅、钨飞溅、定位焊缺陷、表面撕裂、层间错位、打磨过量、凿痕、磨痕

(3) 按照缺陷产生的原因：可分为构造缺陷、工艺缺陷和冶金缺陷，具体分类如表 6-2 所示。

表 6-2 焊接缺陷分类

分类	缺陷名称
构造缺陷	构造不连续缺口效应、焊缝设计布置不良引起应力与裂纹、错边
工艺缺陷	咬边、焊瘤、未熔合、未焊透、烧穿、未焊满、凹坑、夹渣、电弧擦伤、成形不良，余高过大、焊脚尺寸不合适
冶金缺陷	裂纹、气孔、夹杂物、性能恶化

二、焊接缺陷的特征及危害

焊接缺陷的存在，不仅会降低焊接接头的使用性能，影响结构的安全使用，严重时还将导致脆性破坏，引起重大事故，危及生命财产安全。焊接缺陷的危害主要是以下两个方面。

1. 引起应力集中

在焊接接头中，凡是结构截面有突变的部位，其应力的分布就特别不均匀，在某点的应力值可能比平均应力值大许多倍，这种现象称为应力集中。在焊缝中存在的焊接缺陷是产生应力集中的主要原因。如焊缝中的咬边、未焊透、夹渣、气孔、裂纹等，不仅减小了焊缝的有效承载截面积，消减了焊缝的强度，更严重的是在焊缝或焊缝附近造成缺口，由此而产生很大的应力集中。当应力值超过缺陷前端部位金属材料的抗拉强度时，材料就开裂，接着新开裂的端部又产生应力集中，使得原缺陷不断扩展，直至产品破裂。

2. 造成脆性断裂（脆断）

根据国内外大量脆断事故的分析发现，脆断部位是从焊接接头中的缺陷开始的。这是一种很危险的破坏形式。因为脆性断裂是结构在没有塑性变形的情况下产生的快速突发性断裂，其危害性很大，防止结构脆断的主要措施之一就是尽量避免和控制焊接缺陷。

实际上，脆性破坏事故中材料的缺陷往往是主要原因，而其中尤以裂纹性缺陷引起的事故所占的比例最高。例如管道在焊接时不可避免地带来许多缺陷，包括夹渣、气孔、未焊透及裂纹。裂纹是一种平面型的缺陷，因而是一种最危险的缺陷。裂纹的尖端存在严重的应力集中，而且往往与最大主应力相垂直，因此最容易引起低应力脆性破坏。

有害程度较大的焊接缺陷有五种，按有害程度递减的顺序排列为：裂纹、未熔合和未焊透、咬边、夹渣、气孔。

三、其他常见焊接缺陷

1. 未熔合和未焊透

(1) 未熔合　熔焊时，焊道与母材之间或焊道与焊道之间未完全熔化结合部分称为未熔合，如图 6-1 所示。未熔合直接降低了接头的力学性能，严重的未熔合会使焊缝结构无法承载。

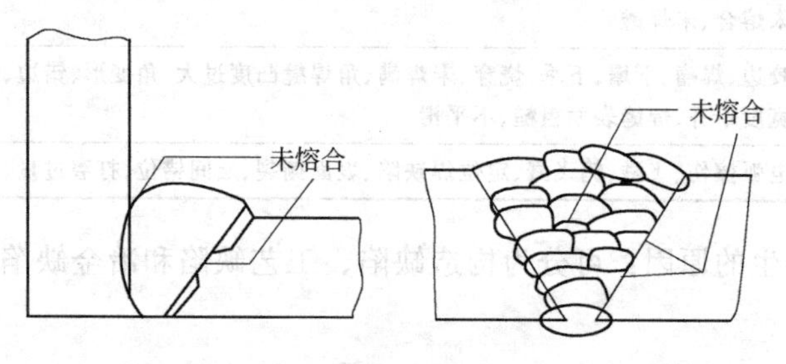

图 6-1　未熔合示意图

① 产生未熔合的原因　焊接热输入太低；焊条、焊丝或焊炬火焰偏于坡口一侧，使母材或前一层焊缝金属未得到充分熔化就被填充金属覆盖而造成；坡口及层间清理不干净；单面焊双面成形焊接时第一层的电弧燃烧时间过短等。

② 防止措施　焊条、焊丝或焊炬的角度要合适，运条摆动应适当，要注意观察坡口两侧熔化情况；选用稍大的焊接电流和火焰能率，焊速不宜过快，使热量增加足以熔化母材或前一层焊缝金属；电弧偏吹应及时调整角度，使电弧对准熔池；加强坡口及层间清理。

(2) 未焊透　未焊透是焊接时接头根部未完全熔透的现象，对于对接焊缝也指焊缝深度未达到设计要求的现象，如图 6-2 所示。根据未焊透产生的部位，可分根部未焊透、边缘未焊透、中间未焊透和层间未焊透等。

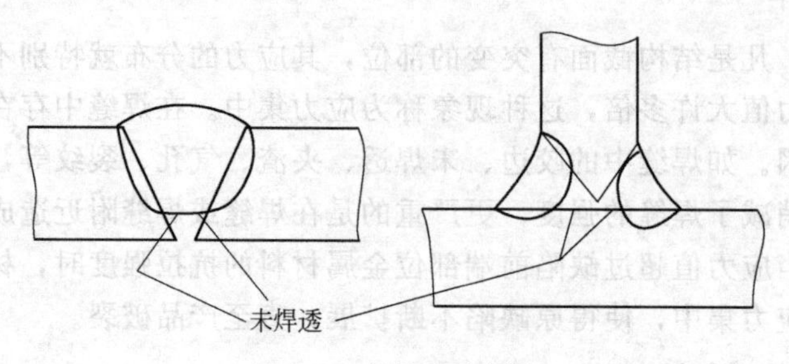

图 6-2　未焊透示意图

未焊透是一种比较严重的焊接缺陷，它使焊缝的强度降低，引起应力集中。因此重要的焊接接头不允许存在未焊透。

① 产生未焊透的原因　焊接坡口钝边过大，坡口角度太小；焊接电流过小，焊接速度太快，使熔深浅，边缘未充分熔化；焊条角度不正确，电弧偏吹，使电弧热量偏于焊件一侧；层间或母材边缘的铁锈或氧化皮及油污等未清理干净。

② 防止措施　正确选用坡口形式及尺寸，保证装配间隙；正确选用焊接电流和焊接速度；认真操作，防止焊偏，注意调整焊条角度，使熔化金属与母材金属充分熔合。

2. 夹渣和夹钨

(1) 夹渣　夹渣是指焊后残留在焊缝中的熔渣，如图 6-3 所示。夹渣削弱了焊缝的有效断面，降低了焊缝的力学性能；夹渣还会引起应力集中，易使焊接结构在承载时遭受破坏。

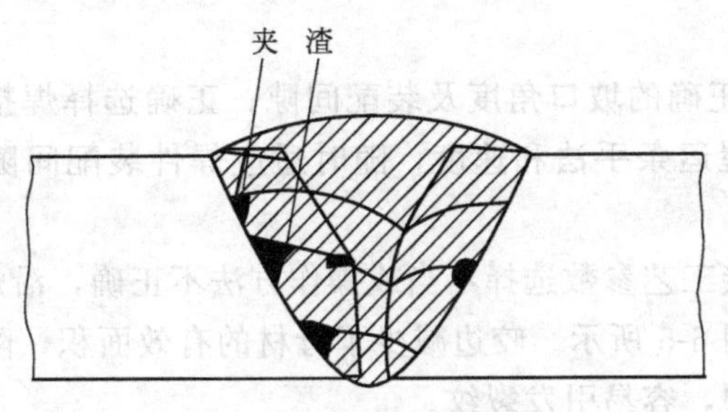

图 6-3　夹渣示意图

① 产生夹渣的原因　焊接边缘及焊道、焊层之间清理不干净；焊接电流太小，焊接速度过大，使熔渣残留下来不及浮出；运条角度和运条方法不当，使熔渣和铁水分离不清，以致阻碍了熔渣上浮等。

② 防止措施　采用具有良好工艺性能的焊条；选择适当的焊接工艺参数；焊前、焊间要做好清理工作，清除残留的锈皮和熔渣；操作过程中注意熔渣的流动方向，调整焊条角度和运条方法，特别是在采用酸性焊条时，必须使熔渣在熔池的后面，若熔渣流到熔池的前面，就很容易产生夹渣等。

(2) 夹钨　钨极惰性气体保护焊时，由钨极进入到焊缝中的钨粒称为夹钨。

① 产生夹钨的原因　当焊接电流过大或钨极直径太小时，使钨极熔化烧损、端部熔化；氩气保护不良引起钨极烧损；炽热的钨极触及熔池或焊丝而产生的飞溅等，均会引起焊缝夹钨。

② 防止措施　根据工件的厚度选择相应的焊接电流和钨极直径；使用符合标准要求纯度的氩气；施焊时，采用高频振荡器引弧，在不妨碍操作情况下，尽量采用短弧，以增强保护效果；操作要仔细，不使钨极触及熔池或焊丝产生飞溅；经常修磨钨极端部。

3. 形状缺陷

(1) 焊缝形状及尺寸不符合要求　焊缝形状及尺寸不符合要求主要是指焊缝外形高低不平，波形粗劣；焊缝宽窄不均，太宽或太窄；焊缝余高过高或高低不均；角焊缝焊脚不均以及变形较大等。如图 6-4 所示。

焊缝宽窄不均，除了造成焊缝成形不美观外，还影响焊缝与母材的结合强度；焊缝余高太高，使焊缝与母材交界突变，形成应力集中，而焊缝低于母材，就不能得到足够的接头强度；角焊缝的焊脚不均，且无圆滑过渡也容易造成应力集中。

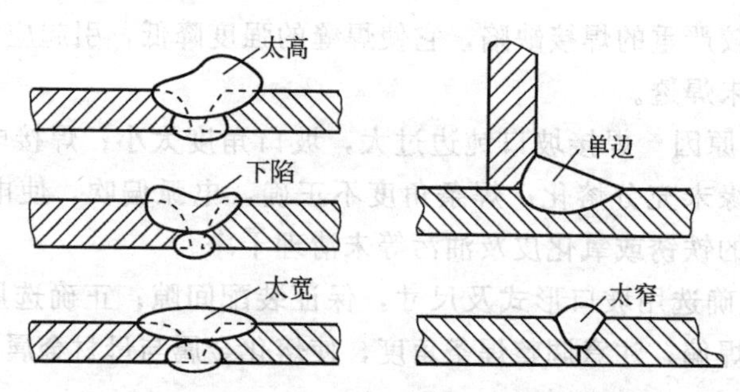

图 6-4 焊缝形状及尺寸不符合要求示意图

① 产生焊缝形状及尺寸不符合要求的原因 焊接坡口角度不当或装配间隙不均匀；焊接电流过大或过小；运条速度或手法不当以及焊条角度选择不合适；埋弧焊主要是焊接工艺参数选择不当。

② 防止措施 选择正确的坡口角度及装配间隙；正确选择焊接工艺参数；提高焊工操作技术水平，正确地掌握运条手法和速度，随时适应焊件装配间隙的变化，以保持焊缝的均匀。

（2）咬边 由于焊接工艺参数选择不当或操作方法不正确，沿焊趾的母材部位产生的沟槽或凹陷称为咬边，如图 6-5 所示。咬边减少了母材的有效面积，降低了焊接接头强度，并且在咬边外形成应力集中，容易引发裂纹。

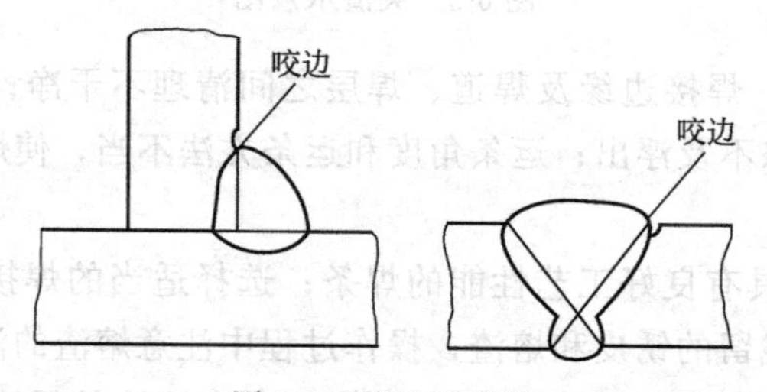

图 6-5 咬边示意图

① 产生咬边的原因 焊接电流过大以及运条速度不合适；角焊时焊条角度或电弧长度不适当；埋弧焊时，焊接速度过快等。

② 防止措施 选择适当的焊接电流、保持运条均匀；角焊时焊条要采用合适的角度和保持一定的电弧长度；埋弧焊时要正确选择焊接工艺参数。

（3）焊瘤 焊瘤是焊接过程中，熔化金属流淌到焊缝之外未熔化的母材上所形成的金属瘤，如图 6-6 所示。焊瘤不仅影响了焊缝的成形，而且在焊瘤的部位，往往还存在着夹渣和未焊透。

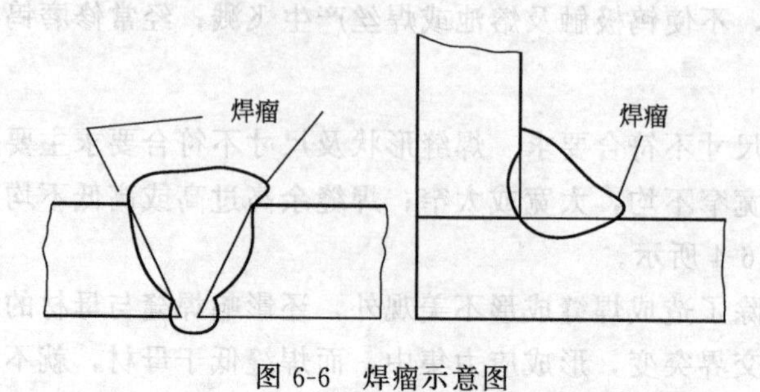

图 6-6 焊瘤示意图

① 产生焊瘤的原因　焊接电流过大，焊接速度过慢，引起熔池温度过高，液态金属凝固较慢，在自重作用下形成。操作不熟练和运条不当，也易产生焊瘤。

② 防止措施　提高操作技术水平，选用正确的焊接电流，控制熔池的温度。使用碱性焊条时宜采用短弧焊接，运条方法要正确。

(4) 凹坑与弧坑　凹坑是焊后在焊缝表面或背面形成的低于母材表面的局部低洼部分。弧坑是在焊缝收尾处产生的下陷部分。

凹坑与弧坑使焊缝的有效断面减少，削弱了焊缝强度。对弧坑来说，由于杂质的集中，往往导致产生弧坑裂纹。

① 产生凹坑与弧坑的原因　操作技能不熟练，电弧拉得过长；焊接表面焊缝时，焊接电流过大，焊条又未适当摆动，熄弧过快；过早进行表面焊缝焊接或中心偏移等都会导致凹坑；埋弧焊时，导电嘴压得过低，造成导电嘴粘渣，也会使表面焊缝两侧凹陷等。

② 防止措施　提高焊工操作技能；采用短弧焊接；填满弧坑，如焊条电弧焊时，焊条在收尾处作短时间的停留或作几次环形运条；使用熄弧板；二氧化碳气体保护焊时，选用有“火口处理”（弧坑处理）装置的焊机。

(5) 下塌与烧穿　下塌是指单面熔焊时，由于焊接工艺不当，造成焊缝金属过量透过背面，而使得焊缝正面塌陷，背面凸起的现象，如图 6-7 所示；烧穿即是在焊接过程中，熔化金属自坡口背面流出，形成穿孔的缺陷，如图 6-8 所示。

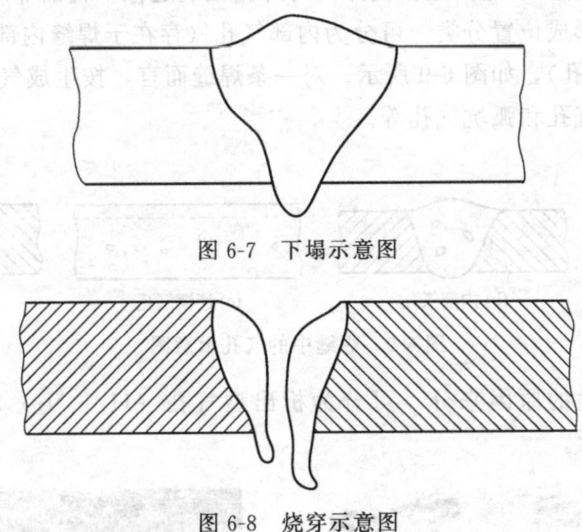

图 6-7　下塌示意图

图 6-8　烧穿示意图

塌陷和烧穿是焊条电弧焊和埋弧焊中常见的缺陷，前者削弱了焊接接头的承载能力；后者则是使焊接接头完全失去了承载能力，是一种绝对不允许存在的缺陷。

① 产生下塌和烧穿的原因　焊接电流过大，焊接速度过慢，使电弧在焊缝处停留时间过长；装配间隙太大，也会产生上述缺陷。

② 防止措施　正确选择焊接电流和焊接速度；减少熔池高温停留时间；严格控制焊件的装配间隙。

第二节　焊缝中的气孔

焊接时，熔池中的气泡在凝固时未能逸出而残留下来所形成的空穴，称为气孔。焊缝中的气孔是常见的焊接冶金缺陷之一。在碳钢、高合金钢及非铁金属的焊缝中都有产生气孔的可能。气孔的存在会削弱焊缝的有效工作截面，造成应力集中，降低焊缝金属的强度和塑性，尤其是疲劳强度和冲击韧度降低得更为显著，个别情况下，气孔还会引起裂纹。

一、气孔的分类及产生原因

1. 气孔的分类

根据气孔的性质、数量、形状、位置等，可分为以下几种。

（1）根据产生气孔的气体种类分类　可分为氢气孔、一氧化碳气孔、氮气孔和水蒸气气孔等。

（2）根据气孔分布状况来分　可分为以下几种。

① 均布气孔　大量气孔比较均匀地分布在整个焊缝金属中。均布气孔的产生是由于不合适的焊接操作技术或不恰当的气体保护、焊件表面污染或材料缺陷所致。

② 密集气孔　形状不规则的成群气孔呈区域化分布。它是由于不正确的引弧或收弧引起的。电弧偏吹也可促使产生密集气体。

③ 连续气孔　平行于焊缝轴线的成串气孔。它主要是在污染的缺欠处由于气体的逸出引起的。这种气孔可沿焊缝根部或焊道边界之间呈直线分布。

④ 条状气孔　长度大于宽度且长度方向与焊缝轴线近似平行的非球形的长气孔。

（3）根据气孔的形成位置分类　可分为内部气孔（存在于焊缝内部的气孔）和外部气孔（暴露在焊缝表面的气孔），如图 6-9 所示。对一条焊缝而言，按生成气孔的位置，又可分为引弧处气孔，焊道中气孔和弧坑气孔等。

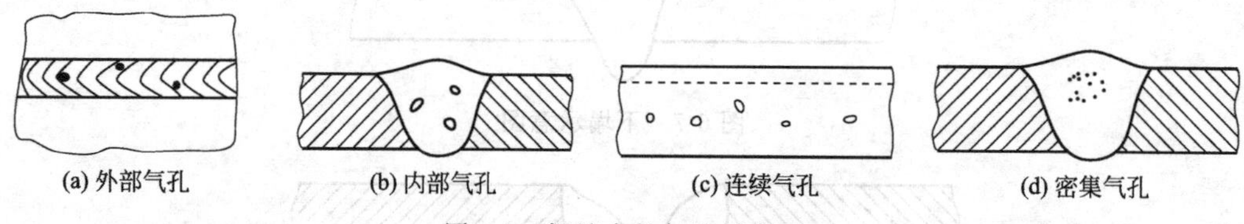

图 6-9　焊缝中的气孔示意图

（4）根据气孔产生的原因来分　可分为析出型气孔（H_2、N_2）和反应型气孔（CO、H_2O），如图 6-10 所示。

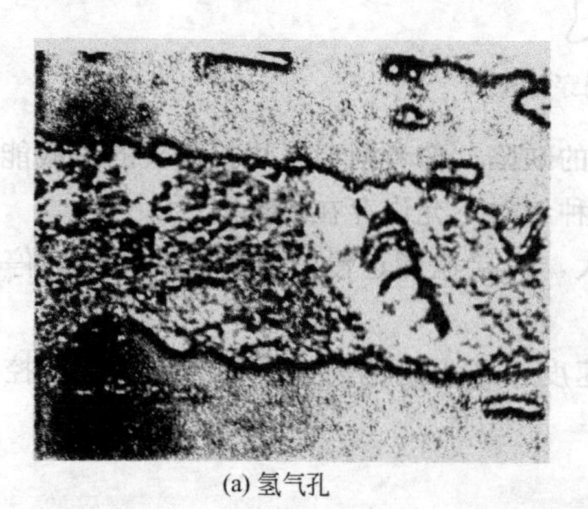

(a) 氢气孔

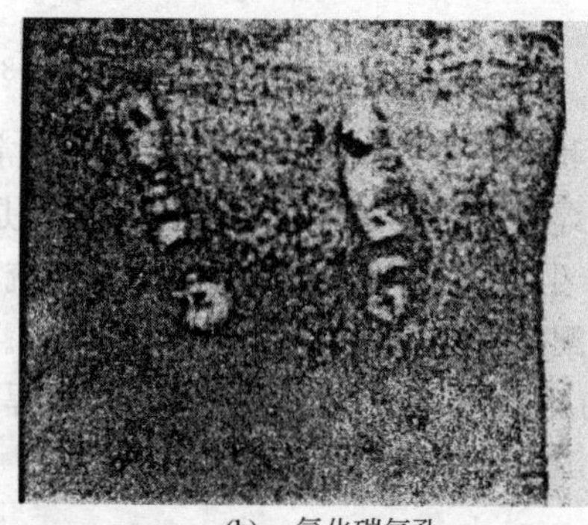

(b) 一氧化碳气孔

图 6-10　氢气孔和一氧化碳气孔示意图

（5）根据气孔的形状来分　可分为球形气孔、条虫状气孔和针状气孔等。

2. 气孔产生的原因

常见的、对焊缝质量影响最大的气孔是氢气孔和一氧化碳气孔。

(1) 氢气孔　在焊接低碳钢和低合金钢时，大多数情况下，氢气孔出现在焊缝的表面上，断面为螺钉状，在焊缝的表面上看呈喇叭口形，气孔的内壁光滑，这是由于氢气是在液态金属和枝晶界面上凝聚析出，随枝晶生长而逐渐形成气孔的。在个别情况下，氢气孔也会出现在焊缝的内部，是小圆球状，如焊条药皮中含有较多的结晶水，使焊缝中的含氢量过高，或在焊接有色金属时，由于液态金属中氢溶解度随温度下降而急剧降低，析出气体，在凝固时来不及上浮而残存在焊缝内部。

由于氢在液态金属中溶解度很高（约为 32mL/100g），在高温时熔池和熔滴就有可能吸收大量的氢。而当温度下降时，溶解度随之下降，特别是熔池开始凝固后，氢的溶解度发生突变（降至 10mL/100g）。随着固相增多，液相中氢的浓度也必然增大，并聚集在结晶前沿的液体中，特别是在相邻晶粒间的低谷处的液体金属中，氢的浓度不仅超过了熔池中的平均浓度，而且超过了饱和浓度。结晶过程某瞬时氢量的分布如图 6-11 所示。

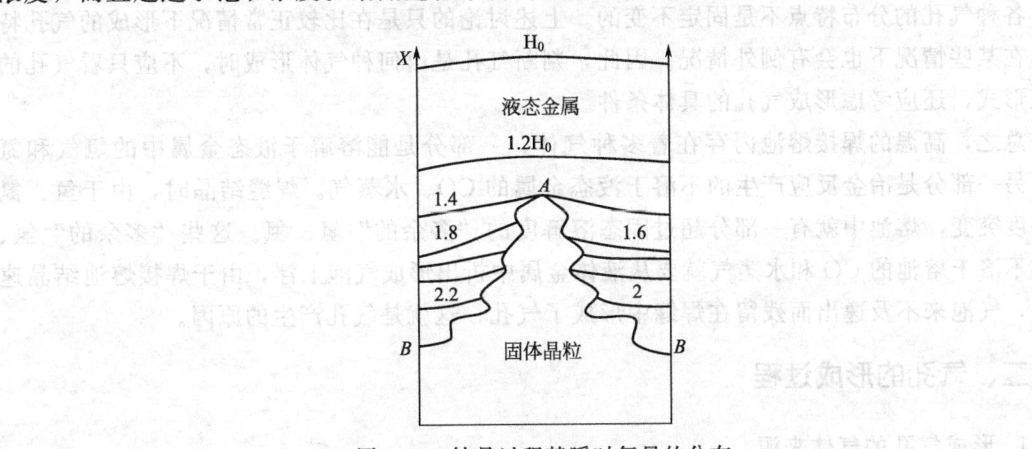

图 6-11　结晶过程某瞬时氢量的分布

随着结晶的继续，氢在液相中的浓度将不断上升，当低谷处氢的浓度高到难以维持过饱和溶解状态时，就会形成气泡。气泡形成后，一方面氢本身的扩散能力促使其浮出，另一方面又受到晶粒的阻碍与液态金属黏度的阻力，二者综合作用的结果，气孔就形成了上大下小的喇叭形，并往往呈现于焊缝表面。

氮气孔的形成机理与氢气孔相似，氮气孔也多出现在焊缝表面，但多数情况下是成堆出现的，呈蜂窝状。氮主要来自焊接区周围的空气，但一般产生氮气孔的机会较少，只有在熔池保护不好，有较多的空气侵入焊接区的情况下才会产生。

(2) 一氧化碳气孔　在焊接碳钢时易产生 CO 气孔。CO 气孔在多数情况下存在于焊缝内部，且沿结晶方向分布，呈条虫状，表面光滑，内壁有氧化颜色。CO 气孔的产生原因是焊接时钢中的碳由于冶金反应而产生大量的 CO 气体，即

$$[C]+[O]=\!=\!=CO \tag{6-1}$$

$$[FeO]+[C]=\!=\!=CO+[Fe] \tag{6-2}$$

$$[MnO]+[C]=\!=\!=CO+[Mn] \tag{6-3}$$

$$[SiO_2]+2[C]=\!=\!=2CO+[Si] \tag{6-4}$$

这些反应可以发生在熔滴过渡过程中，也可以发生在熔池中。由于 CO 不溶于金属，所

以在高温时生成的CO就会以气泡的形式从液态金属中高速逸出，形成飞溅，而不会形成气孔。但是，当热源离开后，熔池开始凝固时，熔池金属的黏度不断增大，所有反应的CO不易逸出，且该反应为吸热反应，会促使结晶速度加快，使CO形成的气泡来不及逸出时便产生了气孔。由于CO形成的气泡是在结晶界面上产生的，所以CO气孔常呈条虫状。但是，熔池开始凝固后，液体金属中的C和FeO的浓度随固相增多而加大，造成二者在液体金属某一局部富集，有利于按照式（6-2）进行反应。

结晶时，熔池金属的黏度不断增大，此时产生的CO就不易逸出，很容易被“围困”在晶粒之间，特别是在树枝状晶体谷底最低处产生的CO更不易逸出。另外，这种反应是吸热的，会促使结晶速度加快，因而由CO形成的气泡来不及逸出时变产生了气孔。由于这种CO形成的气泡是在结晶过程中产生的，并且它的逸出速度小于结晶速度，因此，形成了沿结晶方向的条虫形内气孔，其内壁有氧化颜色。

此外，水蒸气气孔也是反应型气孔，是焊接铜、镍时铜的氧化物和镍的氧化物与溶解于金属中的氢反应生成水蒸气而未及时逸出造成的。

各种气孔的分布特点不是固定不变的。上述讨论的只是在比较正常情况下形成的气孔特征。在某些情况下也会有例外情况。因此，判断气孔是由何种气体形成时，不应只看气孔的存在形式，还应考虑形成气孔的具体条件。

总之，高温的焊接熔池内存在着多种气体，一部分是能溶解于液态金属中的氢气和氮气；另一部分是冶金反应产生的不溶于液态金属的CO、水蒸气。焊缝结晶时，由于氢、氮溶解度突变，熔池中就有一部分超过固态溶解度的“多余的”氢、氮。这些“多余的”氢、氮与不溶于熔池的CO和水蒸气就要从液体金属中析出形成气泡上浮，由于焊接熔池结晶速度快，气泡来不及逸出而残留在焊缝中形成了气孔，这就是气孔产生的原因。

二、气孔的形成过程

1. 形成气孔的气体来源

焊缝中形成气孔的气体来源于两个方面：一种是来自外部的溶解度有限的气体（如氢、氮）；另一种是熔池中的冶金反应产物（如一氧化碳、水蒸气等）。在高温金属熔池的冷却过程中，熔池中的气体，由于溶解度降低而处于饱和状态，就会急剧向外逸出，来不及逸出的气体，被凝固的焊缝金属包围，就形成气孔。所以在焊接过程中促使焊缝形成气孔的气体有氢气、氮气和一氧化碳气体。氢气孔、氮气孔大多出现在焊缝表面；一氧化碳气孔多产生于焊缝内部并沿结晶方向分布。

2. 焊缝中气孔的形成过程

气孔的形成，一般经历了三个过程：气泡的生核过程、气泡的长大过程、气泡的逸出过程。

（1）气泡的生核　气泡的生核应具备两个条件，即液态金属中有过饱和气体和满足气泡成核的能量。

液态金属存在过饱和的气体是形成气孔的重要物质条件。焊接时，在高温电弧的作用下，熔池与熔滴金属吸收的气体大大超过了其在熔点的溶解度。以铁为例，在直流正接时，熔池中氢的含量可以达到它在铁的熔点时溶解度的1.4倍，而CO在液态金属中是不溶解的。因此，熔池金属有获得形成气泡所需气体的充分条件。

气泡生核需要一定的能量消耗。在极纯的液体金属中形成气泡核是很困难的，所需的能量很大。而在焊接熔池中，有不均匀的溶质质点，特别是树枝晶成长界面等存在的现成表面，使气泡形核所需能量大大降低。因此，焊接熔池中气泡的形核率较高，而且往往在树枝状晶界上生核。

（2）气泡的长大　由于熔池温度的不断降低，析出气体不断被凝固的晶粒所吸附，气泡内部压力大于阻碍气泡长大的外界压力，便使气泡不断长大。

气泡内部压力是各种气体（H_2、N_2、CO、H_2O等）分压的总和。事实上在具体条件下，只有其中某种气体起主要作用，而另外一些气体只起到辅助作用。

作用于气泡的外压是由于大气压力、气泡上部的金属和熔渣的压力以及克服表面张力所构成的附加压力所组成。一般金属和熔渣的压力及大气压力相对很少，可以忽略不计，故气泡的外压决定于附加压力。

气泡附加压力大小与气泡的半径成反比。由于气泡开始形成时体积很小（即半径很小），故附加压力很大。计算表明，当气泡半径为10^{-4}cm时，附加应力为大气压力的20倍左右。在这样大的外压作用下，气泡很难长大。但当气泡依附于某些现成表面形核时，呈椭圆形，半径比较大，从而降低了附加压力，为气泡长大提供了条件。同时，形核的现成表面对气体有吸附作用，使局部的气体浓度大大提高，缩短了气泡长大所需时间，为气泡长大提供了条件。

（3）气泡的逸出　在气泡核形成之后，又经过一个短暂的长大过程，当气泡长大到一定的尺寸时，开始脱离结晶表面的吸附而上浮。当气泡的上浮速度小于金属熔池的结晶速度，那么气泡就可能残留在凝固的焊缝金属中，成为气孔。

气泡上浮首先必须脱离所依附的现成表面，其难易程度与气泡和现成表面附着力大小有关。附着力较小时，气泡类似于水银球状，与现成表面成锐角（$\theta<90°$），则气泡尚未长大到很大尺寸，便可脱离所依附的现成表面。附着力较大时，气泡与现成表面成钝角（$\theta>90°$），则气泡必须长大到较大尺寸，并形成缩径后才能脱离现成表面，不仅所需时间长，不利上浮，而且还会残留一个不大的透镜状的气泡核，它可成为新的气泡核。气泡核脱离现成表面的情况如图6-12所示。

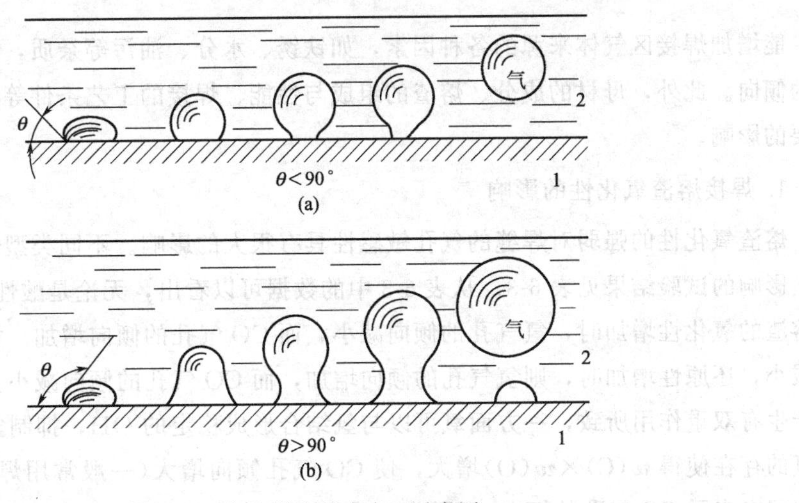

图6-12　气泡脱离现成表面示意图

气泡脱离现成表面后，能否上浮逸出，取决于熔池的结晶速度和气泡的上浮速度这两个因素。

熔池的结晶速度对气孔的影响，如图 6-13 所示。

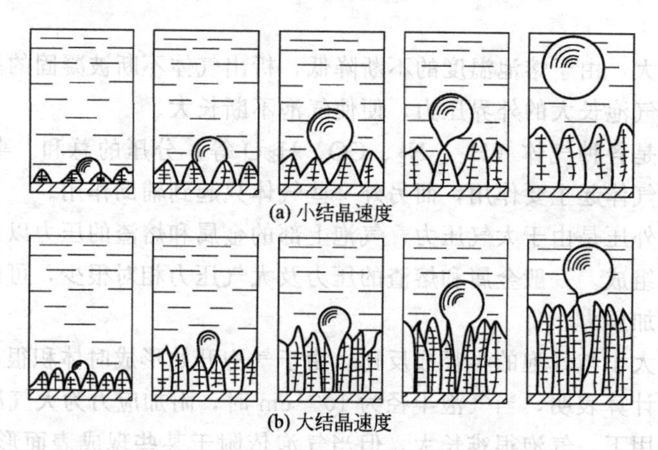

(a) 小结晶速度

(b) 大结晶速度

图 6-13　不同结晶速度对形成气孔的影响

熔池的结晶速度较小时，如图 6-13(a) 所示，气泡可以有充分的时间上浮逸出，容易得到无气孔的焊缝。当熔池的结晶速度较大时，如图 6-13(b) 所示，气泡可能来不及上浮逸出而形成气孔。

气泡的上浮速度与液体金属的密度、气泡的半径以及液体金属的黏度等因素有关。气泡的半径越小，则由熔池中浮出的速度就越小；液态金属的密度越小，气泡的上浮逸出速度也越小，产生气孔的可能性大，焊接轻金属及其合金时（如铝、镁合金等）易产生气孔就与这密切相关；对气泡上浮速度影响最大的是液体金属的黏度，当温度降低时，特别是金属开始结晶时，黏度急剧增大，气泡的上浮逸出速度大为减慢，当气泡上浮速度小于熔池的结晶速度时，就在焊缝中形成了气孔。

三、影响焊缝形成气孔的因素

能增加焊接区气体来源的各种因素，如铁锈、水分、油污等杂质，都会增加焊缝形成气孔的倾向。此外，母材的成分、熔渣的组成与性能、焊接的工艺条件等对气孔的形成也具有重要的影响。

1. 焊接熔渣氧化性的影响

熔渣氧化性的强弱对焊缝的气孔敏感性具有很大的影响。不同类型焊条的氧化性对气孔倾向影响的试验结果见表 6-3。从表 6-3 中的数据可以看出，无论是酸性熔渣还是碱性熔渣，当熔渣的氧化性增加时，氢气孔的倾向减小，而 CO 气孔的倾向增加。相反，当熔渣的氧化性减小，还原性增加时，则氢气孔的倾向增加，而 CO 气孔的倾向减小。这是因为氧对气孔的产生有双重作用所致，一方面氧可以与氢结合形成稳定的 OH，抑制氢气孔产生；另一方面氧的存在使得 $w(C)\times w(O)$ 增大，使 CO 气孔倾向增大（一般常用焊缝中 $w(C)\times w(O)$ 的乘积来表示 CO 气孔的倾向）。因此，适当调整熔渣的氧化性，可以有效地防止焊缝中氢气孔和一氧化碳气孔的产生。

表 6-3 不同类型焊条的氧化性对气孔倾向的影响

焊条类型		焊缝中含量			氧化性	气孔倾向
		$w(O)/\%$	$w(C)\times w(O)\times10^{-4}/\%$	$H_2/(mL/100g)$		
酸性焊条	J424-1	0.0046	4.37	8.80	↓增加	较多气孔(H_2)
	J424-2	—	—	6.82		个别气孔(H_2)
	J424-3	0.0271	23.03	5.24		无气孔
	J424-4	0.0448	31.36	4.53		无气孔
	J424-5	0.0743	46.07	3.47		较多气孔(CO)
	J424-6	0.1113	57.88	2.70		更多气孔(CO)
碱性焊条	J507-1	0.0035	3.32	3.90	↓增加	个别气孔(H_2)
	J507-2	0.0024	2.16	3.17		无气孔
	J507-3	0.0047	4.04	2.80		无气孔
	J507-4	0.0160	12.16	2.61		无气孔
	J507-5	0.0390	27.30	1.99		更多气孔(CO)
	J507-6	0.1680	94.08	0.80		密集大量气孔(CO)

需要注意的是，熔渣酸碱性对焊缝气孔的敏感性不同，在酸性焊条的焊缝中，当 $w(C)\times w(O)$ 的乘积为 $31.36\times10^{-4}\%$ 时还未出现气孔，而在碱性焊条的焊缝中，当 $w(C)\times w(O)$ 的乘积为 $27.30\times10^{-4}\%$ 时，就出现了更多的气孔。同时，碱性焊条只有在 $w(C)\times w(O)$ 的乘积为 $(2.16\sim12.16)\times10^{-4}\%$、$w(H)$ 为 (2.61～3.17)mL/100g 范围时才不会产生气孔；而酸性焊条在 $w(C)\times w(O)$ 的乘积为 $(23.03\sim31.36)\times10^{-4}\%$、$w(H)$ 为 (4.53～5.24)mL/100g 范围内不会产生气孔，二者均高于碱性焊条。这就是碱性焊条对 CO 和氢气孔敏感性大于酸性焊条的原因。

2. 焊条药皮和焊剂的影响

焊条药皮和焊剂的成分比较复杂，因此对产生气孔的影响也是复杂的。现仅对低碳钢和低合金钢用焊条和焊剂进行简要分析。

当焊接熔渣中含有氟化物时（如萤石），能起良好的去氢作用。因为氟与氢化合生成稳定的 HF，而 HF 不溶于液态金属，从而减少氢气孔的产生。另外，当熔渣中含有一定量的氧化性物质时，如 MnO、FeO、MgO、SiO_2 等，也能起到清除氢气孔的作用。因为这些氧化物中的氧在高温时能与氢化合，生成稳定的、不溶于液体金属的 OH，从而减少焊缝金属的含氢量，但氧化性过强时，则有可能产生 CO 气孔。更为重要的是，一般碱性焊条药皮中均含有一定量的萤石（CaF_2），焊接时它直接与 H_2 或 H_2O 发生作用，反应生成稳定的 HF。

埋弧焊时，在高锰高硅焊剂（如 HJ431）中也含有一定量的萤石和较多的 SiO_2，焊接时 CaF_2 与 SiO_2 作用产生 SiF_4，SiF_4 与 H_2 或 H_2O 反应又形成 HF。

这些反应产生的 HF，是一种稳定的气体化合物，即使在高温下也不易分解，当高温高达 6000K 时，HF 只分解 30%。由于大量的氢被 HF 所占据，因此可以有效地降低氢气孔的倾向。

图 6-14 为 CaF_2 与 SiO_2 对焊缝产生气孔的影响。

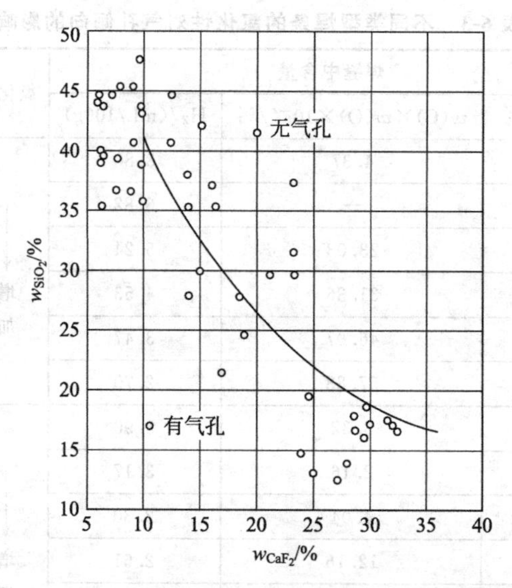

图 6-14 CaF_2 与 SiO_2 对焊缝产生气孔的影响

由图 6-14 可知，当熔渣中 CaF_2 与 SiO_2 同时存在时，对于消除氢气孔最为有效。这是因为 CaF_2 与 SiO_2 的含量对于消除焊缝中气孔具有相互补充的作用。当 SiO_2 含量少，而 CaF_2 含量较多时，可以消除气孔。相反，SiO_2 含量多，而 CaF_2 含量少时，也可以消除气孔。

应当指出，CaF_2 对防止氢气孔是很有效的。但是，焊条药皮中含有较多的 CaF_2 时，一方面影响电弧的稳定性，另一方面也会产生可溶性氟化物（HF 和 NaF），影响焊工的健康。

为了增加电弧的稳定性，常在药皮或焊剂中加入含有 K 和 Na 的低电离电位物质，如 Na_2CO_3、K_2CO_3、水玻璃等。但是，常因此又使焊缝生成气孔的倾向增加，这是因为有 K、Na 的化合物存在时，在高温下分解而发生下列反应：

$$K+HF = KF+H \tag{6-5}$$

$$Na+HF = NaF+H \tag{6-6}$$

反应的结果是 K、Na 在高温时对氟的亲和力比对氢的亲和力还大，使 HF 发生分解，致使氢游离出去，增加了氢在熔池周围的浓度，所以焊缝的气孔倾向增大。焊接中 K、Na 的含量对气孔影响的试验结果见表 6-4。从表 6-4 中的数据可以看出，焊剂中 K、Na 化合物的含量越高，抗锈的能力就越低，也就是气孔的倾向就越大。

表 6-4 焊剂中 K、Na 对气孔的影响

焊剂牌号	焊剂成分（质量分数）/%								出现气孔时的铁锈量/(g/100mm)
	SiO_2	CaF_2	Al_2O_3	CaO	MgO	FeO	MnO	K_2O+Na_2O	
HJ430-1	41.0	8.6	2.8	4.1	0.4	0.9	42.3	0	0.6
HJ430-2	41.0	7.0	3.2	4.3	0.8	1.4	41.3	1.8	0.4
HJ351	19.9	21.2	15.4	8.3	0.6	1.0	29.6	4.0	0.3
HJ352	20.9	18.9	17.1	6.6	0.5	0.9	33.1	2.0	0.4
HJ353	21.8	20.8	17.8	3.2	0.6	1.1	33.7	1.0	0.6

J506 焊条和 J507 焊条的不同之处，就是前者含有较多的 K，提高了焊条的稳弧性，可交直流两用，但两种焊条在同样条件下焊接时，J506 焊条比 J507 焊条更容易出现氢气孔。

3. 铁锈、水分及其他杂质影响

焊件或焊接材料中的水分、氧化铁皮、铁锈、油污等杂质也是焊缝出现气孔的重要因素，其中尤其铁锈的影响最大。

铁锈是钢铁腐蚀后的产物，是氧化铁的水化物（通式为 $m\mathrm{Fe_2O_3} \cdot n\mathrm{H_2O}$），也包含（$\mathrm{Fe_3O_4 \cdot H_2O}$）的水化物，即铁锈含有较多铁的高级氧化物 Fe_2O_3 和结晶水，在电弧焊接的条件下，这些以结晶水形式存在的水分，便产生大量的水蒸气，从而使铁氧化产生 H_2。

当液态金属具有足够高的温度时，这些氢便以原子或正离子的形式溶入，扩散至熔池金属中，这就是焊接有铁锈金属时产生氢气孔的主要原因。铁锈的存在一方面增加了熔池的氧化作用，在结晶时促使生成 CO 气孔，另一方面也增加了生成氢气孔的可能性，所以，铁锈是一种极其有害的杂质。

钢板上氧化铁皮的主要成分是 Fe_3O_4 和少量的 Fe_2O_3，虽然没有结晶水，但对产生 CO 气孔仍有较大的影响，因此，在焊接生产中要尽量清除焊件上的铁锈、氧化铁皮等杂质。

焊剂和焊条药皮受潮或烘干不足、空气中或母材金属表面的水分，受电弧高温的影响，生成氢进入焊接熔池中，同样易增加产生气孔的倾向，所以对焊条的烘干应予以重视。

4. 焊接参数的影响

焊接参数，如焊接电流、焊接速度、电弧电压等，主要是影响焊接熔池的存在时间，如果熔池存在的时间越短，气体逸出越困难，形成气孔的倾向也越大。

增大焊接电流可增加熔池存在的时间，有利于气体的逸出，但熔滴变细，增加了熔池对气体的吸收量，同时熔深也增加，反而不利于气体的逸出，增大了生成气孔的倾向。使用不锈钢焊条时，焊接电流增大，焊芯的电阻热增大，会使焊条末端药皮发红，药皮中的某些组成物（如碳酸盐）提前分解，影响了造气保护效果，因而也增加了气孔的倾向。

电弧电压升高，弧长增加，熔滴过渡的路径增大，保护效果变差，空气中的氮气易侵入熔池形成氮气孔，其中焊条电弧焊和自保护药芯焊丝电弧焊最为敏感。

当电弧的功率不变（即焊接电流和电弧电压的乘积不变）时，焊接速度增大，熔池存在的时间变短，加快了结晶速度，从而增大了产生气孔的倾向。

因此，焊接时，必须正确选择焊接工艺参数。

5. 电流种类和极性的影响

生产经验证明，电流的种类和极性不仅影响电弧的稳定性，还对氢气孔的产生有较大的影响。使用交流电源焊接时，使用未烘干的焊条，焊缝易产生气孔。用直流正接法时，生成气孔的倾向较小，而用直流反接法时，生成气孔的倾向最小。这是因为氢气实际上是以正离子形式溶入熔池，当熔池处于阴极时（反接），弧柱空间的氢正离子在熔池表面遇到电子，与之复合为氢原子，从而阻碍了氢的溶解。在使用交流电源时，氢离子在电流改变方向通过零点的瞬间，顺利进入熔池，因此产生气孔的倾向最大。

6. 工艺操作方面的影响

在一般的生产条件下，由于工艺操作不当也易产生气孔。工艺操作方面的影响主要有以下几点。

① 焊前未严格按规定要求烘干焊条、焊剂或烘干后放置时间过长。

② 焊前未对焊件、焊丝上的铁锈、水分、油质等污物按要求进行清除。

③ 焊接时的规范不稳定，特别是使用碱性焊条时未采用短弧焊接等。

四、防止气孔产生的措施

从根本上讲，防止气孔产生的根本措施是限制气体的来源和排除熔池中存在的气体。

1. 消除产生气孔的气体来源

① 对焊件及焊丝（焊芯）表面上的油污、铁锈、氧化膜等进行仔细清除，特别是焊缝两侧 20～30mm 范围内进行除锈、去污。对于铁锈的清理方法一般采用砂轮、钢丝刷等机械清理法，也可采用化学清理法。

有色金属铝、镁对表面污染引起的气孔非常敏感，因而对焊接工件的清理有严格要求。如铝工件清洗后应及时装配焊接，否则焊件表面会重新氧化。一般清理后的焊丝或焊件存放时间不超过 24h，在潮湿条件下，不应超过 4h。

② 焊接材料的防潮和烘干。各种焊接材料应防潮包装与存放。按规定烘干焊条或焊剂，控制烘干的焊条或焊剂在大气中的暴露时间，防止吸潮。在各类焊条中，低氢型焊条对吸潮最敏感，吸潮率超过 1.4％就会明显产生气孔，如图 6-15 所示。

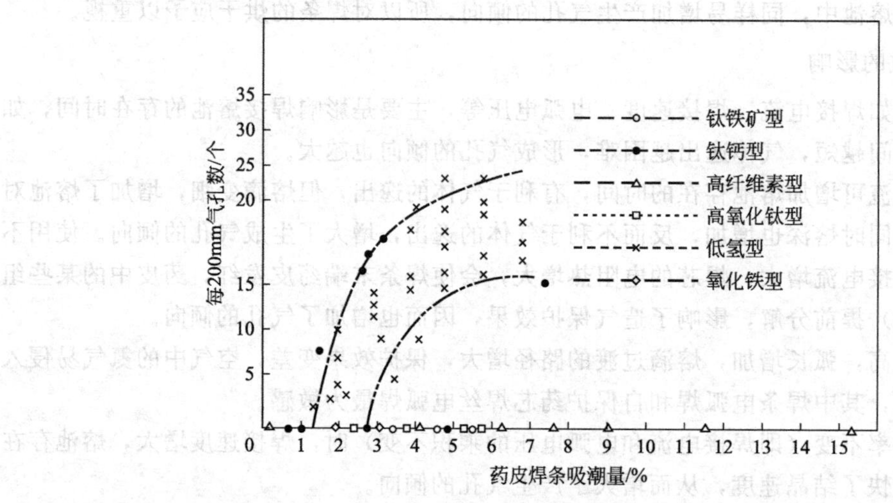

图 6-15　不同类型焊条的吸潮率

2. 加强对熔池的保护

加强保护的目的是防止空气侵入熔池而引起气孔。

① 不使用偏心焊条和药皮脱落的焊条，焊剂或保护气体送给不能中断。

② 掌握正确的引弧方法，电弧不得随意拉长，采用短弧焊接，并要配以适当的动作，以利于气体的逸出。

③ 装配间隙要符合要求，不要太大，防止空气从根部熔池侵入。

气体保护焊时，必须防风。焊枪喷嘴前端保护气体流速一般是 2m/s 左右，风速如超过此值，保护气流就不稳定而成为紊流状态，失去保护作用。MAG 焊接时风速对气孔形成的影响如图 6-16 所示，

可见药芯焊丝二氧化碳气体保护焊时受风速的影响较小。当然，保护气体的流量也影响

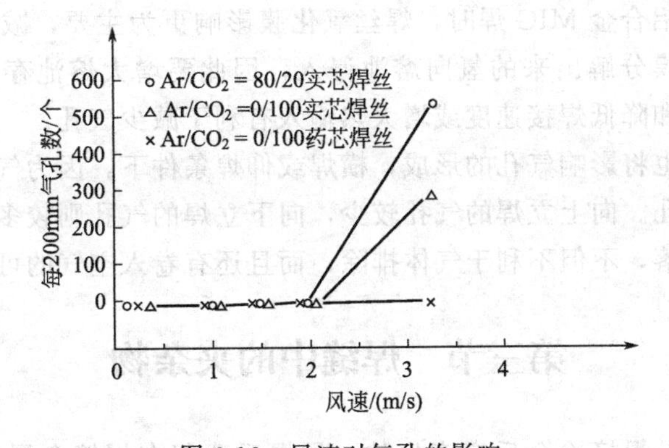

图 6-16 风速对气孔的影响

(MAG 焊，焊丝 ϕ1.2mm，I=300A，保护气流量 25L/min)

保护效果，保护气体的纯度也须严格控制。

3. 正确选择焊接材料和保护气体

焊接材料的选用必须考虑与母材的匹配要求，例如低氢型焊条抗锈性能很差，不能用于不便清理的带锈构件的焊接，而氧化铁型焊条却有很好的抗锈性。埋弧焊时，若使用高碱度烧结焊剂，对铁锈敏感性显著减小。

在气体保护焊时，从防止氢气孔产生的角度考虑，保护气氛的性质选用活性气体优于惰性气体。因为活性气体 O_2 或 CO_2 均能限制溶氢，同时还能降低液体金属的表面张力和增大其活动性能，有利于气体的排出。因此，焊接钢材时，富 Ar 气体保护焊的抗锈能力不如纯 CO_2 焊接，为兼顾抗气孔及焊缝韧性，富 Ar 气体保护焊接时多用 80%Ar+ 20%CO_2 的混合气体。

有色金属焊接时，为减少氢的有害作用，在 Ar 中添加氧化性气体 CO_2 或 O_2 有一定效果，但其数量必须严格控制，数量少时无克制氢的效果，数量多时会使焊缝明显氧化，焊缝外观变差。

焊丝的组成除适应于母材的匹配要求外，还必须考虑与之组合的焊剂（埋弧焊）或保护气体（气体保护焊），并根据不同的冶金反应，调整熔池或焊缝金属的成分。在许多情况下，希望形成充分脱氧的条件，以抑制反应型气孔的生成。低碳钢 CO_2 焊时采用含碳量尽量降低而增加脱氧元素的 H08Mn2SiA 焊丝就可以防止气孔。有色金属焊接时，脱氧更是最基本的要求，以防止溶入的氢被氧化为水蒸气。因此，焊接纯镍时应采用含有 Al 和 Ti 的焊丝或焊条。纯铜氩弧焊时必须用硅青铜或磷青铜合金焊丝等。

4. 控制焊接工艺条件

控制焊接工艺条件的目的是创造熔池中气体逸出的有利条件，同时限制焊接电弧外围的气体溶入熔池。

对于反应型气孔气体而言，首先应着眼于创造有利的排出条件，即适当增大熔池在液态存在时间。由此可见，增大热输入和适当预热都是有利的。

对于氢和氮而言，也只有气体逸出条件比气体溶入条件改善更多，才有减少气孔的可能性，因此焊接工艺参数应有最佳值，而不是简单地增大或减小。

铝合金 TIG 焊时，应尽量采用小热输入以减少熔池存在的时间，从而减少氢的溶入，同时又要充分保证根部熔化，以利根部氧化膜上的气泡浮出，由此采用大电流配合较高的焊接速度比较有利。而铝合金 MIG 焊时，焊丝氧化膜影响更为主要，减少熔池存在时间难以有效地防止焊丝氧化膜分解出来的氢向熔池侵入，因此要增大熔池存在时间以利于气泡逸出，即增大焊接电流和降低焊接速度或增大热输入有利于减少气孔。

此外，焊接位置也将影响气孔的形成，横焊或仰焊条件下，因为气体排出条件不利，将比平焊时更易产生气孔。向上立焊的气孔较少，向下立焊的气孔则较多，这是因为此时熔化的液态金属易向下坠落，不但不利于气体排除，而且还有卷入空气的可能。

第三节 焊缝中的夹杂物

焊缝中的夹杂物是焊接冶金反应产生的，是焊后残留在焊缝金属中的微观非金属杂质（如氧化物、氮化物、硫化物等）。焊缝中的夹杂物是固体夹杂的一种，但它有别于夹渣和金属夹杂。夹渣是指焊后残留在焊缝中的焊渣，是由于焊接参数选择不当或操作技术的原因所引起的；金属夹杂是残留在焊缝金属中的来自外部的金属颗粒（如夹钨）；而夹杂物是由于焊接化学冶金反应产生的。

一、夹杂物的危害与种类

1. 夹杂物的危害

夹杂物的存在不仅降低焊缝金属的塑性，增大低温脆性，降低韧性和疲劳强度，在外力作用下，夹杂物周围会产生应力集中，使夹杂物通常成为裂纹源而增加产生热裂纹的可能。

2. 夹杂物的种类

（1）氧化物夹杂　氧化物夹杂是指凝固过程中，在焊缝金属内部残留的金属氧化物。氧化物夹杂较为普遍，主要组成为 SiO_2，其次是 MnO、TiO_2 及 Al_2O_3 等，一般多以硅酸盐的形式存在。这种夹杂物主要是降低焊缝的韧性，如果以密集的块状或片状分布时，长在焊缝中引起热裂纹，图 6-17(a) 所示为 14MnMoVN 钢用 J506 焊条焊接时，焊缝中铁素体上分布的硅酸盐夹杂物引起的裂纹。

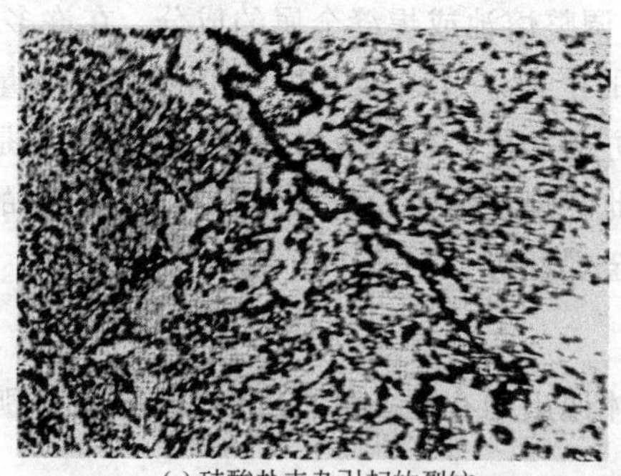
(a) 硅酸盐夹杂引起的裂纹

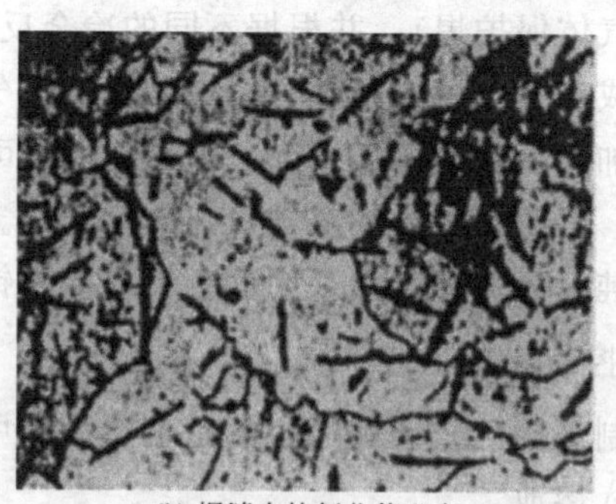
(b) 焊缝中的氮化物分布

图 6-17　氧化物夹杂和氮化物夹杂

氧化物夹杂主要是由于熔池中的 FeO 与其他元素作用而生成的，只有少数是因为工艺不当而从熔渣中直接混入的。因此熔池脱氧越完全，焊缝中夹杂物就越少。

（2）氮化物夹杂　在良好的保护条件下，焊缝中存在氮化物夹杂的可能性很小，只有在保护不好的情况下焊接时，焊缝中才会有较多的氮化物夹杂，如图 6-17(b) 所示。

焊接低碳钢和低合金钢时，氮化物夹杂主要是 Fe_4N。Fe_4N 具有很高的硬度，是焊缝在时效过程中，从过饱和固溶体中析出的氮化物，并以针状分布在晶粒上或贯穿晶界，使焊缝金属的塑性和韧性急剧下降。如低碳钢焊缝中含氮量为0.15%时，其伸长率只有10%。

应当指出，由于一些氮化物具有强化作用，有时也把氮作为合金元素加入钢中，例如钢中含有Mo、V、Nb、Ti和Al等合金元素时，能与氮形成弥散状的氮化物，在不过多损失韧性的条件下，大幅度提高钢的强度。经过热处理（如正火），可使钢具有良好的综合力学性能，如15MnVN钢、06AlNbCuN钢等。

(3) 硫化物夹杂　硫化物夹杂主要来源于焊条药皮或焊剂，经冶金反应后转入熔池。但有时也因母材或焊丝中含硫量偏高而形成硫化物夹杂。

钢中的硫化物夹杂主要有两种形态，即MnS和FeS。一般来讲，以MnS的形态存在时对钢的性能影响不大，而FeS则有较大影响。因为熔池结晶时，FeS是沿晶界析出，并与Fe或FeO形成低熔点共晶，易引起焊缝产生热裂纹。

二、防止和减少焊缝中形成夹杂物的措施

在焊缝中分布细小、均匀的夹杂物，对焊缝的塑性和韧性不会有明显的影响，反而还可改善焊缝金属的韧性与塑性，但对于粗大的夹杂物则必须采取措施防止或消除。所以，焊缝中的夹杂物对焊缝性能的影响还是很大的。

防止和减少焊缝中形成夹杂物的主要措施从以下三个方面着手。

(1) 正确选择符合化学成分要求的母材和焊接材料，如低硫的焊条、焊剂和焊件等，控制其来源以减少夹杂物的产生。

(2) 正确选择焊条、药芯焊丝、焊剂的渣系，以便在焊接过程中能充分脱氧、脱硫。另外还要严格控制原材料中的杂质含量，以杜绝夹杂物的来源。

(3) 采取相应的焊接工艺措施，常见的焊接工艺措施有以下几点：

① 选用较大的热输入，使熔池有足够的存在时间；

② 焊条电弧焊时，焊条要作适当的摆动，使熔池搅动，以促使夹杂物的浮出；

③ 多层焊时，层间的清渣要彻底，防止残留的焊渣在焊接下一层时，进入熔池而形成夹杂物；

④ 采用短弧焊接，以保护焊接熔池免受空气中氮的侵入。

第四节　焊接裂纹

焊接裂纹是指在焊接应力及其他致脆因素共同作用下，焊接接头中局部地区的金属原子结合力遭到破坏而形成的新界面所产生的缝隙。它具有缺口尖锐和长宽比大的特征。裂纹是焊接结构中危险性较大的缺陷之一，由于裂纹在承载时可能会不断地延伸和扩大，这样，轻者会使产品报废，重者会引起严重的灾害事故。通常将肉眼可见的裂纹称为宏观裂纹，在显微镜下观察到的裂纹称为显微裂纹。

一、焊接裂纹的分类及特征

在焊接生产中，由于母材和结构类型的不同，可能出现各种各样的裂纹。图6-18所示为焊接裂纹宏观形态及分布示意图。

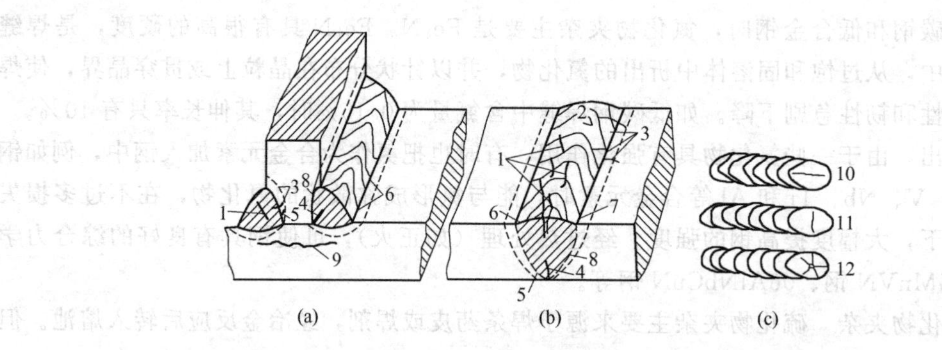

图 6-18 焊接裂纹宏观形态及分布

1—焊缝中纵向裂纹；2—焊缝中横向裂纹；3—熔合区裂纹；4—焊缝根部裂纹；5—HAZ 根部裂纹；6—焊趾纵向裂纹（延迟裂纹）；7—焊趾纵向裂纹（液化裂纹、再热裂纹）；8—焊道下裂纹（延迟裂纹、液化裂纹、多边化裂纹）；9—层状撕裂；10—弧坑纵向裂纹；11—弧坑横向裂纹；12—弧坑星形裂纹

焊接裂纹的分类方法很多，可按裂纹走向、产生位置及产生的本质等进行划分。

1. 按裂纹走向分

(1) 纵向裂纹　产生的裂纹基本上与焊缝的轴线平行。

(2) 横向裂纹　产生的裂纹基本上与焊缝的轴线垂直。

(3) 放射状裂纹　产生的裂纹具有某一公共点，呈放射状，也可称为星形裂纹。

(4) 弧坑裂纹　在焊缝收弧弧坑处产生的裂纹。

2. 按裂纹所在位置分

可分为焊缝裂纹和热影响区裂纹。

3. 按裂纹产生的本质分

就目前的研究，焊接裂纹按其产生的本质进行划分，可分为五大类：热裂纹、再热裂纹、冷裂纹、层状撕裂和应力腐蚀裂纹五大类，其中，热裂纹和冷裂纹最为常见。

(1) 热裂纹　在焊接过程中，焊缝和热影响区金属冷却到固相线附近的高温区产生的焊接裂纹，叫做焊接热裂纹。

(2) 再热裂纹　焊件焊后在一定温度范围内再次加热时（焊后消除应力处理或其他加热过程），由于高温及残余应力的共同作用而产生的晶间裂纹叫做再热裂纹，又叫消除应力裂纹。

(3) 冷裂纹　焊接接头冷却到较低温度时产生的焊接裂纹叫做焊接冷裂纹。一般情况下，钢材的冷裂纹发生在马氏体转变点即 Ms 点以下或 200℃或 150℃以下。

(4) 层状撕裂　层状撕裂是指焊接时，在焊接构件中沿钢板轧层形成的呈阶梯状的一种裂纹。它往往发生在厚壁焊件的 T 形焊接接头中。

(5) 应力腐蚀裂纹　金属材料在某些介质中，由于拉应力的作用造成的延迟裂纹称为应力腐蚀裂纹。它的形成必须有介质、金相组织和应力这三要素在特定条件下的联合作用。它不一定只发生在焊接接头上，也可发生在母材上。但由于焊接引起的接头残余应力因素无法避免，所以出现几率高的仍是焊接接头及其附近母材。

二、焊接热裂纹

热裂纹是在焊接高温下产生的，它的特征是沿奥氏体晶界开裂。热裂纹是焊接生产中比较常见的一种焊接缺陷，从一般常见的低碳钢、低合金钢到奥氏体不锈钢、铝合金及镍合金等都有产生热裂纹的可能。热裂纹通常多产生于焊缝金属内，但也有可能形成在焊接熔合线附近的母材内。热裂纹可分为结晶裂纹、液化裂纹和多边化裂纹三类。其中，结晶裂纹是最常见的一种热裂纹。这里仅就结晶裂纹和液化裂纹作相关介绍。

（一）结晶裂纹

结晶裂纹又叫凝固裂纹，主要产生在焊缝凝固过程中。当冷却至固相温度附近时，由于凝固金属的收缩，残余液体金属不足而不能及时填充，在应力作用下发生沿晶界开裂。图6-19为焊缝中的结晶裂纹照片。结晶裂纹大多数产生在焊缝中部，呈纵向分布在焊缝中心，也有些呈弧形分布在焊缝中心线的两侧，与焊波呈垂直分布。

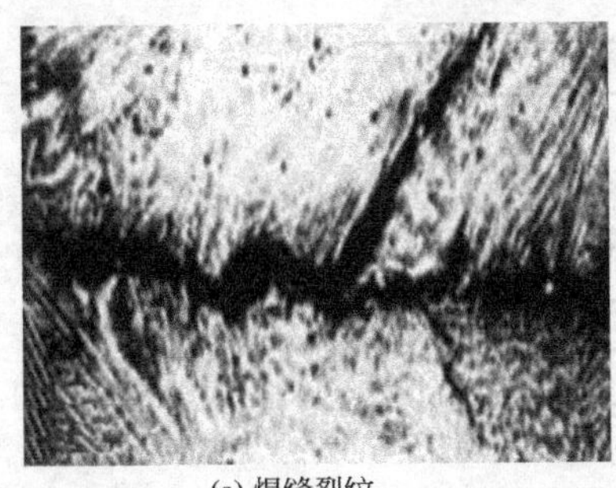

(a) 焊缝裂纹　　(b) 裂纹断口形貌

图 6-19　焊缝中的结晶裂纹

结晶裂纹主要产生在含杂质（含 S、P、C、Si 偏高）较多的碳钢、低中合金钢、奥氏体钢、镍基合金和某些铝合金焊缝中。一般沿焊缝树枝状晶的交界处发生和扩展，如图6-20所示。常见于焊缝中心沿焊缝长度扩展的纵向裂纹，如图 6-21 所示，有时也分布在两个树枝晶粒之间。结晶裂纹表面无金属光泽，带有氧化颜色，焊缝表面的宏观裂纹中往往填满焊渣。

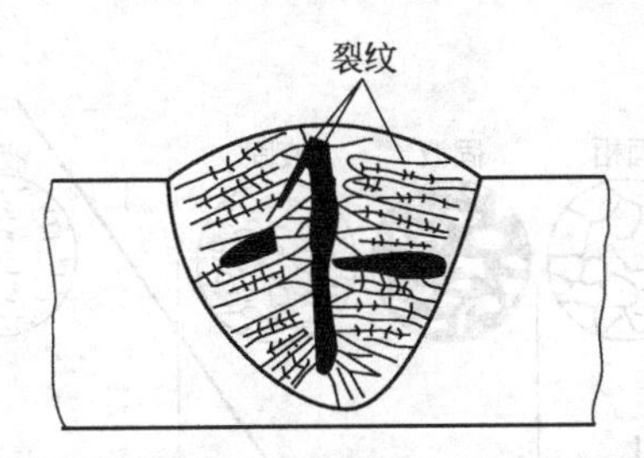

图 6-20　焊缝中结晶裂纹出现的地带

结晶裂纹的上述特征，说明其形成温度是在焊缝金属凝固后期熔渣尚未凝固的高温阶段；裂纹沿晶界扩展则表明此温度区间是焊缝金属中的薄弱环节。

1. 结晶裂纹产生的原因

焊缝金属在结晶后期出现开裂，原因来自两个方面，即焊缝金属在结晶后期抗裂能力下降和拉应力的作用。

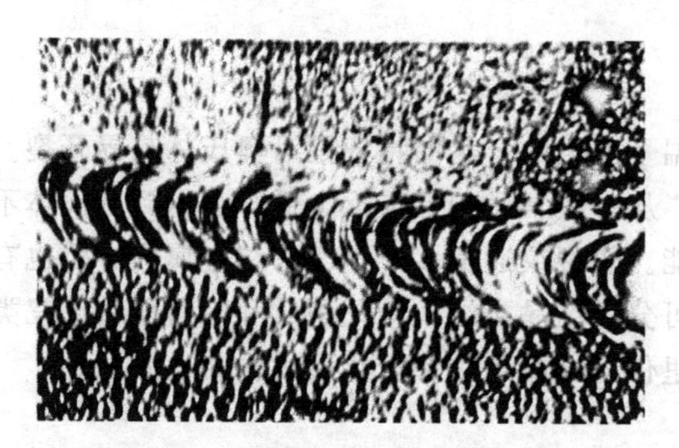

图 6-21 沿焊缝中心的纵向裂纹

（1）结晶过程中焊缝金属塑性的变化 图 6-22 所示为焊缝金属的伸长率与温度 T 的关系曲线。

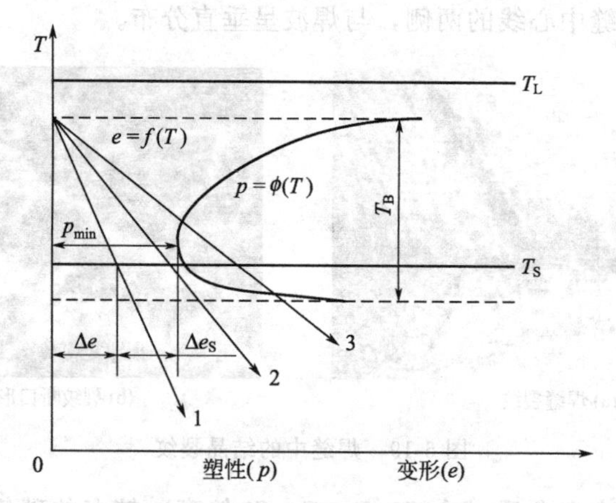

图 6-22 焊接时产生结晶裂纹的条件

T_L—液相线温度；T_S—固相线温度

曲线表明，在结晶后期固相温度 T_S 附近，存在一个塑性很低的温度范围 T_B，叫做脆性温度区间。脆性温度区间形成的原因可通过焊缝金属凝固过程进行分析。如图 6-23 所示。

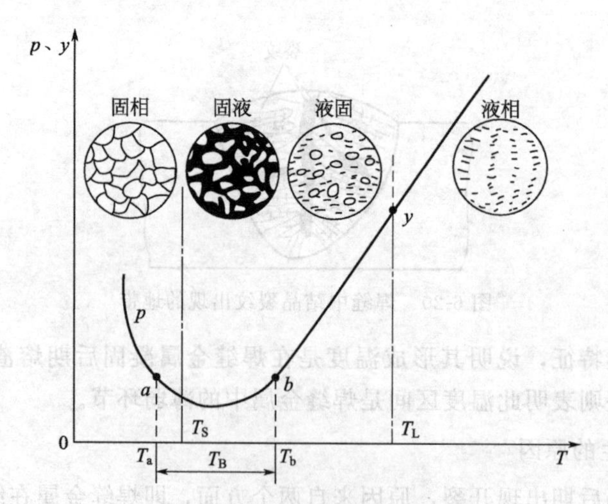

图 6-23 熔池结晶的阶段及脆性温度区

p—塑性；y—流动性；T_B—脆性温度区；T_L—液相线；T_S—固相线

整个凝固过程可以划分为三个阶段。

① 液固阶段：在该阶段，熔池开始结晶，液相多于固相，晶粒之间被液体金属所隔而未直接接触，液体可以在晶粒间自由流动。此时，即使有拉应力作用，流动的液体可以补充填满被拉开的缝隙，而不会产生开裂现象。

② 固液阶段：当结晶继续进行时，固相随晶粒增加与长大而相互接触并连为整体，液体被固相隔开，流动困难，少量剩余的液体（主要是低熔点组分）形成所谓的“液态薄膜”。如图 6-24 所示。此时，即使有较小的拉应力作用，也会因为变形全部集中在液态薄膜上而开裂，故这个阶段金属的塑性最低，所以把这个阶段称为“脆性温度区间”。

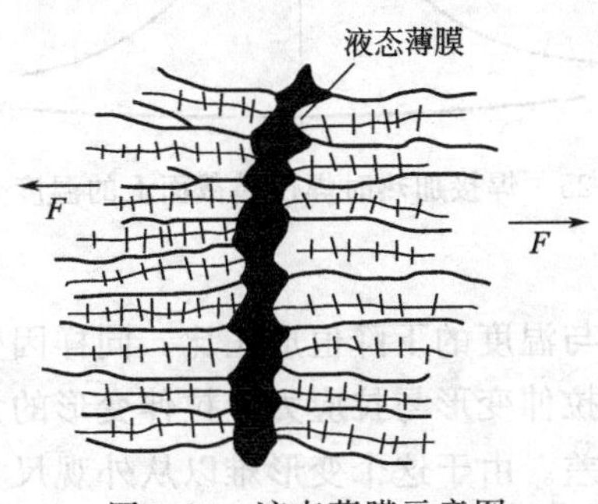

图 6-24 液态薄膜示意图

③ 完全凝固阶段：熔池金属完全凝固后而形成整体的焊缝。此时受到拉应力作用，变形由整个焊缝金属承担，而不再集中于晶界，有较高的抗裂能力，很难产生裂纹。但对于某些金属，在焊缝完全凝固后仍有一段温度区间塑性很低，也会产生裂纹，即高温低塑性裂纹（多边化裂纹）。

综上所述，脆性温度区间是由于金属凝固后期出现了“液态薄膜”而形成的。此时，金属的塑性（δ）降低到最低值。脆性温度区间的上限低于合金的液相温度 T_L，下限略低于固相温度 T_S，结晶裂纹就产生于此温度范围。对具体合金来说，在脆性温度区间的抗裂能力还因 T_B 的宽度、金属在 T_B 范围内的抗裂能力不同而异。二者均与冶金因素有关。

（2）产生结晶裂纹的力　脆性温度区间的存在是产生结晶裂纹的主要原因，这种条件是必要的，但不充分。而力的作用是产生结晶裂纹的充分条件。结晶裂纹产生于焊后的高温条件下，此时结构并未承受外载荷作用，由此可见，导致开裂的拉伸变形不是由于外力作用，而是由焊缝冷却过程中的内应力所产生的。焊接时的局部加热是产生焊接应力的根本原因。

焊件加热时，横截面上的温度分布如图 6-25 所示。

金属加热时的线膨胀量与温度增量 ΔT 呈正比。即

$$\Delta l=\alpha l\Delta T \tag{6-7}$$

式中　α——金属的线膨胀系数，1/℃；

l——被加热工件的原始长度，cm；

ΔT——加热后温度的增量，℃。

如果焊件各个部分可以自由伸缩，则每一部分的伸长量与 ΔT 呈正比，焊件端面应是与温度曲线相似的曲面。但焊件系一个整体，在膨胀时端面要保持平面，这样焊缝的膨胀受到两侧冷金属的限制，达不到相应温度下应有的长度，相当于受到压缩，而产生压缩变形与压应力。但是压缩变形不会导致开裂，而且随温度继续升高，焊缝金属熔化，应力也随之

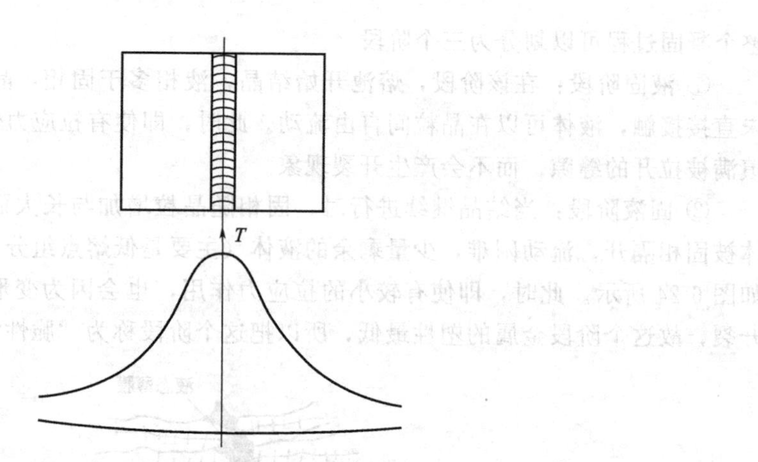

图 6-25 焊接加热时焊件横截面上的温度分布

消失。

焊缝冷却时，其收缩量应与温度的下降值成正比，同样因受到两侧的限制达不到应有的收缩量而有所伸长，并产生了拉伸变形与拉应力。拉伸变形的大小等于焊缝冷却后的实际长度与自由收缩时应有的长度之差。由于这个变形难以从外观尺寸确定，一般称为内变形或真实变形，也就是产生结晶裂纹的力的因素。

(3) 结晶裂纹形成的条件 综上所述，结晶裂纹的产生是由于在焊缝凝固后期存在了液态薄膜，并受到了拉应力作用的结果。但液态薄膜与拉应力同时存在，开裂与否取决于焊缝金属的变形能力 δ_{min} 与其产生的实际应变 ε 之间的关系。

当 $\varepsilon<\delta_{min}$ 时，不会开裂；$\varepsilon=\delta_{min}$ 时，处于临界状态；只有 $\varepsilon>\delta_{min}$ 时，才会产生裂纹。图 6-22 中曲线 1、2、3 分布表示上述三种情况。所以，结晶裂纹形成的条件用数学式表达应为

$$\varepsilon>\delta_{min} \tag{6-8}$$

由上述条件还可以推出，焊缝金属在脆性温度区间的实际拉伸应变 ε 越大，裂纹倾向越大；而焊缝金属本身的变形能力 δ_{min} 越小，裂纹倾向也越大。此外，T_B 的宽度越宽，特别是下限的温度越低，裂纹倾向也越大。因此，在实际生产中判断结晶裂纹倾向时，必须综合考虑脆性温度区 T_B 的宽度，焊缝金属在 T_B 间的塑性 δ 及在 T_B 间应变 ε 的增长率三个因素的影响。总之，只有在拉伸应变超过脆性温度区间的变形能力时，才会产生结晶裂纹。

2. 结晶裂纹的影响因素

影响结晶裂纹形成的因素可归纳为两个方面，即冶金因素和力的因素。

(1) 冶金因素的影响 冶金因素主要是指化学成分、合金状态图类型和结晶组织状态等。

① 合金元素对结晶裂纹的影响。合金元素的影响十分复杂，并且多种合金元素之间还会相互影响，在某些情况下，甚至彼此是矛盾的。下面仅讨论碳钢和低合金钢中合金元素对结晶裂纹倾向的影响。

a. 硫、磷 硫和磷几乎在各类钢中都会增加结晶裂纹的倾向。这是因为硫和磷的存在，即使是微量存在，也会使结晶温度区间大大增加。图 6-26 所示为各种合金元素对铁的结晶温度区间的影响情况，可见硫和磷对结晶温度区间的增加最为剧烈。

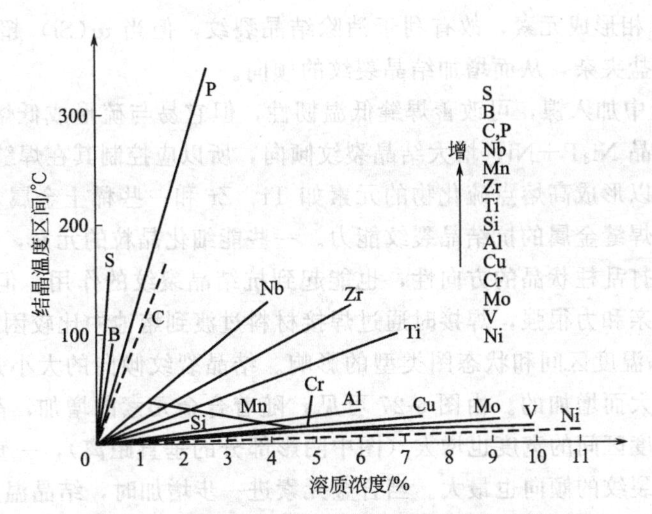

图 6-26 各种合金元素对铁结晶温度区间的影响

硫和磷在钢中能形成低熔点共晶，在结晶过程中极易形成液态薄膜，因而显著增大裂纹倾向。

硫和磷都是偏析度较大的元素，在钢中易引起偏析。由于偏析可能在钢的局部地方形成低熔点共晶，从而产生裂纹。

b. 碳 碳是钢中影响结晶裂纹的主要元素。碳不仅本身对结晶裂纹的影响是显著的，而且会加剧硫和磷的有害作用。当碳含量大于 0.16%时，随钢中含碳量的增加，结晶温度区间增大，因而增大了结晶裂纹敏感性。同时，当含碳量增加时，结晶初生相可由 δ 相转为 γ 相，而硫和磷在 γ 相中的溶解度比在 δ 相中的溶解度低很多，结果使硫和磷富集于晶界，使结晶裂纹倾向增大。表 6-5 为钢中硫和磷在 δ 相和 γ 相中的最大溶解度。

表 6-5 硫和磷在 δ 相和 γ 相中的最大溶解度（1350℃）

元素	最大的溶解度/%	
	在 δ 相中	在 γ 相中
S	0.18	0.05
P	2.8	0.25

c. 锰 锰具有脱硫作用，能将液态薄膜状的 FeS 转变为球状分布的易入渣的 MnS，从而提高了焊缝的抗裂性。因此，为了防止因硫引起结晶裂纹，常加入一定量的锰，并根据 w(C)保证一定的 w(Mn)/w(S)比值，w(Mn)/w(S)比值的关系见表 6-6。

需要注意的是，当含碳量超过包晶点(w(C)=0.16%)时，磷对形成结晶裂纹的作用就超过了硫，继续增加 w(Mn)/w(S)比值对于消除裂纹就无意义了，此时必须严格控制磷在金属中的原始含量。

表 6-6 含碳量与 w(Mn)/w(S)比值的关系

w(C)	w(Mn)/w(S)比值
≤0.10	≥22
0.11～0.125	≥30
0.126～0.155	≥59

d. 硅　硅是δ相形成元素，故有利于消除结晶裂纹，但当 w(Si) 超过 0.4%时，容易形成低熔点的硅酸盐夹杂，从而增加结晶裂纹的倾向。

e. 镍　在焊缝中加入镍，可改善焊缝低温韧性，但它易与硫形成低熔点共晶 NiS+Ni，与磷形成低熔点共晶 Ni_3P+Ni，增大结晶裂纹倾向，所以应控制其在焊缝中的含量。

此外，一些可以形成高熔点硫化物的元素如 Ti、Zr 和一些稀土金属，都具有良好的脱硫效果，也能提高焊缝金属的抗结晶裂纹能力。一些能细化晶粒的元素，由于晶粒细化后可以扩大晶界面积，打乱柱状晶的方向性，也能起到抗结晶裂纹的作用。但 Ti、Zr 和一些稀土金属大都与氧的亲和力很强，焊接时通过焊接材料过渡到熔池中比较困难。

② 合金的结晶温度区间和状态图类型的影响。结晶裂纹倾向的大小是随着合金状态图结晶温度区间的增大而增加的。由图 6-27 可见，随着合金元素的增加，晶界温度区间随之增大，同时脆性温度区间的宽度也增大（图中阴影部分的垂直距离），一直到 S 点，此时结晶温度区间最大，裂纹的倾向也最大。当合金元素进一步增加时，结晶温度区间和脆性温度区间变小，结晶裂纹的倾向降低。

由于实际生产中，焊缝结晶属于不平衡结晶，故实际的固相线要比平衡条件下的固相线向左下方移动［图 6-27(a) 中的虚线］，它的最大固溶度由 S 点移至 S'点，裂纹倾向的曲线也随之向左移动［图 6-27(b) 中的虚线］，使原来结晶温度区间较小的低浓度区裂纹倾向剧烈增加。

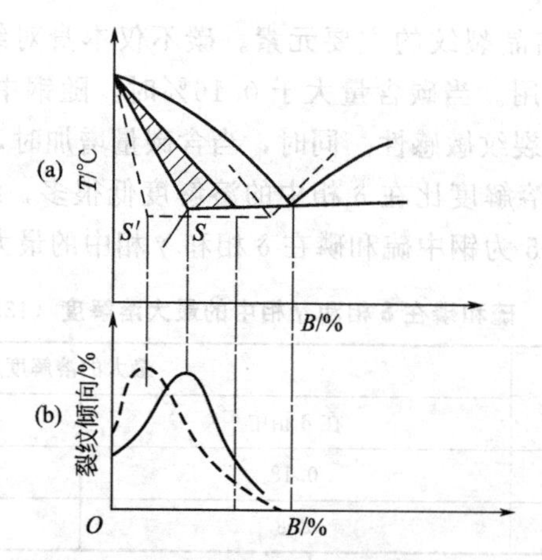

图 6-27　结晶温度区间与裂纹倾向的关系

其他类型状态图的合金产生结晶裂纹的规律也和上述研究结果一致，即裂纹倾向随结晶温度区间或脆性温度区间的增大而增加。常见的几种合金类型状态图与结晶裂纹的倾向如图 6-28 所示。

③ 一次结晶组织形态的影响。焊缝金属在结晶过程中，晶粒的大小、形态和方向以及析出的初生相等对焊缝的抗裂性有很大的影响。一次结晶的晶粒越粗大，柱状晶的方向越明显，则产生结晶裂纹的倾向就越大。如果结晶过程中初生相是γ相，会使硫和磷严重偏析，也会增大结晶裂纹的倾向。因此，常在焊缝中加入一些能细化晶粒的合金元素（如 Ti、Nb、Mo、V、Al 和稀土等），一方面可以破坏液态薄膜的连续性，另一方面还可以打乱柱状晶的方向。

图 6-29 为奥氏体不锈钢焊缝中希望存在的γ+δ双相组织的情况，这是因为在单相粗大的奥氏体（γ）柱状晶之间有铁素体（δ）存在时，细化了晶粒，打乱了柱状晶的方向，同

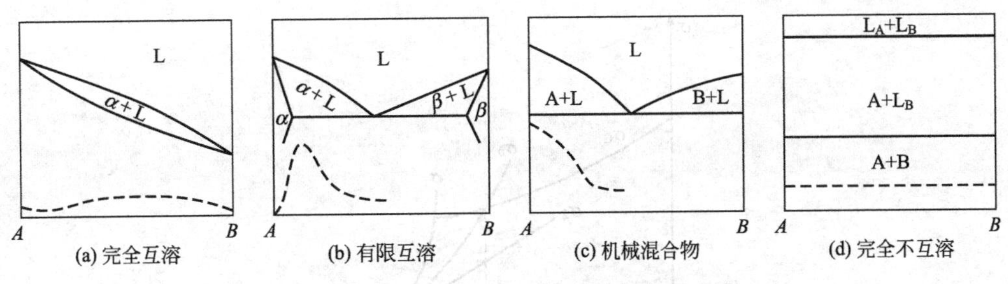

图 6-28 合金状态图与结晶裂纹倾向的关系

(图中虚线表示结晶裂纹倾向变化的规律)

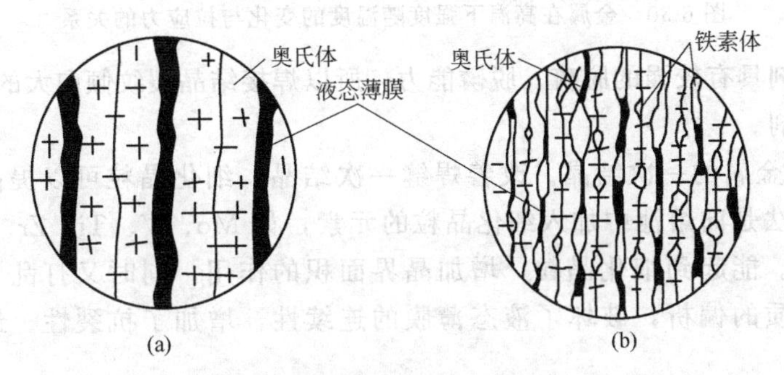

图 6-29 奥氏体焊缝中分布的铁素体

时 δ 相还具有比 γ 相能溶解更多的 S、P 的有利作用，因此可以提高焊缝的抗裂能力。

④ 低熔点共晶的影响。各种杂质的低熔点共晶所形成的液态薄膜是产生结晶裂纹的重要原因，但也与其分布形态及数量有关。如果晶界的液态薄膜以球粒状形态分布时，就可以提高抗裂纹的能力。例如，适当提高焊缝中含氧的浓度时，可以使硫化物以球粒状形态分布，因而提高了抗结晶裂纹的性能。

此外，由前面分析可知，低熔点共晶数量超过一定界限之后，反而有“愈合”裂纹的作用。因此焊接共晶型的铝合金时常采用这一原理来防止结晶裂纹的产生。

(2) 力的因素的影响 拉应力是产生结晶裂纹的条件，对结晶裂纹产生的影响较大。我们知道，金属强度主要取决于金属的晶内强度 σ_G 和晶间强度 σ_0，它们都随温度的升高而降低，但晶间强度 σ_0 降低速度大于晶内强度 σ_G，如图 6-30 所示。当温度 $T=T_0$ 时，$\sigma_G=\sigma_0$，T_0 称为等强温度。当温度高于 T_0 时，$\sigma_G>\sigma_0$，若此时拉伸应力 $\sigma_1>\sigma_0$，就会产生裂纹且必然是晶间断裂，焊接时产生的结晶裂纹就属于这种性质。如焊缝所承受的拉伸应力为 σ_2，随温度的变化，它始终低于 σ_0，则不会产生裂纹。

3. 防止结晶裂纹的措施

焊接时影响结晶裂纹的产生因素很多，所以防止结晶裂纹的措施主要从控制焊缝金属成分和调整焊接工艺两方面着手。

(1) 防止结晶裂纹的冶金措施 主要有：

① 控制焊缝中硫、磷、碳等元素的含量。硫、磷、碳等元素主要来源于母材和焊接材料，因此首先要控制其来源。一般碳钢、低合金钢焊丝中硫的质量分数小于 0.025%～0.040%，磷的质量分数不大于 0.015%～0.045%，碳的质量分数不超过 0.12%。焊接高合金钢时对钢材和焊接材料的要求更高。

优质焊条中硫的质量分数一般应不大于 0.035%，磷的质量分数不大于 0.04%。因低氢

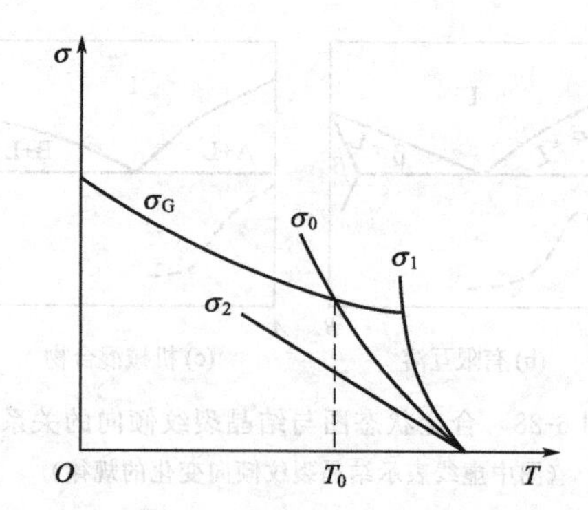

图 6-30　金属在高温下强度随温度的变化与拉应力的关系

型焊条及碱性焊剂具有较强的脱硫、脱磷能力，所以焊接结晶裂纹倾向大的钢时，应尽量选用碱性焊条和焊剂。

② 改善焊缝金属的一次结晶。改善焊缝一次结晶，细化晶粒可以提高焊缝金属的抗裂性。常用的方法是向熔池中加入细化晶粒的元素，如 Mo、V、Ti、Zr、Nb 等，这种方法称为变质处理。能起到细化晶粒，增加晶界面积的作用，同时又打乱了柱状晶的结晶方向，减少了杂质的偏析，破坏了液态薄膜的连续性，增加了抗裂性。最常用的变质剂是钛。

③ 调整熔渣的碱度。焊接熔渣的碱度越高，熔池中脱硫、脱磷能力越强，杂质越少。因此，焊接一些重要的结构时，应采用碱性焊条或焊剂。

(2) 防止结晶裂纹的工艺措施　主要有：

① 合理选择焊接工艺参数。合理选择焊接工艺参数，可得到抗裂能力较强的焊缝成形系数 $\phi(B/H)$，不同成形系数的结晶情况如图 6-31 所示。焊缝成形系数为焊缝宽度与焊缝厚度之比，一般情况下，成形系数随电弧电压升高而增加，随焊接电流的增加而减小。

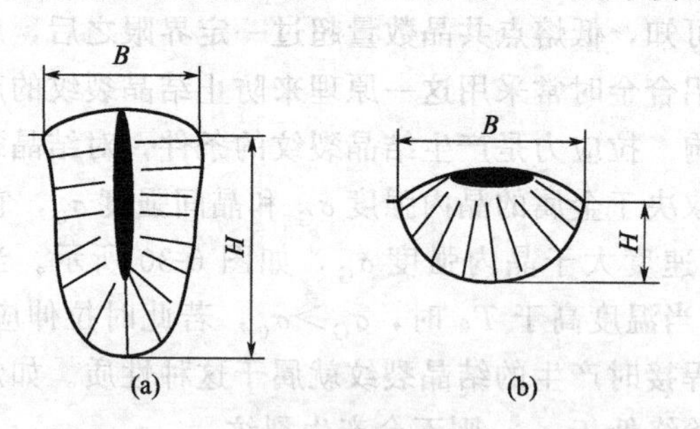

图 6-31　不同成形系数时的结晶情况

成形系数之比较小时，焊缝窄而深，杂质集中在焊缝中心，容易在焊缝中心产生结晶裂纹；成形系数较大时，焊缝宽而浅，杂质聚集在焊缝上部，这种焊缝具有较强的抗结晶裂纹的能力。因此生产中可通过适当提高成形系数（通常要求 $\phi>1$）来防止结晶裂纹产生。但成形系数不宜过大，如当 $\phi>7$ 时，由于焊缝过薄，抗裂能力反而下降。低碳钢焊缝的成形系数与结晶裂纹的关系如图 6-32 所示。

② 选用正确的焊接接头形式。焊接接头的形式不同，它的刚性不同，而且散热条件、结晶特点也不同，因而产生结晶裂纹的倾向也不一样。接头形式对抗裂倾向的影响如图6-33所示。

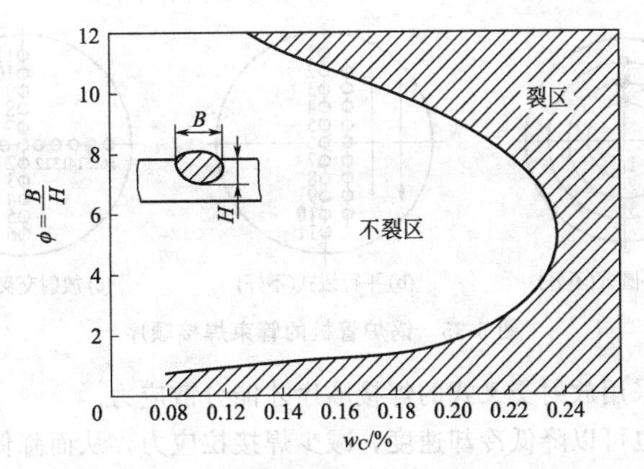

图 6-32 低碳钢焊缝的成形系数与结晶裂纹的影响

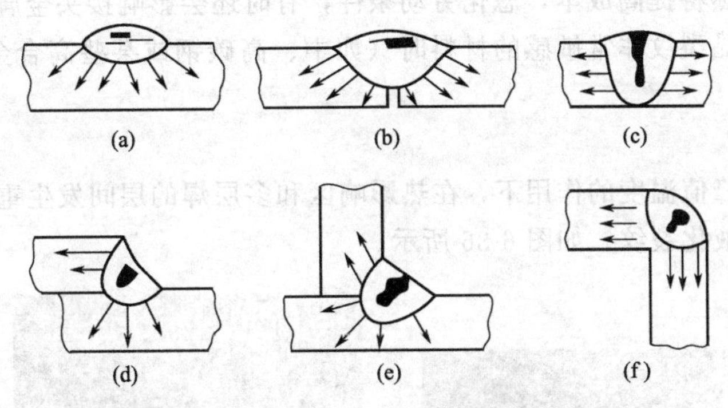

图 6-33 接头形式对抗裂倾向的影响

堆焊和熔深较浅的对接接头抗裂性较高；熔深较大的对接接头和各种角焊缝（包括搭接接头、T 型接头和角接接头等）的抗裂性较差。因为这是焊缝所受到的应力基本作用在杂质聚集的结晶面上所致。

③ 合理安排焊接顺序，降低焊接应力。合理安排焊接顺序，尽可能让焊缝能自由收缩，能有效降低焊接接头的刚性，减少焊接拉应力，从而降低结晶裂纹的倾向。

图 6-34 所示的钢板拼接，可选择不同的焊接顺序。方案Ⅰ是先焊焊缝 1，后焊 2、3；方案Ⅱ为先焊焊缝 2、3，后焊 1。对于方案Ⅰ，各条焊缝在纵向及横向都有收缩余地，内变形较小。对于方案Ⅱ，在焊焊缝 1 时其横向和纵向收缩都受到上下两条焊缝的限制，纵向收缩也较困难，很容易产生纵向裂纹。

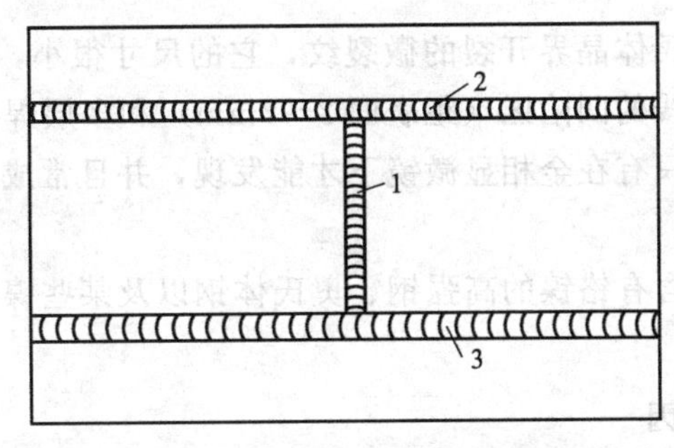

图 6-34 碳钢焊缝的成形系数与结晶裂纹的关系

又如图 6-35 所示的锅炉管板上管束的焊接，若采用同心圆或平行线的焊接顺序都不利

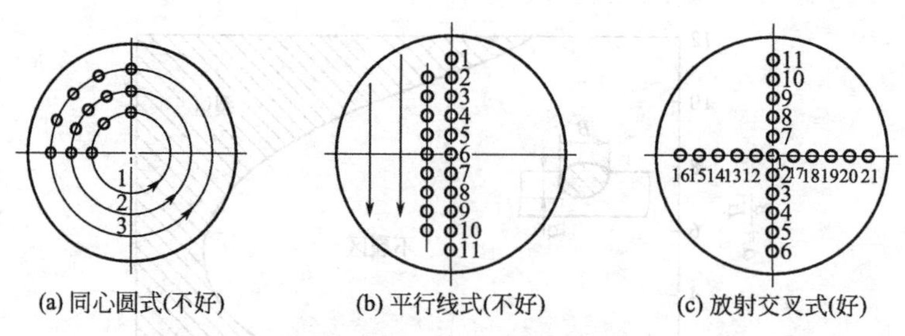

图 6-35　锅炉管板的管束焊接顺序

于应力的疏散，只有采用放射交叉式的焊接顺序才能分散应力。

此外，采用预热也可以降低冷却速度，减少焊接拉应力，从而降低结晶裂纹的倾向。但要注意，结晶裂纹形成于固相线附近的高温区，需要用较高的温度才能降低高温的冷却速度。同时，高温预热将提高成本，恶化劳动条件，有时还会影响接头金属的性能，因此，只有在焊接一些对结晶裂纹非常敏感的材料时（如中、高碳钢或某些高合金钢），才采用预热来防止结晶裂纹。

（二）液化裂纹

在焊接热循环峰值温度的作用下，在热影响区和多层焊的层间发生重熔，在应力作用下产生的裂纹，称为液化裂纹。如图 6-36 所示。

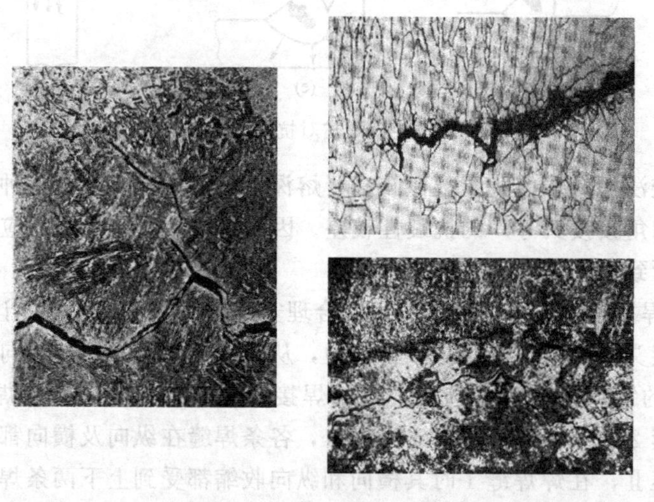

图 6-36　液化裂纹示意图

液化裂纹是一种沿奥氏体晶界开裂的微裂纹，它的尺寸很小，一般在 0.5mm 以下。液化裂纹多出现在焊缝熔合线的凹陷区（距表面 3～7mm）和多层焊的层间过热区，如图 6-37 所示，所以液化裂纹一般只有在金相显微镜下才能发现，并且常成为冷裂纹、再热裂纹、脆性断裂或疲劳断裂的裂源。

液化裂纹主要产生在含有铬镍的高强钢、奥氏体钢以及某些镍基合金的热影响区或多层焊的层间部位。

1. 液化裂纹的形成原因

液化裂纹的形成原因在本质上与结晶裂纹是相同的，都是由于在晶界有脆弱低熔共晶，在高温下承受不了力的作用而开裂。但结晶裂纹是液态焊缝金属在结晶过程中形成的，而液

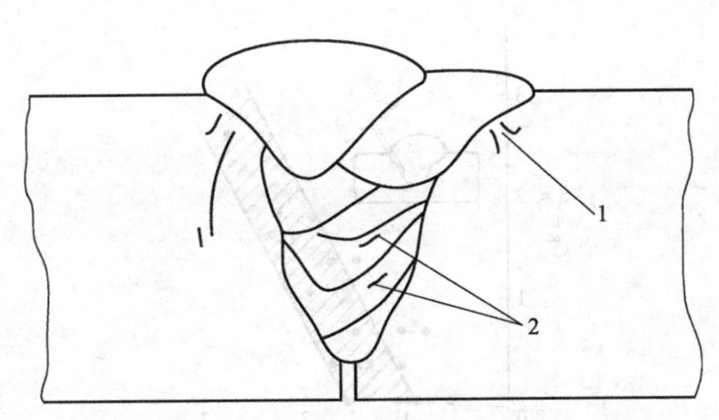

图 6-37 出现液化裂纹的部位

1—凹陷区；2—多层焊层间过热区

化裂纹是在热影响区或焊缝层间的金属，在热循环的峰值温度下，使低熔点共晶被重新熔化，在拉伸应力的作用下沿奥氏体晶间开裂而形成的。

值得注意的是，产生裂纹的部位在开裂前原是固态，而不是在熔池中，导致液化裂纹的薄膜只能是焊接过程中沿晶界重新液化的产物，因而称为液化裂纹。

2. 液化裂纹的影响因素

液化裂纹与结晶裂纹的影响因素大致相同，也是冶金因素和力的因素共同作用的结果。

冶金方面主要是合金元素的影响，其基本规律与对结晶裂纹的影响是一致的。对于易出现液化裂纹的高强钢、不锈钢和耐热合金的焊件，除了硫、磷、碳的有害作用外，还有镍、铬和硼元素的影响。

Ni 是高强钢、不锈钢和耐热合金中的主要合金元素，但也是液化裂纹敏感的元素。一方面 Ni 是强烈的奥氏体形成元素，可显著降低有害元素（S、P）的溶解度，引起偏析。另一方面，Ni 易与许多元素形成低熔点共晶，如 $Ni\text{-}Ni_3S_2$（645℃）、$Ni\text{-}Ni_3P$（880℃）、$Ni\text{-}Ni_2B$(990℃）等，故易产生液化裂纹。

Cr 在钢中的含量不高时，没有不良影响。若含量高，则由于不平衡的加热与冷却，晶界可能产生偏析物，如 Ni-Cr 共晶（1340℃），从而增加裂纹缺陷。

B 在铁和镍中的溶解度很小，但只要有 0.003%～0.005%的微量硼，就能产生明显的晶界偏析。除了能形成硼化物和硼碳化物外，还与铁、镍形成低熔点共晶，如 Fe-B (1149℃)、Ni-B(1140℃或 990℃)，所以微量硼的存在就可能产生液化裂纹。

3. 液化裂纹的防止措施

液化裂纹的防止措施与结晶裂纹的一致，也是从冶金和工艺两个方面入手。

① 选用含碳、硫、磷、镍、硼等含量较低的母材和焊材，并控制 $w(\mathrm{Mn})/w(\mathrm{S})$ 比值在较高范围内，对于含镍钢，$w(\mathrm{Mn})/w(\mathrm{S})$ 比值应保持在 50 以上。

② 采用较小的焊接热输入，因为大的热输入会使晶界低熔点共晶熔化严重，晶界处于液态时间较长，另外，多层焊时，热输入增大，焊层变厚，焊接应力增加，都会使液化裂纹倾向增大。

③ 减小焊缝凹度可防止液化裂纹。当焊缝断面呈明显蘑菇状时，在凹入处很容易产生微小的裂纹，并且裂纹率随凹度 d 的增加而增大，如图 6-38 所示。埋弧焊和气体保护焊的焊缝断面多呈蘑菇状（也称指状），并且电流越大形状越明显。

减小焊缝凹度的方法，可采取焊条电弧焊盖面或焊接时焊丝倾斜一定角度等方法，如图

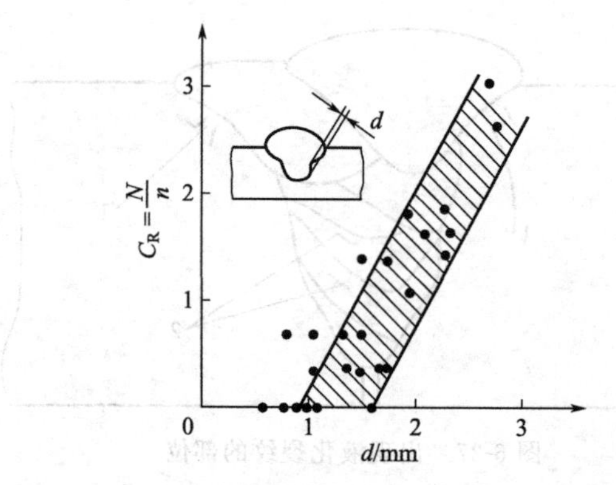

图 6-38 焊缝形状的凹度 d 对液化裂纹率的影响

C_R—裂纹率；N—所检断面发现的裂纹总数；n—被检断面数

6-39 所示。

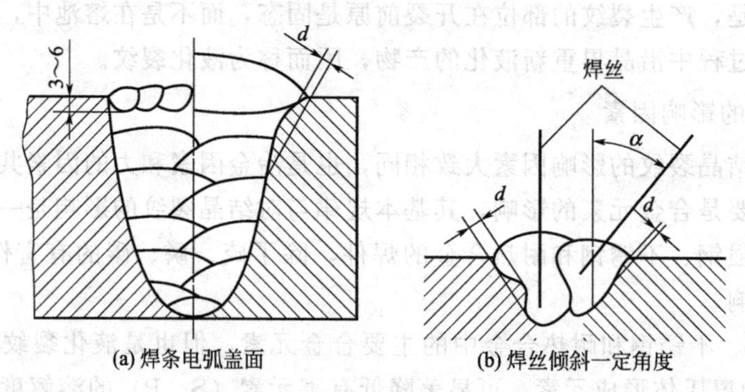

图 6-39 减小焊缝凹度的措施

三、焊接冷裂纹

冷裂纹是焊接接头冷却到较低温度下（对于钢来说，在 200～300℃以下）时产生的焊接裂纹。冷裂纹大约在钢的马氏体转变温度（Ms）附近，主要发生在中、高碳钢和低、中合金钢等的焊接热影响区，个别情况下，如焊接超高强钢和某些钛合金时，冷裂纹也会出现在焊缝上。据统计，在由焊接裂纹引发的事故中，冷裂纹约占 90%，所以冷裂纹是焊接生产中较为普遍发生的一种裂纹，也是焊接影响较大的一种缺陷。

1. 冷裂纹的分类特征

（1）冷裂纹的分类 冷裂纹大体上可以分为延迟裂纹、淬硬脆化裂纹和低塑性脆化裂纹三类。延迟裂纹是冷裂纹中一种比较普遍的形态，它不是在焊后立即出现，而是有一段孕育期，具有延迟现象，故称延迟裂纹，如图 6-40 所示。

淬硬脆化裂纹是由于钢淬硬倾向比较大，即便在没有氢的条件下，仅由拘束应力的作用导致开裂的裂纹，又称淬火裂纹。

低塑性脆化裂纹是冷至低温时，由于收缩应力而引起的应变超过了材料本身塑性储备或材质变脆而产生的裂纹。

（2）冷裂纹的特征 冷裂纹的特征主要有以下表现。

① 分布形态及类型 冷裂纹大多发生在具有缺口效应的焊接热影响区或有物理化学不

图 6-40 延迟裂纹示意图

均匀性的氢聚集的局部地带。根据冷裂纹产生的部位，可分为以下三种类型，如图 6-41 所示。

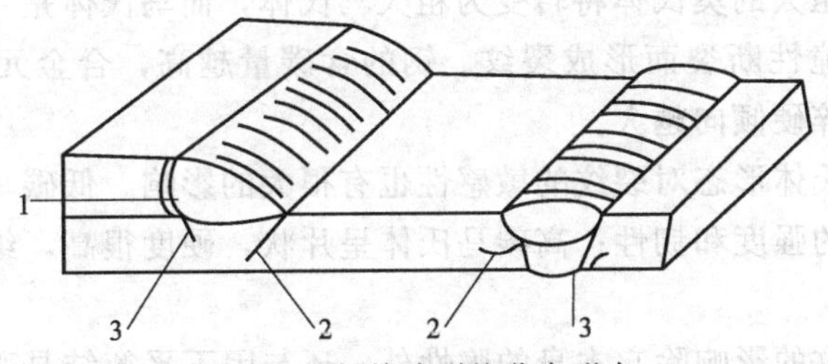

图 6-41 焊接冷裂纹分布形态

1—焊道下裂纹；2—焊趾裂纹；3—焊根裂纹

a. 焊道下裂纹 在靠近堆焊焊道的热影响区内所形成的焊接冷裂纹称为焊道下裂纹。这种裂纹经常发生在淬硬倾向较大、含氢量较高的焊接热影响区。裂纹的走向基本上与焊缝平行，且不显露在表面。

b. 焊趾裂纹 沿应力集中的焊趾处所形成的焊接冷裂纹称为焊趾裂纹。裂纹起源于焊趾部位的应力集中处，从表面出发，往厚度的纵深方向扩展，止于焊接接头近缝区粗晶部分的边缘。裂纹的走向与焊道平行。

c. 焊根裂纹 沿应力集中的焊缝根部所形成的焊接冷裂纹称为焊根裂纹。裂纹起源于坡口根部间隙处，视应力集中源的位置及母材和焊缝金属的强度水平的不同，裂纹可以起源于母材的近缝区金属，在近缝区基本上平行于熔合线扩展，或进入焊缝金属中；也可以起源于焊缝金属的根部，在焊缝金属中扩展。

② 产生的温度和时间 冷裂纹是在焊后较低温度下产生的。对钢来说冷裂纹的形成温度大体在－100～100℃之间，具体温度随母材与焊接条件不同而异。冷裂纹不是在焊接过程中产生的，它可能在焊后立即出现，也有可能是在焊后延续一定时间后才产生，如果钢的焊接接头冷却到室温后，并在一定时间（几小时、几天、甚至十几天）才出现的焊接冷裂纹就称为延迟裂纹，它是冷裂纹中比较普遍的一种形态，也是最危险的焊接缺陷。其他冷裂纹没有延迟开裂特性。

③ 断口特征 宏观上冷裂纹的断口具有脆性断裂的特征，产生的温度较低，断口没有氧化色彩而呈闪亮的金属光泽。从微观上看，裂纹多源于粗大奥氏体晶粒的晶界交错处，其断口呈冰糖状或岩石状，棱角分明。与热裂纹单一的沿晶界断裂不同，延迟裂纹可以穿晶扩

展，常常是沿晶与穿晶断口共存。

④ 产生的部位和方向　冷裂纹主要发生在低合金钢、中合金钢和高碳钢的热影响区，焊接超高强钢或某些钛合金时冷裂纹也出现在焊缝上。从焊缝的表面看，热影响区的冷裂纹主要沿熔合线呈纵向分布，焊缝上的冷裂纹则呈横向分布。

2. 延迟裂纹的形成原因及影响因素

大量的生产实践和理论研究证明，产生焊接延迟裂纹的主要原因是：钢的淬硬倾向、焊缝中扩散氢的作用和焊接接头金属所承受的拘束应力造成的金属塑性下降三个因素交互作用的结果。

（1）钢的淬硬倾向　钢的淬硬倾向主要取决于钢的化学成分、结构的板厚、焊接工艺和冷却条件等。焊接时，钢的淬硬倾向越大，接头中出现马氏体可能性越大，就越易产生冷裂纹。因为马氏体是碳在α-Fe中的过饱和固溶体，晶格发生较大的畸变，致使组织处于脆硬状态。特别是在焊接条件下，近缝区的加热温度高达1350～1400℃，使奥氏体晶粒严重长大，当快速冷却时，粗大的奥氏体将转变为粗大马氏体，而马氏体是一种脆硬的组织，由于变形能力低，易发生脆性断裂而形成裂纹。钢的含碳量越高，合金元素越多，脆硬倾向越大；冷却速度越大，淬硬倾向越大。

此外，不同的马氏体形态对裂纹的敏感性也有很大的影响。低碳马氏体呈板条状，有自回火作用，具有较高的强度和韧性；高碳马氏体呈片状，硬度很高，组织很脆，对裂纹的敏感性很大。

马氏体对延迟裂纹的影响除它本身的脆性外，还与因不平衡结晶所造成的较多晶格缺陷有关。这些缺陷在应力的作用下会迁移、聚集而形成裂源。裂源数量增多，扩展所需能量又低，必然使延迟裂纹敏感性明显增大。

（2）氢的作用　钢中的含氢量分为两部分，即残余氢和扩散氢。由于扩散氢能在固态金属中自由移动，因而在焊接延迟裂纹的产生过程中起到至关重要的作用。试验研究表明，随着焊缝中扩散氢含量的增加，延迟裂纹倾向增大。

氢在延迟裂纹形成过程中的作用与其溶解和扩散规律有关。由于含碳量较高的钢材对裂纹和氢脆有较大的敏感性，因此常控制焊缝金属的含碳量低于母材。

在焊接过程中，由于热源的高温作用，焊缝金属中溶解了很多的氢，冷却时又极力进行扩散和逸出，氢原子从焊缝向热影响区扩散的情况如图6-42所示。

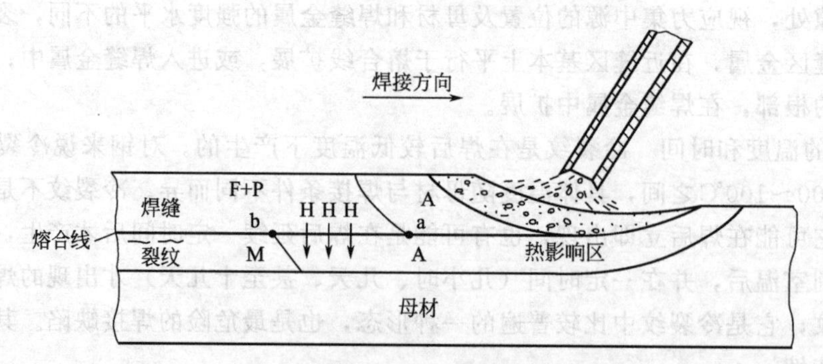

图6-42　焊接热影响区延迟裂纹形成过程

由于焊缝的含碳量低于母材，因此焊缝在较高的温度先于母材发生相变，即由奥氏体分解为铁素体、珠光体、贝氏体以及低碳马氏体等（根据焊缝化学成分和冷却速度而定）。此时，母材热影响区因含碳量高，发生相变滞后，仍为奥氏体，也就是说，焊缝金属的奥氏体转变温度高于母材的转变温度。当焊缝由奥氏体转变为铁素体时，氢的溶解度突然下降，而氢在铁素体中的扩散速度很快（见图 6-43），因此氢就会很快地从焊缝越过熔合线 ab 向尚未发生奥氏体分解的热影响区扩散。由于氢在奥氏体中扩散速度很小，不能很快地把氢扩散到距熔合线较远的母材中去，而在熔合线附近的热影响区形成了富氢地带。在随后此处的奥氏体向马氏体转变时，氢便以过饱和状态残留在马氏体中，促使该区在氢和马氏体复合作用下脆化。如果这个部位有缺口效应，并且氢的浓度足够高时，就可能产生根部裂纹或焊趾裂纹。若氢的浓度更高，可使马氏体更加脆化，也可能在没有缺口效应的焊道下产生裂纹。

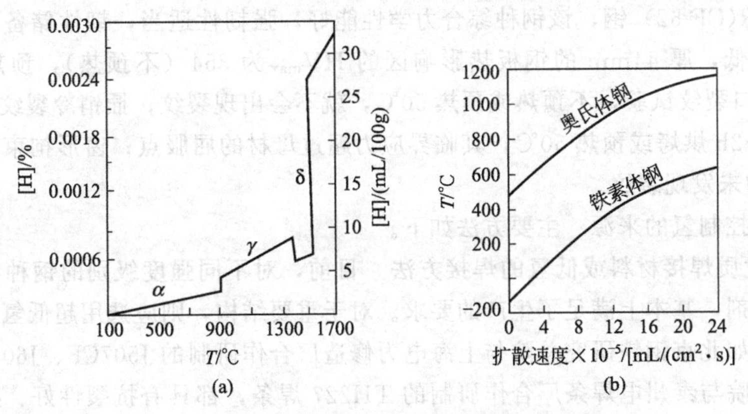

图 6-43 氢在铁素体与奥氏体中的溶解度及扩散速度

需要注意的是，氢的延迟开裂只是在一定温度范围内发生（－100～100℃），温度太高则氢易逸出，温度太低则氢的扩散受到抑制，都不会发生延迟裂纹。

焊接某些高强钢时，焊缝的合金成分较高，淬硬性高于母材，使热影响区的转变可能先于焊缝，此时氢就相反从热影响区向焊缝扩散，原来焊缝中较高的氢含量也滞留在焊缝中，延迟裂纹就可能在焊缝上发生。

延迟裂纹从裂源开始孕育并形成、扩散都需要时间，因而有延迟特征，延时的长短则与焊接接头的拘束情况、应力集中程度、焊缝金属的扩散氢含量、冷却速度以及接头缺口处（根部或焊趾）金属的韧性等条件有关。

（3）焊接接头的拘束应力　在焊接过程中主要存在以下三种拘束应力。

① 焊接时焊缝和热影响区的不均匀加热和冷却而产生的温度应力。这种应力的大小与母材和填充金属的热物理性质及结构刚度有关。在应力的作用下，会引起氢的聚集、诱发氢致裂纹。

② 焊缝和热影响区金属在相变时，体积变化而引起的组织应力。

③ 焊件在焊接过程中，由于结构的刚度和自重、焊接顺序和焊缝位置等引起的应力。

焊接时，上述三方面的应力都是不可避免的。拘束应力的作用也是形成冷裂纹的重要因素之一，在其他条件一定时，拘束应力达到一定数值就会产生开裂。

形成冷裂纹的三个要素是相互联系、相互制约的，不同条件下起主要作用的因素不同。如当扩散氢含量较高时，即使马氏体的数量或拘束应力比较小，也有可能开裂（如焊道下裂纹）。而当材料的碳含量较高而在接头中形成较多的针状马氏体时，即使扩散氢很少甚至没有，也会产生裂纹。

3. 防止焊接延迟裂纹的措施

（1）选用对冷裂纹敏感性低的母材　母材的化学成分不仅决定了其本身的组织和性能，而且决定了所用的焊接材料，因而对接头的冷裂纹敏感性有着决定性作用。通常根据母材的化学成分用碳当量来判断钢材的裂纹敏感性，为了更全面地反映形成冷裂纹的三要素，20世纪60年代后期，以碳当量为基础，并考虑扩散氢和拘束条件，建立了冷裂纹敏感系数P_C和P_W作为冷裂纹敏感性的判据。近年来，国内外先后研制了一批不同强度等级的低裂纹敏感性的钢种（CF钢）。这些钢的共同特点是含碳量低（一般$w(C) \leqslant 0.10\%$），淬硬倾向不明显，并采用多种元素提高淬透性。如20世纪80年代初武汉钢铁公司研制的钢号为07MnCrMoVR(CF-62)钢，该钢种综合力学性能好，强韧性适当，韧性储备富裕量大，冷裂纹敏感性很低，厚44mm的钢板热影响区的HV_{max}为354（不预热），预热时HV_{max}为332；斜Y坡口裂纹试验，不预热或预热50℃，就不会出现裂纹；插销冷裂纹试验，焊条经过400℃×1～2h烘烤或预热50℃，其临界应力超过母材的屈服点；窗形拘束裂纹试验预热50℃和75℃均未发现裂纹。

（2）严格控制氢的来源　主要方法如下。

① 选用优质焊接材料或低氢的焊接方法　目前，对不同强度级别的钢种都有配套的焊条、焊丝和焊剂，基本上满足了生产的要求。对于重要结构，则应选用超低氢、高强高韧性的焊接材料，如北京钢铁研究总院与上海电力修造厂合作研制的J507CF、J607CF焊条，北京建筑研究总院与泰州电焊条厂合作研制的TH227焊条，都具有抗裂性好、纯净度高、抗吸潮等特性，是工程项目国产化应用最多的超低氢高韧性焊条。因为CO_2气体在电弧高温下具有很强的氧化性，因此CO_2气体保护焊是一种推广使用的低氢型焊接方法，焊缝中氢的浓度仅为0.04～1.0mL/100g。

② 严格按规定对焊接材料进行烘焙及进行焊前清理工作　酸性焊条视受潮情况在75～150℃烘干1～2h；碱性低氢焊条应在300～400℃烘干1～2h。烘干后的焊条应放在100℃～150℃的保温箱内，随用随取。低氢型焊条若在常温下放置超过4h应重新烘干，重复烘干次数不应超过3次。焊剂在使用前应视受潮情况在250～300℃烘干1～2h。

（3）提高焊缝金属的塑性和韧性　主要方法如下。

① 通过焊接材料向焊缝过渡Ti、Nb、Mo、V、B、Te或稀土元素来韧化焊缝，利用焊缝的塑性储备减轻热影响区的负担，从而降低整个接头的冷裂纹敏感性。

② 采用奥氏体焊条焊接某些脆硬倾向较大的中、低合金高强度钢，也可较好地防止冷裂纹。如采用E310-15（A407）焊条补焊20CrMoV钢汽缸体；用E316-16（A202）焊条焊接30CrNiMo钢都取得了较好的效果。但奥氏体焊缝本身强度低，对于承受主应力的焊缝需经过计算，在强度条件允许的情况下才可使用。

（4）焊前预热　焊前预热可有效地防止冷裂纹，也是生产中常有的有效方法。但合理地选择预热温度是十分重要的。预热温度过高，不仅使劳动条件恶化，还可能在局部预热的条件下由于产生附加应力，反而增加了冷裂纹的倾向。

影响预热温度的因素有以下几个方面。

① 钢的强度等级　在焊缝与母材等强的情况下，钢材的强度σ_s越高，预热温度t_0也应越高，如图6-44所示。

② 焊条类型　不同焊条类型的焊缝金属扩散氢含量不同，预热温度也应不同。焊缝金属中扩散氢含量越低，预热温度也越低。如图6-45所示，图中代号见表6-7。用奥氏体钢焊

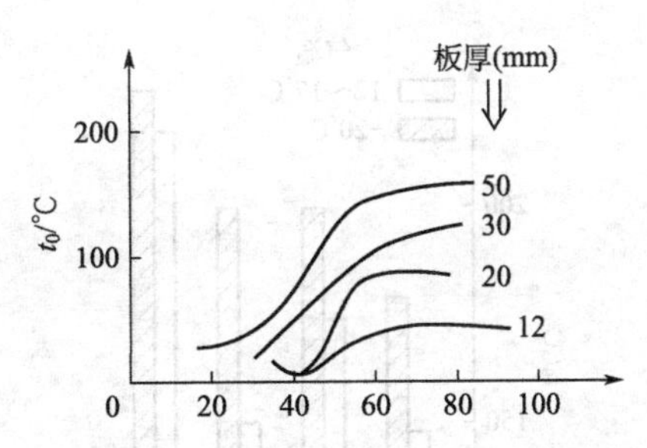

图 6-44 钢的强度等级及板厚与预热温度的关系

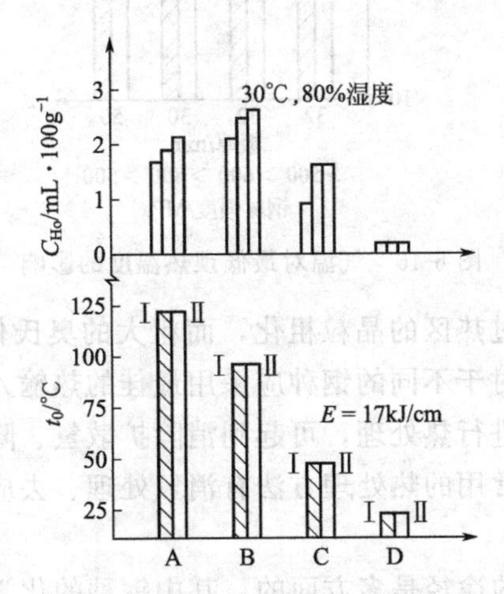

图 6-45 焊条类型与扩散氢含量、预热温度的关系

A、B、C、D—焊条代号；Ⅰ、Ⅱ—不同热处理状态

条（焊条代号为 D）焊接时，可以不进行预热（t_0 相当于室温），因此，用低氢或超低氢焊条焊接高强度钢可以降低预热温度。用奥氏体钢焊条焊接时，除了扩散氢外，焊缝金属具有优良的塑性，也是影响预热温度的一个重要因素。

表 6-7 图 6-45 中焊条的熔敷金属化学成分和力学性能

焊条		熔敷金属化学成分的质量分数/%						力学性能		
焊条代号	强度等级/MPa	C	Si	Mn	Ni	Cr	Mo	σ_s/MPa	σ_b/MPa	δ/%
A	784	0.06	0.41	1.28	2.55	0.18	0.45	726	819	24.0
B	588	0.07	0.42	0.98	0.64	—	0.22	542	633	29.0
C	490	0.05	0.47	0.50	—	—	—	441	509	34.6
D	490	0.05	0.33	1.55	10.4	20.3	—	—	57	47.7

③ 坡口形式　坡口根部所造成的应力集中越严重，要求预热温度越高。一般地说，坡口对称性越好，应力集中系数越小，如双面 V 形或 U 形好于单面 V 形或 U 形坡口。

④ 环境温度　环境温度过低会造成冷却速度加快，容易产生淬硬组织，预热温度应该相应提高，但一般提高的幅度不超过 50℃，如图 6-46 所示。板厚增加时，金属内部的导热损失的影响超过了环境温度的影响，预热温度提高的幅度减小。

(5) 控制焊接热输入　热输入增加时可以降低冷却速度，从而降低冷裂纹倾向。但热输

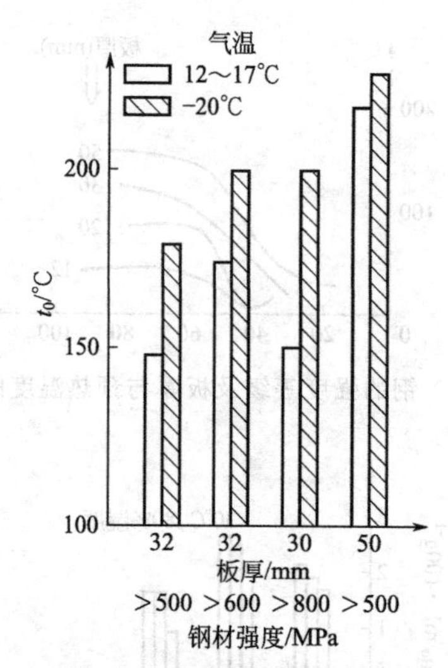

图 6-46 气温对最低预热温度的影响

入过大，则可能造成焊缝及过热区的晶粒粗化，而粗大的奥氏体一旦转变为粗大的马氏体，裂纹倾向反而增高。因此，对于不同的钢种应采用最佳的热输入。

(6) 焊后热处理 焊后进行热处理，可起到消除扩散氢、降低和消除残余应力、改善组织或降低硬度等作用。焊后常用的热处理方法有消氢处理、去应力退火、正火和淬火（或淬火＋回火）。

总的来说，防止冷裂纹的途径是多方面的，其中钢种的化学成分和焊接时氢的含量及分布占主要地位。同时，在材料一定的条件下，制定合理的焊接工艺也是防止冷裂纹的重要手段。

四、再热裂纹

再热裂纹是指焊后焊接接头在一定温度范围内再次加热而产生的裂纹。一些重要结构如厚壁压力容器、核电站的反应容器等，焊后常要求进行消除应力处理，这种在消除应力处理过程中产生的裂纹又称消除应力处理裂纹，简称 SR 裂纹。一些耐热钢和合金的焊接接头在高温服役时见到的裂纹，也可称再热裂纹。再热裂纹示意图如图 6-47 所示。

图 6-47 再热裂纹示意图

再热裂纹多发生在低合金高强钢、珠光体耐热钢、奥氏体不锈钢和某些镍基合金的焊接接头中。碳素钢和固溶强化的金属材料一般不产生再热裂纹。

1. 再热裂纹的主要特征

① 再热裂纹发生在焊接热影响区的粗晶部位并呈晶间开裂，裂纹大体沿熔合线发展，不一定连续，遇细晶区就停止扩展。晶粒越粗，越易产生再热裂纹。

② 再热裂纹的先决条件是再次加热前，焊接区存在较大的残余应力并有不同程度的应力集中。应力集中系数 K 越大，产生再热裂纹所需的临界应力 σ_{cr} 就越小，如图 6-48 所示。

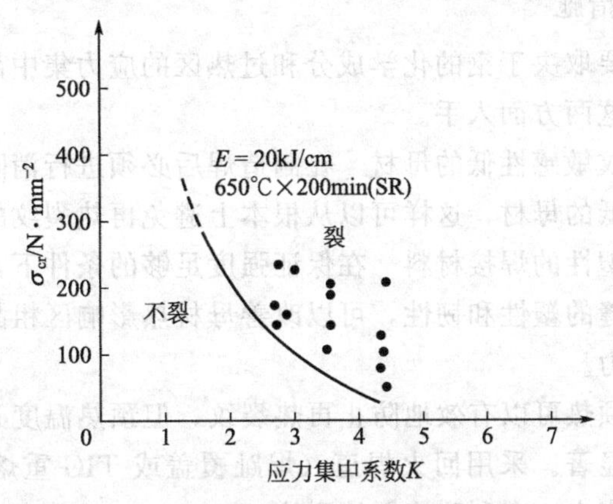

图 6-48 应力集中系数与临界应力的关系

③ 再热裂纹存在一个最易产生的敏感温度区间，具有“C”形曲线特征，这个区间因材料的不同而异。如沉淀强化的低合金钢为 500～700℃，在此温度范围内裂纹率 C_R 最高，如图 6-49 所示，而且开裂所需时间最短。

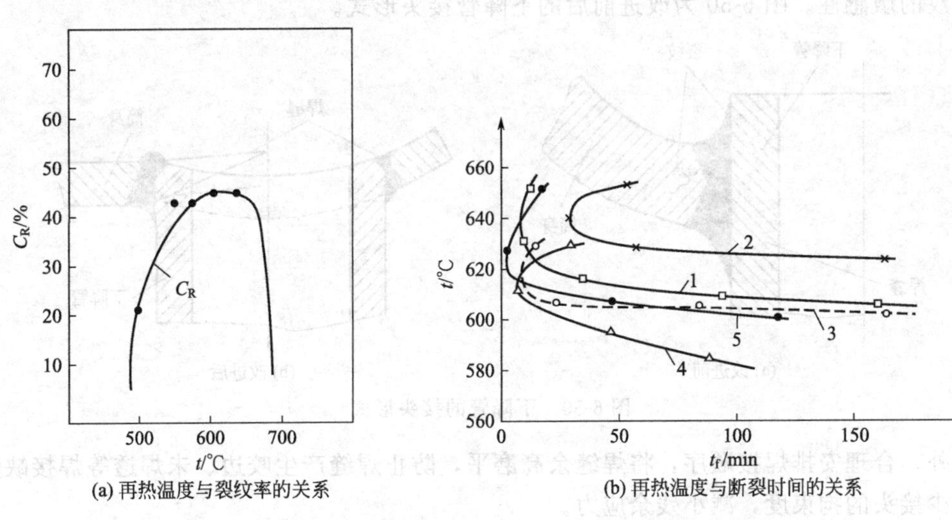

图 6-49 再热温度与裂纹率 C_R 和临界 COD 关系

1—22Cr2NiMo；2—25CrNi3MoV；3—25Ni3MoV；4—20CrNi3MoVNbB；5—25Cr2NiMoMnV

2. 再热裂纹产生的原因

大量的试验研究表明，再热裂纹的产生是由于晶界有限滑动导致微裂发生并扩展所致，也就是说，在焊后再热时，在残余应力的松弛过程中，粗晶区应力集中部位的晶界滑动变形量超过了该部位的塑性变形能力所致。其具体原因是杂质偏聚弱化晶界和晶内析出强化相弱化晶界作用的结果。

（1）杂质偏聚弱化晶界　晶界上的杂质及析出物会强烈弱化晶界，使晶界滑动时失去聚合力导致晶界脆化，显著降低蠕变抗力。例如钢中P、S、Sb、Sn、As等元素在500～600℃再热处理过程中向晶界析聚，大大降低晶界的塑性变形能力。

（2）晶内析出强化作用　由于晶内析出强化相Cr、Mo、V、Ti、Nb等碳化物或氮化物，使残余应力松弛形成的应变或塑性变形将集中于相对弱化的晶界，而导致沿晶开裂。

3. 防止再热裂纹的措施

再热裂纹的产生主要取决于钢的化学成分和过热区的应力集中部位残余应力的大小。因此，防止措施主要应从这两方面入手。

（1）选用对再热裂纹敏感性低的母材　在制造焊后必须进行消除应力处理的结构时，应选用对再热裂纹敏感性低的母材，这样可以从根本上避免再热裂纹的产生。

（2）选用低强度高塑性的焊接材料　在保证强度足够的条件下，采用强度稍低、塑性较高的焊接材料，提高焊缝的塑性和韧性，可以改善母材热影响区粗晶部位的受力状态，从而提高抵抗再热裂纹的能力。

（3）预热及后热　预热可以有效地防止再热裂纹，但预热温度必须高于一般情况的预热温度或配合后热效果才显著。采用回火焊道（焊趾覆盖或TIG重熔）有助于细化热影响区晶粒，减少应力集中及应力，有利防止再热裂纹。

（4）控制结构刚性　改进焊接接头的形式，可降低结构的刚性及减少残余应力。如大型厚壁容器的人孔接管或下降管采用内伸式时，接头刚度大，应力集中严重，焊后有较高的残余应力，增加了再热裂纹的敏感性。若将接管的顶端改为与筒体内壁平齐，就可以大大降低再热裂纹的敏感性。图6-50为改进前后的下降管接头形式。

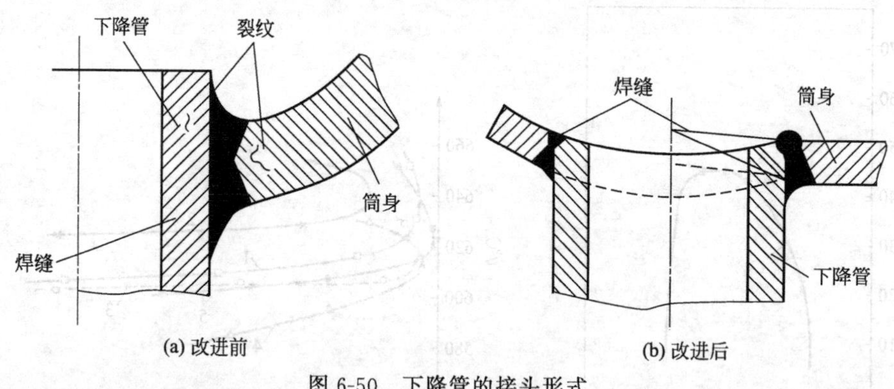

图6-50　下降管的接头形式

此外，合理安排焊接顺序，将焊缝余高磨平，防止焊缝产生咬边、未焊透等焊接缺陷等都能减少接头的拘束度，减小残余应力。

（5）焊接方法与焊接热输入　增大焊接热输入，可减小残余应力，使再热裂纹倾向减少。但焊接热输入过大，会使接头过热，晶粒粗大，反而增大再热裂纹倾向。

不同焊接方法正常焊接时，其焊接热输入不同。对于一些晶粒长大敏感的钢种，热输入大的电渣焊、埋弧焊时再热裂纹的敏感性比焊条电弧焊大，而对一些淬硬倾向较大的钢种，焊条电弧焊反而比埋弧焊时的再热裂纹倾向大。

五、层状撕裂

层状撕裂是指焊接时沿钢板轧制方向出现的一种台阶状的裂纹。如图6-51所示。

图 6-51 层状撕裂示意图

1. 层状撕裂的特征及形成原因

(1) 层状撕裂的特征 层状撕裂是发生在较低温度下的一种特殊形式的开裂。常发生在大厚度的焊接结构上，例如：海洋平台、潜艇、核电设备、重型机械或容器上的角接头、T型接头或十字接头中，有时亦见于厚板对接接头中，开裂一般出现在焊缝热影响区及其邻近的母材上。开裂沿母材轧制方向平行于钢板表面扩展为裂纹平台，平台之间由与板面垂直的剪切壁连接而成阶梯形，各种接头的层状撕裂如图 6-52 所示。

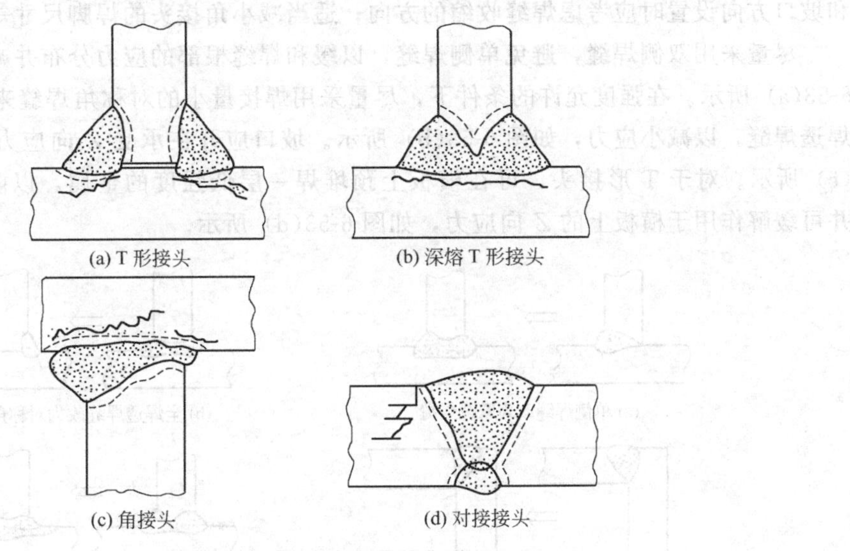

(a) T 形接头 (b) 深熔 T 形接头 (c) 角接头 (d) 对接接头

图 6-52 各种接头的层状撕裂

层状撕裂一般出现在钢板内部而不容易被发现，且即使发现了修复也十分困难，因而一旦产生就会造成严重的损失。

(2) 层状撕裂产生的原因 炼钢时，若钢中遗留较多的杂质（硫化物、硅酸盐等），轧制时这些夹杂物就会被压延成片状，沿轧制方向分布，从而削弱了钢板厚度方向（Z 向）的力学性能，特别是塑性。

厚板结构的焊接接头，特别是 T 形和角接接头，在焊接时接头的拘束条件以及沿板厚方向存在的温差，使焊缝收缩时会在母材厚度方向产生很大的拉伸应力和应变，同时还有工作载荷形成的应力与之相加，它们就构成了层状撕裂形成的力学条件。当承受 Z 向拉伸应变超过材料形变能力时，在夹杂物（特别是引起应力集中的有尖端的夹杂物）与基体金属之间的结合面发生分离，形成微裂纹并扩展，进而分布在各层分离面上的裂纹相连，形成阶梯状开裂。

有些层状撕裂在焊趾或焊根处由冷裂纹诱发而形成。

2. 层状撕裂的预防措施

影响层状撕裂的主要因素是钢材的冶金质量以及 Z 向拉伸应力。因此，防止措施主要有以下两方面。

（1）提高材质的纯净度　降低钢中的杂质含量（特别是硫含量）是改善钢材 Z 向力学性能、提高抗层状撕裂最有效的措施。

许多国家以钢材承受 Z 向拉伸的断面收缩率作为衡量层状撕裂的敏感度的指标。对于焊条电弧焊的非调质钢，一般按照钢中硫的含量及 Z 向断面收缩率（ψ_Z）分级。

为防止层状撕裂，含硫量 w(S) 应小于 0.010%，我国规定平台钢的 w(S) ≤0.007%。一般来说，断面收缩率（ψ_Z）不应小于 15%；ψ_Z=15%～20%可用；ψ_Z>25%时抗层状撕裂性能属优良。

严格控制硫及进行微合金化等措施，必须采用一些先进的冶炼技术，将导致钢材的成本大大提高，故一般只有要求特别高的场合才采用。

（2）减少 Z 向拘束应力　设计时应尽量避免或减少沿板厚方向的受力状态；焊缝布置和坡口方向设置时应考虑焊缝收缩的方向；适当减小角接头的焊脚尺寸等。

尽量采用双侧焊缝，避免单侧焊缝，以缓和焊缝根部的应力分布并减小应力集中，如图 6-53(a) 所示。在强度允许的条件下，尽量采用焊接量小的对称角焊缝来代替焊接量大的全焊透焊缝，以减小应力，如图 6-53(b) 所示。坡口应开在承受 Z 向应力的一侧，如图 6-53 (c) 所示。对于 T 形接头，可在横板上预堆焊一层低强度的金属，以防止出现焊根裂纹，并可缓解作用于横板上的 Z 向应力，如图 6-53(d) 所示。

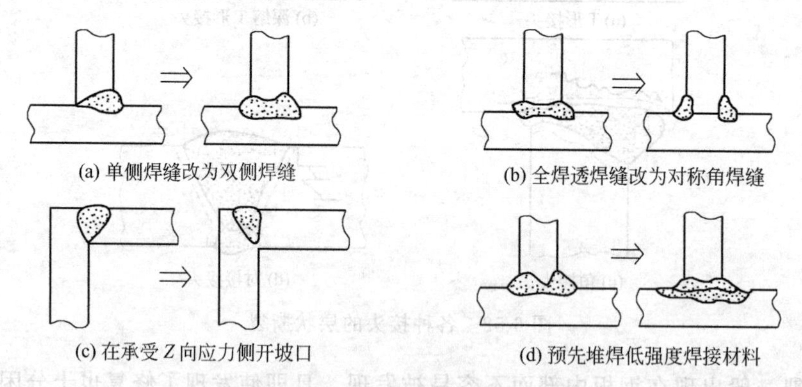

图 6-53　改变接头形式防止层状撕裂

六、应力腐蚀裂纹

焊接结构（如容器、管道等）在腐蚀介质和拉伸应力共同作用下，所产生的延迟开裂现象，称为应力腐蚀裂纹，如图 6-54 所示。应力腐蚀裂纹已成为工业中特别是石油化工中最突出的问题，据统计，在化工设备所发生的破坏事故中，有近半数属于应力腐蚀开裂。由于这种裂纹是服役过程中产生的，因此具有更大的危害性。

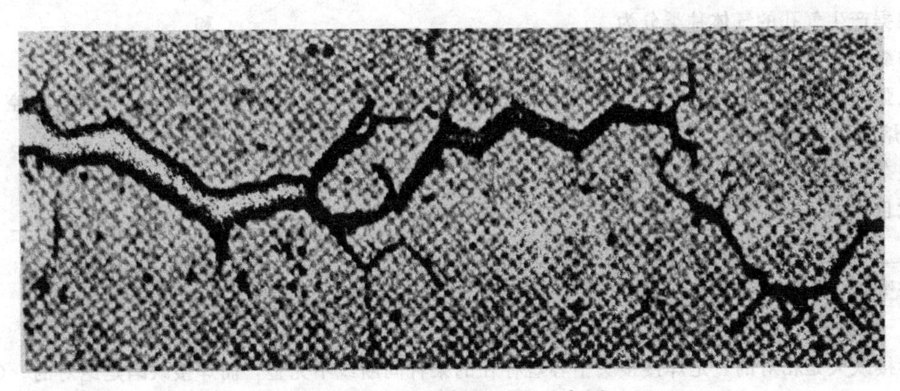

图 6-54 应力腐蚀裂纹示意图

1. 应力腐蚀裂纹的特征及形成条件

(1) 应力腐蚀裂纹的形态　从表面上看，应力腐蚀无明显的均匀腐蚀痕迹，呈龟裂形式断断续续；从横断面来看，犹如枯干的树木的根须，由表面向纵深方向往里发展，裂口深宽比大，细长而带有分支是其典型的特点；从断口来看，仍保持金属光泽，为典型脆性断口。应力腐蚀裂纹可以是晶间型、穿晶型或混合型。

(2) 合金与介质的匹配性　纯金属不会产生应力腐蚀裂纹。凡是合金即使含有微量元素的合金，在特定的腐蚀环境中都有一定的应力腐蚀开裂倾向。但并不是说，任何合金在任何介质中都产生应力腐蚀开裂，一定的合金只在某一特定的腐蚀介质中才产生应力腐蚀裂纹，即合金与介质具有匹配性。

(3) 应力腐蚀裂纹形成的条件　是否产生应力腐蚀裂纹决定于三个条件，即合金、腐蚀介质和拉伸应力。三个条件同时具备时就形成了裂纹。由于焊接结构一般都存在不同程度的残余应力，因此在腐蚀介质条件下工作极易产生应力腐蚀裂纹。

2. 防止应力腐蚀裂纹的主要措施

(1) 合理选择母材　由于合金与介质的匹配性，所以设计在腐蚀介质中工作的零件时，应选用耐腐蚀的材料。

(2) 合理选择焊材　合理选择焊接材料，使焊缝的化学成分和组织与母材尽可能一致，以保证焊接接头耐应力腐蚀开裂的能力。

(3) 合理制订装焊工艺　引起应力腐蚀裂纹的重要原因之一就是残余应力，从部件成形加工到组装都有可能引起残余应力，特别是强制组装。例如用千斤顶组装大错口，可以形成很大的残余应力；在组装质量不良的条件下焊接时，也会造成较大的残余应力；组装时所造成的伤痕，如随意打弧的灼痕等都会成为应力腐蚀的裂源。此外，保证焊缝成形良好，不产生可造成应力集中的缺陷也是防止应力腐蚀裂纹产生的方法。

(4) 消除应力处理　焊后消除应力处理是防止产生应力腐蚀裂纹的重要环节。消除应力处理的方法很多，生产上常用的有整体消除应力处理和局部消除应力处理。

综合训练

一、填空题

1. 焊接缺陷按其在焊缝中的位置分为__________和__________。

2. 焊接缺陷的危害主要是__________和__________。

3. 根据产生气孔的气体种类分为________、________、________和________。

4. 焊缝中气孔的形成一般经历了三个过程：________、________和________。

5. 电弧电压升高，弧长________，熔滴过渡的路径________，保护效果________，空气中的氮气易侵入熔池形成氮气孔。

6. 夹杂物的种类可以分为________、________和________。

7. 就目前的研究，焊接裂纹按其产生的本质进行划分，可分为________、________、________、________和________五大类。

8. 影响预热温度的因素有________、________、________和________。

二、判断题

1. 焊接缺欠是相对的，是焊接接头中客观存在的某种间断或不完整，而焊接缺陷是绝对的。(　　)

2. 选择正确的坡口角度及装配间隙；正确选择焊接工艺参数可以防止焊缝形状及尺寸不符合要求。(　　)

3. 烧穿使焊接接头完全失去了承载能力，是一种可以允许存在的缺陷。(　　)

4. 气孔的存在会削弱焊缝的有效工作截面，造成应力集中，降低焊缝金属的强度和塑性，个别情况下，气孔还会引起裂纹。(　　)

5. 气泡脱离现成表面后，能否上浮逸出，取决于熔池的结晶速度和气泡的上浮速度这两个因素。(　　)

6. 熔池的结晶速度较小时，气泡可能来不及上浮逸出而形成气孔；当熔池的结晶速度较大时，气泡可以有充分的时间上浮逸出。(　　)

7. 增大焊接电流可减小熔池存在的时间，有利于气体的逸出，但熔滴变细。(　　)

8. 使用直流电源焊接时，使用未烘干的焊条，焊缝易产生气孔。用交流电源时，生成气孔的倾向较小。(　　)

9. 在实际生产中判断结晶裂纹倾向时，必须综合考虑脆性温度区 T_B 的宽度，焊缝金属在 T_B 间的塑性 δ 及在 T_B 间应变 ϵ 的增长率三个因素的影响。(　　)

10. 试验研究表明，随着焊缝中扩散氢含量的增加，延迟裂纹倾向增大。(　　)

三、简答题

1. 一般低合金钢，冷裂纹为什么具有延迟现象？为什么容易在焊缝 HAZ 产生？

2. 简述焊接裂纹的种类及其特征和产生的原因。

3. 夹渣产生的原因是什么？防止措施有哪些？

4. 焊瘤产生的原因是什么？防止措施有哪些？

5. 热裂纹有何特点？产生的原因是什么？防止措施有哪些？

6. 气孔产生的原因是什么？防止措施有哪些？

7. 结晶裂纹的影响因素有哪些？其防止和控制措施是什么？

参 考 文 献

[1] 英若采．熔焊原理及金属材料焊接．第2版．北京：机械工业出版社，2000.

[2] 邱葭菲．金属熔焊原理．北京：高等教育出版社，2009.

[3] 蔡南武．金属熔化焊基础．北京：化学工业出版社，2008.

[4] 侯德政．熔焊原理．北京：机械工业出版社，2009.

[5] 支道光．金属熔焊原理浅说——焊工理论知识学习读本．北京：化学工业出版社，2009.

[6] 张文钺．焊接冶金学．北京：机械工业出版社，2004.

[7] 中国机械工程学会焊接学会．焊接手册．第2版．北京：机械工业出版社，2001.

[8] 陈祝年．焊接设计简明手册．北京：机械工业出版社，1997.

[9] 陈伯蠡．焊接冶金原理．北京：清华大学出版社，1991.

[10] 中国机械工程学会焊接分会．焊接金相图谱．北京：机械工业出版社，1987.

[11] 雷世明．焊接方法与设备．北京：机械工业出版社，2005.

[12] 吴树雄．电焊条选用指南．北京：化学工业出版社，2003.

[13] 张应立．新编焊工实用手册．北京：金盾出版社，2006.

[14] 陈梅春．金属熔化焊基础．北京：化学工业出版社，2002.

[15] 朱庄安．焊工实用手册．北京：中国劳动和社会保障出版社，2002.

[16] 刘会杰．焊接冶金与焊接性．北京：机械工业出版社，2007.